职业教育"十三五"改革创新规划教材

计算机应用基础
(Windows 10+Office 2016)

段 红 主编
刘 宏 赵开江 副主编

清华大学出版社
北京

内 容 简 介

本书是职业教育"十三五"改革创新规划教材，依据教育部颁布的《中等职业学校计算机应用基础教学大纲》，并参照相关的国家职业技能标准编写而成。

本书主要内容包括认识计算机、Windows 10 操作系统、Internet 应用、Word 2016 文字处理软件应用、Excel 2016 电子表格处理软件应用、多媒体软件应用、PowerPoint 2016 演示文稿软件应用。

本书可作为中等职业学校各专业学生的教材，也可作为自学用书。

本书封面贴有清华大学出版社防伪标签，无标签者不得销售。
版权所有，侵权必究。举报：010-62782989，beiqinquan@tup.tsinghua.edu.cn。

图书在版编目(CIP)数据

计算机应用基础：Windows 10＋Office 2016/段红主编. —北京：清华大学出版社，2018(2024.2重印)
（职业教育"十三五"改革创新规划教材）
ISBN 978-7-302-50580-8

Ⅰ.①计… Ⅱ.①段… Ⅲ.①Windows 操作系统－职业教育－教材 ②办公自动化－应用软件－职业教育－教材 Ⅳ.①TP316.7 ②TP317.1

中国版本图书馆 CIP 数据核字(2018)第 142042 号

责任编辑：刘士平
封面设计：张京京
责任校对：袁　芳
责任印制：杨　艳

出版发行：清华大学出版社
网　　址：https://www.tup.com.cn，https://www.wqxuetang.com
地　　址：北京清华大学学研大厦 A 座　　　邮　编：100084
社 总 机：010-83470000　　　　　　　　　　邮　购：010-62786544
投稿与读者服务：010-62776969，c-service@tup.tsinghua.edu.cn
质量反馈：010-62772015，zhiliang@tup.tsinghua.edu.cn
课件下载：https://www.tup.com.cn，010-83470410

印 装 者：三河市天利华印刷装订有限公司
经　　销：全国新华书店
开　　本：185mm×260mm　　　印　张：25　　　字　数：572 千字
版　　次：2018 年 9 月第 1 版　　　　　　　　印　次：2024 年 2 月第 13 次印刷
定　　价：59.00元

产品编号：073165-03

FOREWORD 前言

本书是职业教育"十三五"改革创新规划教材,依据教育部颁布的《中等职业学校计算机应用基础教学大纲》,并参照相关的国家职业技能标准编写而成。通过本书的学习,可以使学生掌握必备的计算机硬件、Windows 10 操作系统、Internet 应用、Word 2016 文字处理软件应用、Excel 2016 电子表格处理软件应用、多媒体软件应用、PowerPoint 2016 演示文稿软件应用等知识与技能。本书在编写过程中吸收企业技术人员参与教材编写,紧密结合工作岗位,与职业岗位对接;选取的案例贴近生活、贴近生产实际;将创新理念贯彻到内容选取、教材体例等方面。

本书在编写时认真贯彻教学改革的有关精神,严格依据教学大纲的要求,具有以下特色。

1. 立足职业教育,突出实用性和指导性,强调信息素养培养

(1) 本书内容紧扣大纲要求,定位科学、合理、准确,力求降低理论知识点的难度;正确处理好知识、能力和素质三者之间的关系,保证学生全面发展,适应培养高素质劳动者需要;以就业为导向,既突出学生职业技能的培养,又保证学生掌握必备的基本理论知识,使学生达到既能有操作技能,又懂得基本的操作原理知识,实现"练"有所思,"学"有所悟;基于实践先导课程理念,强调先识别,注重感性认识过程,后操作,注重动手能力培训,再归纳分析,着手理论叙述,提高理性认识,以此培养实践应用型人才,体现学生的"柔性"发展需要,更好地适应学生在就业过程中的信息素养需要,适应终身学习需要,为学生工作后进一步发展奠定必要的信息处理基本知识与基本技能。

(2) 本书内容立足体现为非信息类各专业培养目标服务,注重"通用性教学内容"与"特殊性教学内容"的协调配置,体现出新编教材对非信息类各不同专业既有"统一性"要求,又有选择上的"灵活性"或"差异性",尽量满足不同专业的培养目标需要。例如,认识计算机、Windows 10 操作系统、Word 2016 文字处理软件应用、Excel 2016 电子表格处理软件应用、PowerPoint 2016 演示文稿软件应用等体现为"通用性教学内容",适应大多数非信息类专业的教学需要,而 Internet 应用、多媒体软件应用和综合实训等内容则应体现为"特殊性教学内容",适应信息类专业的培养目标和培养方向。

(3) 本书内容通俗易懂,标准新、内容新、指导性强、实践性强、趣味性强,尽可能多地突出实践性、应用性和指导性,丰富学生的感性认识,加强学生的理论基础,提升学生的信息处理技能。

2. 以学生为中心,创新编写体例

(1) 本书遵循"项目引领"和"任务驱动",以"创设、操作、认识、拓展、巩固"为主线,串联教学内容,体现理实一体。创设情境,激发学生对该课程的学习热情和学习兴趣,实践操作给学生以直接认识和实际应用感觉,认识让学生增强对基本理论的了解,拓展培养学生的创新能力和自学能力。

(2) 设置习题和综合实训,从理实两个方面巩固所学知识,降低理论难度,提高实践应用操作,突出针对性和实用性,加强学生了解理论知识和掌握实践操作基本技能。以此切实提升学生的信息素养,适应信息社会的需要。综合实训根据对口招生考试技能测试要求编写,有一定的针对性。

(3) 针对教学内容,尽量强调理论知识浅显易懂、实践操作直观明确。针对教学编排,简洁明晰,图文并茂,形式活泼多样。在部分教学内容、任务情境创设上极具实践应用价值,可引导学生积极主动地交流与探讨,创设创新与探讨的开放式教学环境。以此提高学生的探索兴趣,加深学生对相关知识的理解和应用。

3. 重视学生个性发展需要,渗透探索精神、创新意识

(1) 体现以人为本,面向学生个性发展需要,创造相互交流、相互探讨的学习氛围,激发学生的学习兴趣,培养学生的分析能力和自学能力。

(2) 在课程学习和实践教学活动中注重渗透爱国主义教育、职业道德教育、环境保护教育、安全生产教育及创业教育。

(3) 重视参与实践,让学生通过动手把设想、创造、发明变成现实。这样不仅能调动学生参与的积极性,并且能培养学生的创新能力,提高学生的动手操作能力,发展学生的智力,增长学生的才干,促进学生健康全面的发展。

本书建议学时为 96 学时,具体学时分配见下表。

单 元	建议学时	单 元	建议学时	单 元	建议学时
单元 1	12	单元 4	20	单元 7	8
单元 2	10	单元 5	20	总 计	96
单元 3	12	单元 6	14		

本书由段红担任主编并负责统稿,刘宏、赵开江担任副主编,参加编写工作的还有胡敏、邵曼、王晗等。其中,单元 1、单元 2 由刘宏编写,单元 3 由段红、赵开江编写,单元 4

由赵开江编写,单元 5 由胡敏编写,单元 6 由邵曼编写,单元 7 由王晗编写。

  本书在编写过程中参考了大量的文献资料,在此向文献资料的作者致以诚挚的谢意。由于编者水平有限,书中难免有错误和不妥之处,恳请广大读者批评、指正。

编 者

2018 年 5 月

CONTENTS 目 录

单元 1　认识计算机 ·· 1
　　任务 1　计算机硬件构成 ·· 1
　　任务 2　计算机系统基本组成 ·· 11
　　任务 3　计算机的发展与信息安全 ·· 17
　　任务 4　中英文录入 ··· 24
　　综合实训 ·· 31
　　习题 ··· 37

单元 2　Windows 10 操作系统 ·· 43
　　任务 1　Windows 10 的安装 ·· 43
　　任务 2　Windows 10 的基本操作 ·· 53
　　任务 3　Windows 10 的文件操作 ·· 68
　　任务 4　Windows 10 的系统管理操作 ·· 83
　　任务 5　Windows 10 的系统维护操作 ·· 100
　　综合实训 ·· 110
　　习题 ··· 111

单元 3　Internet 应用 ··· 114
　　任务 1　Internet 接入 ·· 114
　　任务 2　网络信息获取 ··· 128
　　任务 3　网络信息交流 ··· 139
　　任务 4　网上生活 ··· 149
　　综合实训 ·· 161
　　习题 ··· 162

单元 4　Word 2016 文字处理软件应用 … 164

　　任务 1　文档的创建、保存、退出 … 164
　　任务 2　文本的输入与编辑 … 171
　　任务 3　设置文档格式 … 183
　　任务 4　页面设置与输出打印 … 192
　　任务 5　表格制作与美化 … 201
　　任务 6　图文混合排版 … 211
　　综合实训 … 218
　　习题 … 220

单元 5　Excel 2016 电子表格处理软件应用 … 224

　　任务 1　工作表的编辑与数据输入 … 224
　　任务 2　工作表的美化和打印 … 233
　　任务 3　使用公式和函数计算数据 … 242
　　任务 4　电子表格的数据管理 … 247
　　任务 5　使用图表和数据透析图表分析数据 … 252
　　综合实训 … 261
　　习题 … 263

单元 6　多媒体软件应用 … 266

　　任务 1　获取多媒体素材 … 266
　　任务 2　图像文件的加工处理 … 278
　　任务 3　音/视频文件录制和加工处理 … 290
　　综合实训 … 304
　　习题 … 305

单元 7　PowerPoint 2016 演示文稿软件应用 … 307

　　任务 1　动手建立实用的演示文稿 … 307
　　任务 2　制作统一风格的演示文稿 … 319
　　任务 3　制作绘声绘色的演示文稿 … 335
　　任务 4　演示文稿的动画设置与放映 … 364
　　习题 … 386

参考文献 … 390

单元 1

认识计算机

　　计算机也称为电脑,是一种能够按照事先存储的程序,自动、高速地进行大量数值计算和各种信息处理的现代化智能电子设备。计算机系统由硬件系统和软件系统组成。计算机硬件系统由运算器、控制器、存储器、输入设备和输出设备组成。计算机软件系统可分为系统软件和应用软件两类,系统软件包括操作系统、程序设计语言、数据库系统和服务性程序等,应用软件是利用计算机解决某类问题而设计的程序集合,常用的应用软件有办公应用软件、多媒体播放软件、教学软件、行业软件和娱乐软件等。随着计算机网络技术的发展,信息安全和保护知识产权成为计算机应用的关键要素。

　　本单元通过学习计算机系统构成,认识计算机硬件系统和计算机软件系统的组成,理解计算机信息安全和保护知识产权的相关知识,掌握中英文输入基本技能,能进行计算机组装操作。

任务 1　计算机硬件构成

【任务情景】

　　王同学非常喜欢玩计算机,使用家用计算机进行学习和娱乐,是相当愉快的经历。但家里的计算机经常出现故障,如黑屏、卡顿和运行不畅等,给他带来了很多烦恼,这让王同学萌发了学习计算机应用技术的想法,希望能自己处理家里计算机出现的故障。利用假期,王同学到计算机公司进行了参观学习,亲历计算机组装、调试、拆解和维护等过程,对计算机的硬件构成有了初步的认识,对计算机硬件部件的功能有所了解。

【任务分析】

　　通过观察计算机拆解,了解计算机硬件构成,认识计算机硬件部件。计算机整机外观如图 1-1 所示。

计算机拆解一般按以下步骤进行。
(1) 断开电源,移去电源线。
(2) 解除主机与外设之间的连接。
(3) 拆解主机。
(4) 整理部件。

图 1-1　计算机整机外观

【任务实施】

注意事项:仔细阅读说明书,注意细节,确保安全。部件轻拿轻放,摆放整齐。拆装均衡用力,严禁暴力拆解。

一、断开电源,移去电源线

操作1:拆解前的准备。
工具准备:十字螺丝刀、平口螺丝刀、尖嘴钳、毛刷和镊子等。
防静电准备:除去手上静电。常用方法:洗手并用干毛巾擦干、接触铁制器具(自来水管等),如有条件佩戴防静电环。
操作2:断开电源,移去电源线。

二、解除主机与外设之间的连接

将主机与外设之间的连接信号线拆下。鼠标、键盘、USB设备和音频设备信号线直接从相应接口中垂直拔出。显示信号线首先将固定螺栓拧下,再从显示接口中垂直拔出。网线先按下水晶头上固定卡,再将水晶头从网络接口中拔出。主机与外设之间的接口如图1-2所示。

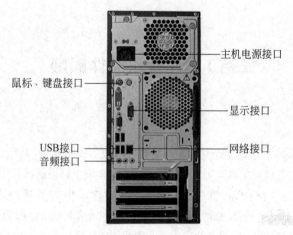

图 1-2　计算机主机与外设接口

常见外部设备有显示器(见图1-3)、音箱(见图1-4)、打印机(见图1-5)、键盘和鼠标(见图1-6)。键盘和鼠标为输入设备,显示器、音箱和打印机为输出设备。

图 1-3　显示器

图 1-4　音箱

图 1-5　打印机

图 1-6　键盘和鼠标

三、拆解主机

主机箱内部结构如图 1-7 所示。

操作 1：将主机箱外盖板卸下。

操作 2：将各部件电源线从电源接口拔出。

按住固定卡口，将 CPU 电源线从 CPU 专用电源插槽中拔出。将 CPU 风扇电源线从 CPU 风扇专用电源插槽中拔出。将 SATA 电源线从 DVD 光驱电源接口和硬盘电源接口拔出，注意均匀用力。

图 1-7　主机箱内部

操作 3：将各部件信号线从数据接口拔出。

将 SATA 信号线从 DVD 光驱数据接口和硬盘数据接口拔出，将主机面板控制线和前置 USB、音频信号线从主板插槽中拔出，注意均匀用力。

操作 4：拆卸 DVD 光驱和硬盘。

DVD 光驱如图 1-8 所示，硬盘如图 1-9 所示。

卸下DVD光驱和硬盘固定螺丝,将DVD光驱和硬盘从托架上取下。

图 1-8 DVD 光驱　　　　　　　　　图 1-9 硬盘

操作 5:拆卸显示卡。

显示卡如图 1-10 所示。

卸下显示卡固定螺丝,打开显示卡固定卡扣,抓住显示卡上边缘,均匀用力,将显示卡从显示卡专用插槽中拔出。

操作 6:拆卸内存条。

内存条如图 1-11 所示。

打开内存插槽两端的固定卡扣,内存条会自动弹出内存插槽,取下内存条即可。

图 1-10 显示卡　　　　　　　　　图 1-11 内存条

操作 7:拆卸 CPU 风扇。

CPU 风扇如图 1-12 所示。松开 CPU 风扇固定柱,取下 CPU 风扇。

操作 8:取下 CPU。

CPU 如图 1-13 所示。拉开 CPU 锁扣杆,打开 CPU 压板,取下 CPU。

图 1-12 CPU 风扇　　　　　　　　图 1-13 CPU

操作 9:卸下主板。

主板如图 1-14 所示。松开主板固定螺丝,取下主板固定卡扣,从主机箱中取出主板。

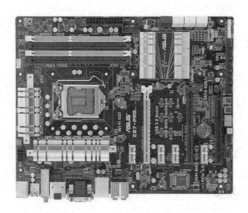

图 1-14　主板

四、整理部件

操作 10：将拆卸下的部件摆放整齐，整理信号线和电源线。

【知识链接】

一、CPU

CPU（中央处理器）是计算机的"核心"部件，其决定了计算机的性能、速度、档次和用途等。CPU 一般有台式机 CPU、服务器 CPU 和笔记本电脑 CPU 三种。CPU 的性能主要由 CPU 内核、CPU 频率和 CPU 缓存等参数确定。

CPU 的主要生产厂商是 Intel 公司和 AMD 公司，个人计算机 CPU 的绝大部分由这两家公司提供。目前 Intel CPU 主要有酷睿 I7 系列、酷睿 I5 系列和酷睿 I3 系列等。AMD CPU 主要有 A10/A8/A6 系列、FX8000/6000/4000 系列、羿龙系列、速龙系列和闪龙系列等。

二、主板

主板是计算机的"基石"，是连接计算机各个部件的枢纽，如图 1-14 所示。主板的性能对计算机系统的整体性能有很大影响。主板性能、规格主要由芯片组确定，芯片组是主板的"灵魂"，芯片组几乎决定了主板的全部功能，决定了主板的所有接口。

主板规格主要有 ATX、Micro ATX、Mini ITX、UATX、EATX 等，主板芯片组主要有 Intel 系列芯片组和 AMD 系列芯片组，主板接口主要有 SATA 接口、USB 接口、电源接口、网络接口和扩展接口等。

三、内存

内存也称为内存条、内存储器，用于暂时存放 CPU 中的运算数据，以及与硬盘等外部存储器交换的数据。内存是 CPU 与硬盘进行数据交换的桥梁，内存的大小和速度直接影响计算机系统的运行速度。内存的性能主要由内存类型、内存容量和内存主频等参数确定。

内存类型主要有 DDR4、DDR3 和 DDR2 等。目前主流内存类型为 DDR4。

内存套装则是由 2~4 条相同规格内存组成的内存组合,在实现大容量多通道性能的基础上,保证多个内存条之间的兼容,保持系统的稳定性。

四、硬盘

硬盘可分为固态硬盘(SSD)和机械硬盘(HDD)。

1. 固态硬盘

固态硬盘(SSD)也称为电子硬盘或者固态电子盘,由控制单元和固态存储单元(DRAM 或 FLASH 芯片)组成。固态硬盘速度快、无噪声、低故障率,但容量低、售价高,主要应用于高端,如超级本等。

2. 机械硬盘

机械硬盘(HDD)是以磁性材料作为存储介质的存储器,主要由盘片、磁头、盘片转轴及控制电动机、磁头控制器、数据转换器、接口、缓存等组成。

硬盘性能主要由容量、转速、缓存和接口类型等参数确定,硬盘主流品牌主要有希捷和西部数据(西数)。

五、显示卡

显示卡又称为显示适配器,是显示图像处理的主要部件。显示卡可分为独立显卡和集成显卡。集成显卡主要是集成在 CPU 内部的显示核心,在性能要求不高的情况下,可以满足显示系统要求。在要求较高的图形、视频和 3D 处理时,需要独立显卡的支撑。

显示卡性能主要由显示核心和显示内存等确定。显示芯片(GPU)决定显卡的功能和基本性能,而显卡性能的发挥取决于显存。显卡接口分为总线接口和输出端口。目前主流显卡总线接口为 PCI-E 16x 接口。显卡输出端口主要有 VGA 接口、DVI 接口、HDMI 接口和 DisplayPort 接口等。

六、显示器

显示器分为 CRT 显示器、液晶显示器和等离子显示器,目前液晶显示器为绝对主流,CRT 显示器已难寻觅,等离子显示器很少见到。

液晶显示器的性能主要取决于可视面积、屏幕比例、色彩度、对比度、亮度、信号响应时间和可视角度等参数。

七、键盘和鼠标

键盘和鼠标是计算机重要的输入设备,可单独配置,也可配置键盘鼠标套件。手感对于键盘和鼠标至关重要,人工体学外形、弹性按键、滑动流畅和精准定位等决定键盘和鼠标应用的舒适程度。

【知识拓展】

BIOS 程序

BIOS 是 Basic Input Output System(基本输入输出系统)的简写,BIOS 程序是一组

固化到计算机内主板上一个 ROM 芯片上的程序,保存着计算机最重要的基本输入输出的程序、开机后自检程序和系统自启动程序,可从 CMOS 中读写系统设置的具体信息。BIOS 程序的主要功能是为计算机提供最底层的、最直接的硬件设置和控制。BIOS 程序主界面如图 1-15 所示。

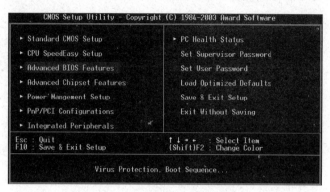

图 1-15　BIOS 程序主界面

【技能拓展】

笔记本电脑的拆解

由于品牌和型号不同,笔记本电脑拆解的方法和步骤各不相同,拆解笔记本电脑之前,请仔细阅读拆解说明书。在教师的指导下,利用报废的笔记本电脑进行拆解练习。注意:拆解有风险,操作需谨慎;请勿在可以正常使用的笔记本电脑上进行拆解操作。一般来说,笔记本电脑的拆解步骤如下。

操作 1:取下笔记本电脑电池。

如图 1-16 所示,将电池锁扣从状态 1 拨到状态 2,将电池按照 3 所示箭头方向拖出,拆下电池。

操作 2:拆下内置光驱。

将光驱锁定开关按箭头 1 方向推开,光驱拉杆会向箭头 2 方向自动弹出,拉动拉杆向外直接拉出光驱即可,如图 1-17 所示。

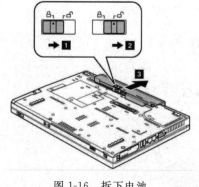

图 1-16　拆下电池

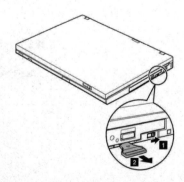

图 1-17　拆下光驱

操作 3：拆下硬盘。

（1）卸下笔记本电脑背板上的硬盘固定螺丝 1，如图 1-18 所示。

（2）将硬盘盖以箭头 2 的方向拉出，将连接硬盘的易拉胶片以箭头 3 的方向展开，拉动易拉胶片，以箭头 4 的方向拉开硬盘，如图 1-19 所示。

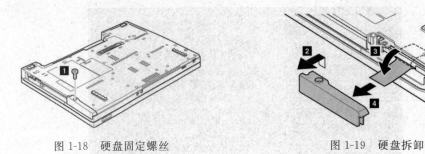

图 1-18　硬盘固定螺丝　　　　　　　　　图 1-19　硬盘拆卸

操作 4：拆卸掌托面板。

（1）卸下笔记本电脑背板上的掌托盘固定螺丝 1，如图 1-20 所示。

（2）双手抓住掌托的左右两边，松开卡扣，按箭头 2 的方向拉开掌托，如图 1-21 所示。

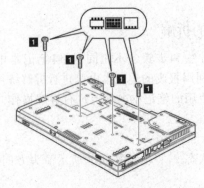

图 1-20　卸下掌托固定螺丝　　　　　　　图 1-21　掌托拆卸

操作 5：取出内存。

（1）按箭头 1 的方向拔开内存卡扣，内存自动弹起。

（2）按箭头 2 的方向取下内存即可，如图 1-22 所示。

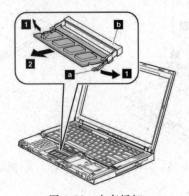

图 1-22　内存拆卸

操作6：拆卸键盘。

(1) 卸下笔记本电脑背板上的键盘固定螺丝1，如图1-23所示。

(2) 按箭头2的方向抬起键盘，再按箭头3的方向拔出连接线，如图1-24所示。

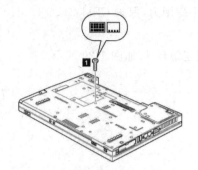

图1-23　拆卸键盘固定螺丝

图1-24　拆卸键盘

操作7：拆卸CPU风扇。

(1) 卸下风扇固定螺丝1，按箭头方向卸下固件2，注意保护排线，如图1-25所示。

(2) 卸下风扇固定螺丝3，按箭头4、5方向移开排线，如图1-26所示。

(3) 按箭头7方向拔下风扇电源线，按箭头6方向卸下风扇，如图1-27所示。

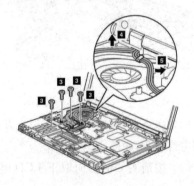

图1-26　卸下风扇固定螺丝和排线

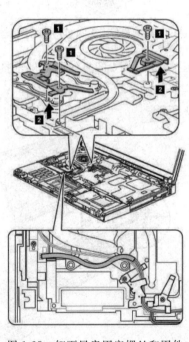

图1-25　卸下风扇固定螺丝和固件

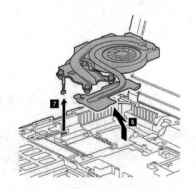

图1-27　风扇拆卸

操作 8：取出 CPU。

如图 1-28 所示，按箭头 1 方向解开 CPU 锁定开关，按箭头 2 方向松开固定 CPU 的套件，按箭头 3 方向取下 CPU，注意柔和用力，平衡用力，保护 CPU。

操作 9：卸下 LCD 屏幕。

(1) 卸下笔记本电脑背板上的 LCD 屏幕固定螺丝 1，如图 1-29 所示。

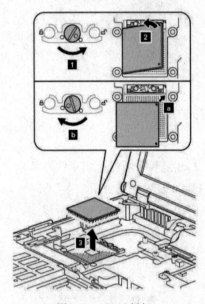
图 1-28　CPU 拆卸

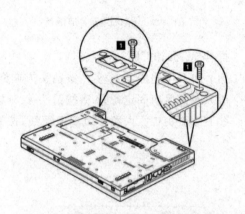
图 1-29　卸下背板上 LCD 屏幕固定螺丝

(2) 卸下固定螺丝 2，按箭头 3 方向取下排线压条，按箭头 4 的方向取下屏幕排线，取下固定螺丝 5，如图 1-30 所示。

(3) 按箭头 6 的方向取下 LCD 屏幕，如图 1-31 所示。

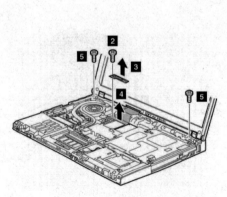
图 1-30　卸下 LCD 屏幕紧固螺丝和固件

图 1-31　拆卸 LCD 屏幕

任务2　计算机系统基本组成

【任务情景】

王同学到计算机公司进行了参观学习,对计算机硬件构成有了一些认识,对计算机硬件部件的功能有了一些了解。为了进一步了解计算机基础知识,王同学通过上网查阅资料,知晓计算机硬件部件属于计算机硬件系统,而计算机中程序文件等属于计算机软件系统,计算机系统由硬件系统和软件系统组成。

【任务分析】

通过上网查阅资料,进行归纳总结,了解计算机系统的组成、特点、分类和应用领域。知道计算机硬件系统构成,明确与相关部件之间的联系。清楚计算机软件系统的组成,明确与常用软件之间的联系。

通过网络搜索引擎,如百度等,搜索相应关键词,阅读相关资料,并进行比较、分析和归纳。关键词:计算机系统、计算机硬件系统、计算机软件系统等。

【任务实施】

一、计算机系统

计算机系统由硬件系统和软件系统两部分组成。计算机硬件系统是借助电、磁、光、机械等原理构成的各种物理部件的有机组合,是计算机系统赖以工作的实体。计算机软件系统是各种程序和文件,用于指挥整个计算机系统按指定的要求进行工作。计算机系统具有接收和存储信息、按程序快速计算和判断并输出处理结果等功能。

1. 计算机系统的主要特点

(1) 运算速度快:运算速度是衡量计算机性能的一项重要指标,单位是 MIPS(每秒钟百万条指令)。中国国防科技大学研制的"天河二号"超级计算机,以每秒 33.86 千万亿次的浮点运算速度,2014 年摘得全球运行速度最快的超级计算机桂冠。

(2) 计算精度高:现在的计算机基本是 64 位机器,可以有十几位甚至几十位(二进制)有效数字,具有很强的浮点计算能力,计算精度可由千分之几到百万分之几。

(3) 逻辑运算能力强:计算机具有逻辑运算能力,能进行判断和推理。计算机能把参加运算的数据、程序以及中间结果和最后结果保存起来,并能根据判断的结果自动执行下一条指令以供用户随时调用。

(4) 具有"记忆"能力:现在大多计算机仍是冯·诺依曼体系结构,具有大容量存储设备,目前硬盘容量达 4TB,可以存储大量数据。

(5) 自动化程度高:计算机可以自动运行编制好的程序,完成相应的操作及运算,并自动输出结果。

2. 计算机系统的分类

根据计算机原理,可分为数字式计算机、模拟式计算机和数字模拟混合式计算机。

根据计算机用途,可分为通用型计算机和专用型计算机。

根据计算机规模,可分为巨型机、大型机、中型机、小型机和微型机。

3. 计算机的应用领域

(1) 科学计算:也称为数值计算。科学计算是指应用计算机处理科学研究和工程技术中所遇到的数学计算。在现代科学和工程技术中,大量复杂的数学计算问题都利用计算机进行处理。如航空、航天、天气预报和地震预测等领域。

(2) 数据处理:用计算机收集、记录数据,经加工产生新的信息形式的技术。数据处理是从大量的数据中得出有价值、有意义的数据。数据处理应用于社会生产和社会生活的各个领域。

(3) 实时控制:利用计算机对工业生产过程中的某些信号自动进行检测,把检测到的数据存入计算机,根据需要对这些数据进行处理,使机器、设备或生产过程的某个工作状态或参数自动地按照预定的规律运行。

(4) 计算机辅助系统:以计算机为工具,用于产品的设计、制造和测试等过程,辅助人们在特定应用领域内完成任务。主要有计算机辅助设计(CAD)、计算机辅助制造(CAM)、计算机集成制造系统(CIMS)和计算机辅助教学(CAI)等。

(5) 人工智能:用计算机模拟人的某些思维过程和智能行为(如学习、推理、思考、规划等),使计算机能实现更高层次的应用。目前主要有机器视觉、人脸识别、专家系统、自动规划、智能搜索、博弈、自动程序设计和智能控制等。

二、计算机硬件系统

计算机硬件系统由运算器、控制器、存储器、输入设备和输出设备组成。

1. 运算器和控制器

(1) 运算器:算术逻辑部件(ALU),计算机中执行各种算术运算和逻辑运算操作的部件。

(2) 控制器:计算机中发布命令的"决策机构",完成协调和指挥整个计算机系统的操作。运算器和控制器合称为中央处理器(CPU)。

2. 存储器

存储器是计算机中的"记忆"设备,存储程序和各种数据,并能在计算机运行过程中高速、自动地完成程序或数据的存取。存储器可分为内存(主存)、外存(辅存)和高速缓存(Cache)等。

(1) 内存:也称为主存储器,用于暂时存放 CPU 中的运算数据,以及与硬盘等外部存储器交换的数据。计算机中所有程序的运行都是在内存中进行的,内存的性能对计算机的影响非常大。

(2) 外存:也称为辅助存储器,用于存放长期保存的数据。常见的外存储器有硬盘、光盘和 U 盘等。

(3) 高速缓存：主存储器与 CPU 之间的一级存储器，接近于 CPU 的速度，使主存储器数据存取的速度适应 CPU 的处理速度。

3. 输入设备

输入设备是计算机输入数据和信息的设备，计算机与用户或其他设备通信的接口。常用的输入设备有键盘、鼠标、摄像头、扫描仪、光笔、手写输入板、游戏杆和语音输入装置等。

4. 输出设备

输出设备是计算机硬件系统的终端设备，把各种计算结果、数据或信息以数字、字符、图像、声音等形式表现出来。常见的输出设备有显示器、打印机和绘图仪等。

5. 总线

总线是由导线组成的传输线束，是计算机各种功能部件之间传送信息的公共通信通道。计算机总线分为数据总线（DB）、地址总线（AB）和控制总线（CB）三种，目前常见的数据总线为 PCI、PCI-E、USB 和 RS-232 等。计算机通过总线结构连接各个硬件功能部件。

三、计算机软件系统

1. 程序和指令

程序是指一组指示计算机或其他具有信息处理能力装置每一步动作的指令。通常用某种程序设计语言编写，运行于某种目标体系结构上。

指令是由二进制代码表示的、指示计算机执行某种操作的命令。计算机指令一般由操作码和地址码两个部分组成。

2. 软件

计算机软件是指计算机系统中的程序及其文档，程序是计算任务的处理对象和处理规则的描述，文档是了解程序所需的阐明性资料。

计算机软件系统可分为系统软件和应用软件两类。

（1）系统软件

系统软件是指控制和协调计算机及外部设备，支持应用软件开发和运行的系统，是无须用户干预的各种程序的集合，主要功能是调度、监控和维护计算机系统。负责管理计算机系统中各种独立的硬件，使它们可以协调工作。系统软件包括操作系统、程序设计语言、数据库系统和服务性程序等。

① 操作系统（Operating System，OS）：是管理和控制计算机硬件与软件资源的计算机程序，是最基本的系统软件，任何其他软件都必须在操作系统的支持下才能运行。操作系统是用户和计算机的接口，同时也是计算机硬件和其他软件的接口。常用的操作系统有 Windows、Linux 和 MAC OS 等。

② 程序设计语言：用于书写计算机程序的语言。程序设计语言可分为机器语言、汇编语言和高级语言。机器语言是由二进制 0、1 代码指令构成。汇编语言指令是机器指令的符号化，与机器指令存在着直接的对应关系。高级语言是面向用户的程序设计语言，常用高级语言有 C♯、Java 等。

③ 数据库系统：由数据库及其管理程序组成的软件系统。数据库系统是为适应数

据处理的需要而发展起来的数据处理系统,为实际可运行的存储、维护和应用系统提供数据的软件系统,是存储介质、处理对象和管理系统的集合体。常用的数据库系统有 SQL Server、Oracle 和 DB2 等。

④ 服务性程序:支持和维护计算机正常处理工作系统软件,包括系统诊断程序、系统自检程序、系统测试程序和系统调试程序等。

(2) 应用软件

应用软件是为满足用户不同领域、不同问题的应用需求,用各种程序设计语言开发编制的应用程序。应用软件分为应用软件包和用户程序。应用软件包是利用计算机解决某类问题而设计的程序的集合,常用的应用程序有办公应用软件、多媒体播放软件、教学软件、行业软件和娱乐软件等。

【知识链接】

一、计算机系统的性能指标

1. 字长

字长是计算机在同一时间能处理的二进制数的位数。字长直接反映了一台计算机的运算能力和计算精度,字长越长计算机处理数据的速度就越快,计算精度就越高。字长是 8 的整数倍,目前计算机字长主要是 64 位,称为 64 位机。

2. 主频

主频是 CPU 工作的时钟频率。主频和计算机的运算速度有一定的关系,但不代表计算机的运算速度。目前 CPU 主频一般可以达到 3GHz 以上。

3. 存储容量

存储容量是指存储器可以容纳的二进制数信息量。存储容量可分为内存容量和外存容量。内存容量对计算机的性能影响较大,内存容量越大,计算机的性能越好。目前计算机的内存一般在 4GB 以上。

4. 运算速度

运算速度是指计算机每秒能执行的指令数,单位是 MIPS(计算机每秒钟执行的百万指令数),是衡量计算机速度的指标。

5. 存取周期

存储器进行一次"读"或"写"操作所需的时间称为存储器的访问时间(或读写时间),连续启动两次独立的"读"或"写"操作所需的最短时间,称为存取周期。存取周期越短,存取速度越快。

二、计算机的数据单位

1. 位

位也称为比特(bit),简记为 b,是数据存储的最小单位。在计算机的二进制数制中,每一个 0 或 1 就是一个位。

2. 字节

字节也称为 Byte，简记为 B，由 8 位二进制数组成，是最小的信息单位。一个字节可以存储 1 个英文字母，两个字节可以存储 1 个汉字。其他的存储单位还有千字节(KB)、兆字节(MB)、吉字节(GB)和太字节(TB)，对应的换算关系如下。

$$1KB=1024B$$
$$1MB=1024KB$$
$$1GB=1024MB$$
$$1TB=1024GB$$

目前，计算机内存的存储容量可达到 4GB 或以上，硬盘的存储容量可以达到 2TB 或以上。

3. 字

字是计算机能一次性进行数据处理的一个固定长度的位(bit)组，是计算机处理数据的基本信息单位。字所含的二进制数的位数称为字长，是重要的计算机性能参数之一。8 位机的字长就是一个字节，16 位机的字长就是两个字节，32 位机的字长就是四个字节，64 位机的字长就是八个字节。现在的计算机基本上是 64 位机器。

【知识拓展】

一、数制

数制也称为计数制，是用一组固定的符号和统一的规则来表示数值的方法。常用的数制有十进制(逢十进一)、二进制(逢二进一)、八进制(逢八进一)和十六进制(逢十六进一)。计算机中以二进制方式来表示数据。

1. 数制相关概念

(1) 数码是数制中表示基本数值大小的不同数字符号。十进制的数码为 0、1、2、3、4、5、6、7、8、9，二进制的数码为 0、1，八进制的数码为 0、1、2、3、4、5、6、7，十六进制的数码为 0、1、2、3、4、5、6、7、8、9、A、B、C、D、E、F。

(2) 基数是数制所使用数码的个数。二进制的基数为 2，十进制的基数为 10，八进制的基数为 8，十六进制的基数为 16。

(3) 位权是数制中某一位上的数所表示数值的大小。如十进制数中百位上数 n 表示的数值为 $n\times100$。

2. 二进制数

二进制数是用 0 和 1 两个数码来表示的数，基数为 2。进位规则是"逢二进一"，借位规则是"借一当二"。

二进制数的特点：状态简单、易于实现，运算规则简单，可进行逻辑运算，可靠性高等。

3. 数制间的转换

非十进制转化为十进制：利用位权表达式展开计算，结果即为对应十进制数。位权表达式：

$$(N)_R = K_{n-1} \times R^{n-1} + K_{n-2} \times R^{n-2} + \cdots + K_i \times R^i + \cdots$$
$$+ K_0 \times R^0 + K_{-1} \times R^{-1} + \cdots + K_{-m} \times R^{-m}$$

其中,R 表示基数;n 为整数部分的位数;m 为小数部分的位数;K_i 为 R 进制中的一个数字符号。

十进制转化为非十进制:整数部分"除基取余法",小数部分"乘基取整法"。

除基取余法:将要转换的数除以对应进制数的基数,所得余数作为对应进制数的最低位。所得商继续除以基数,再得余数作为新进制数的次低位。重复操作,直到商为零,所得余数就是对应进制数的最高位。

乘基取整法:将要转换数的小数部分乘以对应进制的基数,所得整数部分作为对应进制数小数部分的最高位。所得的小数部分再乘以对应进制数的基数,再得整数部分作为对应进制数小数部分的次高位。重复操作,直到小数部分变成零或者达到精度要求。

二、编码

编码是指用代码来表示各组数据资料,使其成为可利用计算机进行处理和分析的信息。常用的编码有 ASCII 码和国标码等。

1. ASCII 码

ASCII 码是 American Standard Code for Information Interchange 的简写,意为"美国标准信息交换代码",由美国国家标准学会(American National Standard Institute,ANSI)制定的标准的单字节字符编码方案,用于基于文本的数据。

标准 ASCII 码使用 7 位二进制数来表示所有的大写和小写字母、数字 0~9、标点符号、美式英语中使用的特殊控制字符。

2. 汉字编码

汉字编码分为外码(输入码)、交换码(国标码)、机内码和字形码。

(1) 外码(输入码)是用来将汉字输入计算机中的一组键盘符号。常用的输入码有拼音码、五笔字型、区位码和电报码等。

(2) 交换码(国标码)。中国标准总局 1981 年制定了中华人民共和国国家标准 GB 2312—1980《信息交换用汉字编码字符集——基本集》,即国标码。区位码是国标码的一种表现形式。

(3) 机内码。根据国标码的规定,每一个汉字都有了确定的二进制代码,这就是机内码。在计算机内部,汉字代码都用机内码,在存储设备上记录汉字代码也使用机内码。

(4) 字形码是汉字的输出码。输出汉字时都采用图形方式,无论汉字的笔画多少,每个汉字都可以写在同样大小的方块中。通常用 24×24 点阵来显示汉字。

【技能拓展】

常用软件简介

1. Windows 10

Microsoft Windows 是美国微软公司研发的一套操作系统,Windows 10 是目前计算机上使用的主流操作系统。Windows 10 具有以下特点。

（1）Multiple Desktops（多桌面）功能：让用户可以使用多个桌面环境，用户可以根据自己的需要，在不同桌面环境间进行切换。

（2）开始菜单：桌面开始菜单增加了一个 Modern 风格的区域，将改进的传统风格与新的现代风格有机地结合在一起。

（3）分屏多窗功能：可以在屏幕中同时摆放四个窗口，在单独窗口内显示正在运行的其他应用程序。Windows 10 会智能给出分屏建议。Windows 10 侧边新增加 Snap Assist 按钮，通过此按钮可以将多个不同桌面的应用展示在此，和其他应用自由组合成多任务模式。

（4）任务栏"查看任务（Task View）"按钮：任务栏能将所有已开启窗口或桌面缩放并排列，以方便用户迅速找到目标任务。通过"查看任务（Task View）"按钮可以迅速地预览多个桌面中打开的所有应用，单击其中一个可以快速跳转到该页面。

2. Office 2016

Microsoft Office 是微软公司开发的一套基于 Windows 操作系统的办公软件套装。常用组件有 Word、Excel、PowerPoint 等。目前主流版本为 Microsoft Office 2016。

Word 2016 是 Microsoft Office 应用程序中的文字处理程序，是应用较为广泛的办公组件之一，主要用来进行文本的输入、编辑、排版、打印等工作。

Excel 2016 是 Microsoft Office 应用程序中的电子表格处理程序，也是应用较为广泛的办公组件之一，主要用来进行有繁重计算任务的预算、财务、数据汇总、图表制作、透视图的制作等工作。

PowerPoint 2016 是 Microsoft Office 应用程序中的演示文稿程序，可用于单独或者联机创建演示文稿，主要用来制作演示文稿和幻灯片及投影等。

3. 多媒体播放软件

多媒体播放软件是计算机中用来播放多媒体的播放软件，它把解码器聚集在一起，产生播放的功能。多媒体播放软件主要有图片浏览软件、音乐播放软件和视频播放软件等。

常见的图片浏览软件有 ACDSee、美图看看等。

常见的音乐播放软件有酷我音乐、百度音乐、QQ 音乐等。

常见的视频播放软件有 RealPlayer、Media Player、暴风影音等。

任务3　计算机的发展与信息安全

【任务情景】

王同学通过上网查阅资料，对计算机系统的基本组成有了一定的认识，但也产生了一些疑问。如计算机技术如此先进，但为何出现资料丢失、信息泄密和病毒破坏等一系列安全问题。为此王同学去学校图书馆，查阅了相关图书资料，对计算机的发展过程有所了解，对计算机信息安全有了一定的认识，知道了一些计算机安全防护措施。为了确保计算机的信息安全,王同学在家用计算机中安装了相关的计算机安全软件,并决定使用正版软件,保护知识产权。

【任务分析】

通过图书馆查阅相关图书资料和网络探索相关解决方案,了解计算机技术的发展过程及未来发展趋势,具有信息安全意识。了解计算机病毒的基础知识和防治方法,具有计算机病毒的防范意识。尊重知识产权,使用正版软件。

【任务实施】

一、计算机的发展过程

1946年2月14日,在美国宾夕法尼亚大学世界上第一台电子数字计算机ENIAC问世。计算机发展到现在,历经四代。

第一代计算机:电子管计算机(1946—1957年)。

第二代计算机:晶体管计算机(1958—1964年)。

第三代计算机:中小规模集成电路计算机(1965—1971年)。

第四代计算机:大规模和超大规模集成电路计算机(1971年至今)。

计算机技术发展非常迅捷。根据摩尔定律,每隔18个月,计算机的软硬件技术就会升级一代。当前计算机正朝着巨型化、微型化、智能化、网络化和多媒体化等方向发展。计算机本身的性能越来越高,应用也越来越广。计算机已成为工作、学习和生活中必不可少的工具。

二、信息安全意识

信息安全是指信息网络的硬件、软件及其系统中的数据受到保护,不受偶然的或者恶意的原因而遭到破坏、更改、泄露,系统连续可靠正常地运行,信息服务不中断,实现业务连续性。信息安全包括如何防范商业企业机密泄露、防范青少年对不良信息的浏览、个人信息的泄露等。

信息安全的特征:完整性、保密性、可用性、不可否认性和可控性。

三、计算机病毒防范

计算机病毒是编制者在计算机程序中插入的破坏计算机功能或者数据的代码,能影响计算机使用,能自我复制的一组计算机指令或者程序代码。计算机病毒具有传播性、隐蔽性、感染性、潜伏性、可激发性、表现性和破坏性。计算机病毒的生命周期:开发期、传染期、潜伏期、发作期、发现期、消化期和消亡期。

计算机病毒潜伏在计算机的存储介质(或程序)里,条件满足时即被激活,通过修改其他程序的方法复制到其他程序中,感染其他程序,对计算机资源进行破坏。计算机病毒是人为造成的,对用户的危害很大。

安装防病毒软件是防范计算机病毒的主要手段。

四、保护知识产权

知识产权是关于人类在社会实践中创造的智力劳动成果的专有权利,知识产权受到法律法规保护。盗版是指在未经版权所有人同意或授权的情况下,对其拥有著作权的作品、出版物等进行完全一致的复制、再分发的行为。

盗版软件是非法制造或复制的软件,非常难以识别,缺少密钥代码或核心组件是典型表现。盗版软件无品质保证,无法升级和更新。同时盗版软件基本上与病毒、木马、流氓软件和恶意插件等相关联。

使用盗版软件也是一种违法侵权行为,同时也给信息安全埋下隐患。保护知识产权,维护个人信息安全,请使用正版软件。

【知识链接】

一、计算机的发展阶段及主要特征

1. 第一代计算机

第一代计算机采用电子管元件作基本器件,利用光屏管或汞延时电路作存储器,输入或输出主要采用穿孔卡片或纸带。电子管计算机体积大、耗电量大、速度慢、存储容量小、可靠性差、维护困难且价格昂贵。软件上使用机器语言或者汇编语言编写应用程序。第一代计算机主要用于科学计算。

2. 第二代计算机

第二代计算机采用晶体管代替电子管作为计算机的基础器件,用磁芯或磁鼓作存储器。在整体性能上,比第一代计算机有了很大的提高。出现了程序设计语言,如 Fortran、Cobol、Algo160 等计算机高级语言。晶体管计算机用于科学计算的同时,在数据处理、过程控制等方面也得到应用。

3. 第三代计算机

第三代计算机中,中小规模集成电路成为计算机的主要部件,主存储器也渐渐过渡到半导体存储器。中小规模集成电路计算机的体积更小,大大降低了计算机计算时的功耗,提高了计算机的可靠性。在软件方面,出现结构化程序设计语言和人机会话式的 Basic 语言,应用领域也进一步扩大。

4. 第四代计算机

第四代计算机中,大规模集成电路用于计算机硬件生产过程,计算机的体积进一步缩小,性能进一步提高。集成度更高的大容量半导体存储器作为内存储器,发展了并行技术和多机系统,出现了精简指令集计算机(RISC)、软件工程理论和自动化程序设计。微型计算机的应用范围扩大到社会生活的各个领域。

二、计算机的发展趋势及主要特点

1. 巨型化

具有高速运算、大存储容量和强功能的计算机称为巨型计算机。巨型计算机运算能力一般在每秒百亿次以上。巨型计算机主要用于天文、气象、地质和核反应、航天飞机、卫星轨道计算等尖端科学技术领域和军事国防系统的研究开发。

2. 微型化

微电子技术迅速发展,极大地促进计算机系统的微型化、多功能化和高性能化的发展。微型化、多功能化、高频化、高可靠性、防静电和抗电磁干扰的各类片式电子元器件满足了微型计算机产品便携式和更轻、更薄、更短、更小的发展需求。

3. 智能化

计算机具有模拟人的感觉和思维过程的能力。智能计算机是目前正在研制的新一代计算机要实现的目标。智能计算机的研究包括模式识别、图像识别、自然语言的生成和理解、博弈、专家系统、学习系统和智能机器人等。

4. 网络化

网络化是计算机发展的又一个重要趋势。从单机走向联网是计算机技术发展的必然结果。计算机网络化是用现代通信技术和计算机技术把各地的计算机组成一个规模大、功能强、互相通信的计算机网络。网络化目的是实现资源共享。

5. 多媒体化

利用计算机技术、通信技术和大众传播技术,综合处理多种媒体信息(包括文本、视频图像、图形、声音、文字等)的计算机称为多媒体计算机。多媒体技术使多种信息建立了有机联系,形成具有人机交互的集成系统。

三、信息安全特征

1. 完整性

完整性是指信息在传输、交换、存储和处理过程中,保持信息原样性,使信息能正确生成、存储、传输,这是最基本的安全特征。

2. 保密性

保密性是指信息按给定要求不泄露给非授权的个人、实体或过程,或提供其利用的特性,即杜绝有用信息泄露给非授权个人或实体,强调有用信息只被授权对象使用的特征。

3. 可用性

可用性是指网络信息可被授权实体正确访问,并按要求能正常使用或在非正常情况下能恢复使用的特征,即在系统运行时能正确存取所需信息,当系统遭受攻击或破坏时,能迅速恢复并能投入使用。可用性是衡量网络信息系统面向用户的一种安全性能。

4. 不可否认性

不可否认性是指通信双方在信息交互过程中,确信参与者本身,以及参与者所提供的信息的真实同一性,即所有参与者都不可能否认或抵赖本人的真实身份,以及提供信息的原样性和完成的操作与承诺。

5. 可控性

可控性是指对流通在网络系统中的信息传播及具体内容能够实现有效控制的特性，即网络系统中的任何信息要在一定传输范围和存放空间内可控。

四、计算机病毒

1987年，第一个计算机病毒C-BRAIN诞生，由巴基斯坦兄弟编写。当时计算机病毒主要是引导型病毒，具有代表性的是"小球"和"石头"病毒。1998年台湾大同工学院学生刘盈豪编制了CIH病毒。2007年，"熊猫烧香"肆虐全球，计算机病毒累计感染了中国80%的用户，78%以上的病毒为木马、后门病毒。

1. 计算机病毒的特征

(1) 繁殖性：计算机病毒可以像生物病毒一样进行繁殖。当正常程序运行时，可以进行自身复制。是否具有繁殖、感染的特征是判断某段程序为计算机病毒的首要条件。

(2) 破坏性：计算机中病毒后，会导致正常程序无法运行，文件被删除或受到损坏，破坏磁盘引导扇区、BIOS系统和硬件工作环境。

(3) 传染性：计算机病毒通过修改别的程序，将自身的复制品或变体传染到其他无毒的程序或系统部件。

(4) 潜伏性：计算机病毒可以依附于其他媒体寄生的能力，侵入后的病毒潜伏到条件成熟才发作，病毒潜伏期会使计算机运行速度变慢。

(5) 隐蔽性：计算机病毒具有很强的隐蔽性，可以通过病毒软件检查出来少数，隐蔽性计算机病毒时隐时现、变化无常，这类病毒处理起来非常困难。

(6) 可触发性：一般来说，病毒都有一些触发条件（系统时钟的某个日期时间或运行某些程序等），条件满足则触发计算机病毒，对系统进行破坏。

2. 计算机病毒的分类

按传染方式来分，可分为引导型病毒、文件型病毒、混合型病毒和宏病毒。

按宿主类型来分，可分为网络病毒、文件病毒、引导型病毒等。

按算法来分，可分为伴随型病毒、"蠕虫"型病毒、诡秘型病毒和变型病毒等。

3. 计算机病毒的危害

(1) 破坏性：磁盘空间减少和对信息进行破坏。如引导型病毒要覆盖一个磁盘扇区，被覆盖的扇区数据永久性丢失，无法恢复。"蠕虫"型病毒占据大量内存。文件型病毒把病毒的传染部分写到磁盘的未用部位去，使每个文件不同程度地加长，占用更多的磁盘空间，造成磁盘空间的严重浪费。

(2) 运行缓慢：病毒的运行、传播和激发等都需要占用大量资源，致使正常的程序运行受到很大的影响，运行难以顺畅进行，速度变得异常缓慢是正常的结果。

(3) 占用资源：计算机病毒随系统同时加载到内存，进行自我复制，占用大量的内存空间，导致计算机内存大幅度减少。病毒运行时抢占计算机资源，占用大量的CPU时间,干扰系统的正常运行。

(4) 死机:计算机病毒占用大量的系统资源,到了一定程度,程序运行难以为继,死机是不可避免的。

4. 计算机防毒软件

(1) 杀毒软件:查杀病毒的软件,如计算机管家、百度杀毒、卡巴斯基安全部队、瑞星杀毒软件、金山毒霸、Microsoft Security Essentials、诺顿和 360 杀毒等。

(2) 安全软件:清理垃圾、修复漏洞、防木马的软件,如百度卫士、金山卫士、计算机管家和 360 安全卫士等。

(3) 反流氓软件:清理流氓软件,保护系统安全的软件,如百度卫士、超级兔子和 Windows 清理助手等。

(4) 加密软件:对数据文件进行加密,防止外泄,确保信息资产的安全。加密软件按照实现的方法可分为被动加密和主动加密。

【知识拓展】

信息安全与计算机病毒

1. 信息安全特性

信息安全特性包括保密性、完整性、可用性和认证安全性。

(1) 保密性安全。保密性安全是指保护信息在存储和传输过程中不被未授权的实体识别。比如,网上传输的信用卡账号和密码不被识破。

(2) 完整性安全。完整性安全是指信息在存储和传输过程中不被为授权的实体插入、删除、篡改和重发等,信息的内容不被改变。比如,用户发给别人的电子邮件,保证到接收端的内容没有改变。

(3) 可用性安全。可用性安全是指不能由于系统受到攻击,而使合法用户无法正常去访问资源。比如,保护邮件服务器安全不因其遭到 DOS 攻击而无法正常工作,是用户能正常收发电子邮件。

(4) 认证安全性。认证安全性是通过某些验证措施和技术,防止无权访问某些资源的实体通过某种特殊手段进入网络而进行访问。

2. 信息安全的主要威胁

(1) 信息泄露。信息泄露是指信息被泄露或透露给某个非授权的实体。

(2) 破坏信息的完整性。破坏信息的完整性是指数据被非授权地进行增删、修改或破坏。

(3) 拒绝服务。拒绝服务是指对信息或其他资源的访问被无条件地阻止。

(4) 非法使用(非授权访问)。非法使用是指某一资源被某个非授权的人,或以非授权的方式使用。

(5) 特洛伊木马。软件中含有一个觉察不出的有害的程序段,当它被执行时,会破坏用户的安全,这种应用程序称为特洛伊木马(Trojan Horse)。

（6）陷阱门。陷阱门是指在某个系统或某个部件中设置的"机关"，使在特定的数据输入时，允许违反安全策略。

（7）计算机病毒。计算机病毒是指一种在计算机系统运行过程中能够实现传染和侵害功能的程序。

3. 计算机病毒类型

（1）引导型病毒。引导型病毒通过移动设备在操作系统中传播，感染引导区，蔓延到硬盘，并能感染到硬盘中的"主引导记录"。

（2）文件型病毒。文件型病毒也称为"寄生病毒"，运行在计算机存储器中，感染扩展名为COM、EXE、SYS等类型的文件。

（3）混合型病毒。混合型病毒具有引导型病毒和文件型病毒两者的特点。

（4）宏病毒。宏病毒是用Basic语言编写的病毒程序寄存在Microsoft Office文档上的宏代码，宏病毒影响对文档的各种操作。

（5）网络病毒。网络病毒通过计算机网络传播，感染网络中的可执行文件。

（6）文件病毒。文件病毒感染计算机中的文件，如COM、EXE和DOC文件等。

（7）引导型病毒。引导型病毒感染启动扇区（Boot）和硬盘的系统引导扇区（MBR）。

（8）伴随型病毒。伴随型病毒不改变文件本身，根据算法产生EXE文件的伴随文件，具有同样的名字和不同的扩展名（COM）。

（9）"蠕虫"型病毒。"蠕虫"型病毒通过计算机网络传播，不改变文件和资料信息，利用网络从一台机器的内存传播到其他机器的内存。

（10）诡秘型病毒。诡秘型病毒通过设备技术和文件缓冲区等对DOS内部进行修改，不易看到资源，使用比较高级的技术，利用DOS空闲的数据区进行工作。

（11）变型病毒。变型病毒又称为幽灵病毒，由一段混有无关指令的解码算法和变化的病毒体组成。变型病毒使用一个复杂的算法，每一份都具有不同的内容和长度。

【技能拓展】

信息安全防范方法

1. 良好的计算机操作习惯

用户不要随便登录不明网站、黑客网站或色情网站等，不要随便单击打开QQ、MSN等聊天工具上发来的链接信息，不要随便打开或运行陌生、可疑文件和程序，如邮件中的陌生附件、外挂程序等，避免网络上的恶意软件或插件感染计算机。

2. 使用正版软件

盗版软件一般都携带病毒、木马和恶意插件等非法程序，使用盗版软件是感染病毒的主要途径。尊重知识产权，使用正版软件，也是保护个人信息安全的关键所在。

3. 开启防火墙

防火墙（Firewall）是一项协助确保信息安全的设备或是架设在一般硬件上的一套软件，会依照特定的规则，允许或是限制传输的数据通过。个人防火墙是防止计算机中的信息被外部侵袭的一项技术,能在系统中监控、阻止任何未经授权允许的数据进入或发出到互联网及其他网络系统。

4. 数据加密

数据加密是计算机系统对信息进行保护的一种最可靠的办法,利用密钥技术对信息进行加密,实现信息隐蔽,起到保护信息的安全的作用。

5. 安装防毒软件

防毒软件是用于消除计算机病毒、特洛伊木马和恶意软件等计算机威胁的一类软件。防毒软件一般集成监控识别、病毒扫描和清除、自动升级病毒库、主动防御和数据恢复等功能。常用的防毒软件有金山毒霸、360和卡巴斯基等。

6. 身份认证

身份认证技术是在计算机网络中确认操作者身份的过程而产生的有效解决方法。身份认证主要有静态密码、IC卡、短信密码、动态口令和数字签名等多种方式。

7. 系统维护

系统维护是为保证计算机系统能够正常运行而进行的定期检测、修理和优化,包括硬件维护和软件维护。硬件维护为计算机主要部件的保养和升级等。软件维护包括计算机操作系统的更新、清理、优化和杀毒等。

任务4　中英文录入

【任务情景】

王同学在计算机应用专业知识学习和专业技能实训中,由于键盘键位不熟悉和打字速度慢,遇到很多困难,如学习资料整理费时费力、实习任务完成进度远远达不到要求等。为此王同学决定进行中英文录入技能训练,提高打字速度和效率,为进一步学习打下良好的基础。

【任务分析】

中英文录入技术是计算机应用基本技能,主要通过打字软件辅助练习进行中英文录入的学习和实训。常用软件有金山打字通、明天打字员和打字高手等。通过打字软件或打字教程来认识键盘,进行英文打字训练,学习中文输入法和提高中文录入速度。

【任务实施】

一、认识键盘

键盘分为五个区:主键盘区、功能键区、控制键区、数字键区和状态指示区,如图1-32所示。

图 1-32　101 键盘

1. 主键盘区

主键盘区又称为打字键区,主要有英文字符 A～Z、数字字符 0～9、标点符号、特殊符号和功能键等。功能键主要有 Enter(回车键)、Backspace(退格键)、Tab(制表键)、CapsLock(大小写锁定键)、Shift(上挡键)、Ctrl(控制键)和 Alt(转换键)等。

Enter(回车键):执行命令确认或换行。

Backspace(退格键):光标左移一格并删除字符,或删除所选内容。

Tab(制表键):将光标定位到下一个制表位。

CapsLock(大小写锁定键):英文字母大小写转换,对应状态指示区 Caps 灯亮或灭。

Shift(上挡键):上挡转换键,用于英文字母大小写转换或输入键位上挡字符等。

Ctrl(控制键):一般不单独使用,与其他键组合使用,作为操作命令或快捷键等。

Alt(转换键):一般不单独使用,与其他键组合使用,作为操作命令或快捷键等。

2. 功能键区

功能键区包括 Esc 键、F1～F12 功能键、PrtSc/SysRq 键、Scroll Lock 键和 Pause Break 键。

Esc 键:取消键,用于中止程序运行或取消命令执行等。

F1～F12 功能键:通用功能键。

PrtSc/SysRq 键:屏幕硬拷贝键,用于截取屏幕图像。

Scroll Lock 键:屏幕滚动锁定键。

Pause Break 键:中断暂停键。用于暂停程序运行或命令执行等。

3. 控制键区

控制键区包括 Insert 键、Delete 键、Home 键、End 键、PageUp 键、PageDown 键和光标移动键。

Insert 键:插入键,用于转换文本输入模式(插入/改写)等。

Delete 键:删除键,用于删除光标处字符。

Home 键:行首键。

End 键:行尾键。

PageUp 键：向上翻页键。
PageDown 键：向下翻页键。
光标移动键：上下左右移动光标。

4. 数字键区

数字键区又称为小键盘区，包括 NumLock 键、数字键和功能键。
NumLock 键：数字锁定键。与 NumLock 灯相关联，实现数字键和控制键的转换。

5. 状态指示区

状态指示区包括 NumLock 灯、Caps 灯和 Scroll Lock 灯三个键盘状态显示灯。
NumLock 灯：数字锁定灯。
Caps 灯：大小写字母锁定灯。
Scroll Lock 灯：屏幕滚动锁定灯。

二、英文打字

1. 打字姿势

身体挺直，保持正坐。头部摆正，自然放松。眼睛直视屏幕，保持适当距离（30～40cm）。双手自然垂放，手指自然弯曲，指尖垂直键面，弹击键位，收放自如。

2. 基本键位

主键盘区有八个基本键位：A、S、D、F、J、K、L、;。打字时，两个大拇指放在空格键上，其他手指放在基本键位上。具体放置如图 1-33 所示。

图 1-33　基本键位

3. 手指分工

英文录入时，对于每一个键而言，都有标准的手指分工，对应着一个固定手指。手指分工如图 1-34 所示。

4. 击键操作

基本键位，直接弹击。其他键位，通过手掌的平行移动，运用校准指法，准确弹击，并迅速回归标准键位，以便进行下一次弹击。

图 1-34　手指分工

5. 英文打字练习

应用打字软件，依次进行基本键位练习、字母键位练习、数字键位练习、符号键位练习、单词练习、语句练习和文章练习等。如金山打字通的英文打字练习，如图 1-35 所示。

图 1-35　英文打字练习

三、中文录入

中文录入关键在于中文输入法的选择。在 Windows 操作系统中，选择一种中文输入法，就可以进行中文录入。

1. 输入法切换

鼠标切换：在 Windows 任务栏托盘区输入法选择按钮中直接选取输入法。

快捷键切换：

Ctrl＋Space 为中英文输入法切换。

Ctrl＋Shift 为输入法之间轮流切换。

2. 中文输入法

中文输入法是用来将汉字输入计算机中的一组键盘符号。常用的输入法有拼音输入法、五笔字型、自然码、表形码、认知码、区位码和电报码等。目前专业打字员以使用五笔字型输入法为主，一般用户以使用拼音输入法为主。拼音输入法是以汉语拼音作为中文输入编码，Windows 系统自带的拼音输入法主要是标准拼音输入法和微软拼音输入法。

标准拼音输入法也称为智能 ABC 输入法，支持全拼输入、简拼输入、混拼输入和音形输入，支持单字输入和词组输入。标准拼音输入法简单易学，极易上手。但重码多，需选择，难以实现盲打，录入速度较慢。

微软拼音输入法是微软公司在智能 ABC 输入法基础上开发的汉字拼音输入法，采用拼音作为汉字的录入方式。基于语句整体输入，即用户可以输入整个语句的拼音，具有自学习、自造词、语音输入和手写输入等智能功能。

3. 中文录入练习

应用打字软件，依次进行拼音输入练习、拼音音节练习、词组练习和文章练习等。如金山打字通的拼音打字练习，如图 1-36 所示。

图 1-36　拼音打字练习

【知识链接】

常用的中英文打字练习软件

常用的中英文打字练习软件有金山打字通、明天打字员和打字高手等。

1. 金山打字通

金山打字通是一款功能齐全、数据丰富、界面友好、集练习和测试于一体的打字软件，具有键位练习、英文打字、拼音打字、五笔打字、速度测试等功能模块，可以让用户从零开始逐步变为打字高手。键位练习通过配图引导和合理的练习内容安排，可以让用户熟悉键盘位置，形成正确的打字姿势和击键指法，养成良好的中英文录入习惯。英文打字让用户由键位记忆到英文文章全文练习，逐步让用户盲打并提高打字速度。五笔打字从字根、简码到多字词组逐层逐级的练习，让用户成为汉字录入盲打高手，如图 1-37 所示。

2. 明天打字员

明天打字员是一款五笔打字和指法练习与测试软件，较适用于教学，如图 1-38 所示。

【知识拓展】

常见的智能拼音输入法

常见的智能拼音输入法有搜狗拼音输入法和万能拼音输入法等。

1. 搜狗拼音输入法

搜狗拼音输入法是由搜狐公司推出的一款 Windows 平台下的汉字拼音输入法，基于

图 1-37　金山打字通 2013

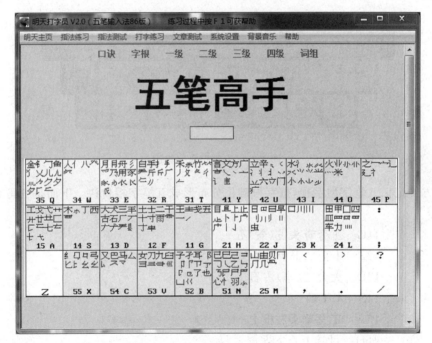

图 1-38　明天打字员

搜索引擎技术偏向于词语输入特性的中文输入法，用户可以通过互联网备份自己的个性化词库和配置信息。特色是网络新词、词库快速更新和整合符号输入等，支持手写输入、个性输入和输入统计。

2. 万能拼音输入法

万能拼音输入法是一种集拼音、五笔、英语等多种输入法为一体的多元输入法。万能拼音输入法的词库动态丰富,适应不同输入习惯人群,五笔和笔画等词库加入了方便多样的输入方式。特点是超强互联网习惯用语、动态更新输入法和词库、更智能的算法、多重输入法组合、先进的词频排序和双行显示中英文输出。

【技能拓展】

五 笔 字 型

五笔字型是一种汉字字形输入码,其最大特点是重码少,可以实现盲打,汉字录入速度非常快,是专业打字的主要输入法之一。五笔字型编码较为复杂,需要进行专业的学习和练习,才能快速输入汉字。

1. 笔画

五笔字型认为汉字字形由"横、竖、撇、捺、折"五种笔画构成。

2. 字根

字根是构成汉字的基本单位,所有汉字都由若干个字根组成,字根由若干笔画构成。五笔字型将所有字根按笔画构成分布在打字键盘区,构成五笔键盘,如图1-39所示。

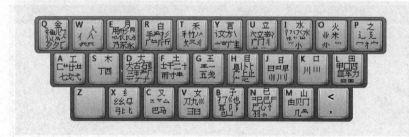

图1-39　五笔键盘字根图

为方便记忆五笔字型字根,按字根键位分布形成五笔字根口诀。下面是王码86字根口诀表。

　　　　11G　王旁青头戋(兼)五一
　　　　12F　土士二干十寸雨
　　　　13D　大犬三(羊)古石厂
　　　　14S　木丁西
　　　　15A　工戈草头右框七
　　　　21H　目具上止卜虎皮
　　　　22J　日早两竖与虫依
　　　　23K　口与川,字根稀
　　　　24L　田甲方框四车力
　　　　25M　山由贝,下框几
　　　　31T　禾竹一撇双人立,反文条头共三一
　　　　32R　白手看头三二斤

33E 月彡(衫)乃用家衣底

34W 人和八,登祭头

35Q 金勺缺点无尾鱼,犬旁留乂儿一点夕,氏无七(妻)

41Y 言文方广在四一,高头一捺谁人去

42U 立辛两点六门疒

43I 水旁兴头小倒立

44O 火业头,四点米

45P 之字军盖道建底,摘ネ(示)衤(衣)

51N 已半巳满不出己,左框折尸心和羽

52B 子耳了也框向上

53V 女刀九臼山朝西

54C 又巴马,丢矢矣

55X 慈母无心弓和匕,幼无力

3. 五笔编码

要用五笔打出一个字或一个词,最多需要四个字母,即将汉字或词组最多拆成四个字根,其编码是字根键盘对应的字母组合。

(1) 编码口诀。键名不拆打四下,成报一二末笔画。一般一二三末根,不足才补识别码。识别码是用于区分重码字(拆分不足四码的汉字),利用末笔笔画和字型结构的构成代码。

五笔字型还可以使用简码输入。一级简码:一个字母一个字;二级简码:两个字母一个字;三级简码:三个字母一个字。

(2) 五笔字型的拆字原则。书写顺序,取大优先,兼顾直观,能连不交,能散不连。

① 书写顺序:一般要求按照正确的书写顺序进行。

② 取大优先:按照书写顺序为汉字编码时,拆出来的字根要尽可能大。

③ 兼顾直观:为了使字根的特征明显易辨,有时要牺牲书写顺序和取大优先的原则。

④ 能连不交:当一个字可以视作相连的几个字根,也可视作相交的几个字根时,相连的情况是可取的。

⑤ 能散不连:如果一个结构可以视为几个基本字根的散的关系,不要认为是连的关系。

综 合 实 训

【实训任务】

计算机安装。

【实训准备】

计算机安装要明确安装步骤,明了注意事项,做好安装准备。建议在教师指导下进行操作。

一、安装步骤

计算机安装没有特定的顺序，一般有安装准备、安装CPU、安装内存、安装主板、安装硬盘、安装显示卡、连接数据线、连接电源线、理线与检查、安装显示器和安装键盘与鼠标等步骤。

二、注意事项

部件轻拿轻放，安装柔和。安装均衡用力，扎实稳固。线路清晰，检查仔细。仔细阅读说明书，注意细节，确保安全。固定螺丝时，切忌一次到位。先定位，再深入。循环操作，逐次紧固。

【实训过程】

操作1：装机前的准备。

工具准备：准备十字螺丝刀、平口螺丝刀、尖嘴钳、毛刷和镊子等，排列整齐。

部件准备：准备所有计算机硬件部件，排列整齐。

防静电准备：除去手上静电。常用的方法有洗手并用干毛巾擦干、接触铁制器具（自来水管等），如有条件佩戴防静电环。

操作2：安装CPU：以Intel CPU为例。

（1）打开主板CPU插槽压板。向下按压"插槽锁扣杆"，如图1-40所示。侧向横拉，向上抬起"插槽锁扣杆"。拉起CPU压板，打开CPU插槽，如图1-41所示。

图1-40　CPU插槽（外观）

图1-41　CPU插槽（安全盖）

（2）移除主板CPU插槽安全盖。用手指抓紧安全盖的两端，垂直向上取下安全盖，如图1-42所示。

（3）安装CPU。抓住抓稳CPU的两侧边缘，将CPU的金色小三角与插槽上的小三角标识对齐，如图1-43所示。将CPU垂直放入插槽，如图1-44所示。

图1-42　CPU插槽（内芯）

图1-43　对齐金三角

（4）固定CPU。关闭CPU压板，按下"插槽锁扣杆"，注意锁扣到位，确保稳固，如图1-45所示。

图1-44　CPU入槽

图1-45　固定CPU

（5）安装CPU风扇。CPU风扇如图1-46所示。

拿稳风扇，转动CPU风扇固定柱，使箭头方向朝向外侧，将风扇定位柱放入主板定位孔中，依次按压定位柱，注意安装到位，接通风扇电源，如图1-47所示。

图1-46　CPU风扇

图1-47　风扇安装

操作3：安装内存。

扳开插槽两端的固定卡，如图1-48所示。将内存条垂直地放入内存插槽，注意插槽凸棱。从两端顶部垂直向下均匀用力，将内存推入插槽，固定卡自动弹起，卡住固定槽，如图1-49所示。

图1-48　内存插槽

图1-49　内存安装

操作4：安装主板。

（1）安装机箱接口挡板，如图1-50所示。布置机箱底板固定螺柱，如图1-51所示。

（2）将主板放入机箱，注意接口对齐，注意柱孔对齐，注意平稳放置，如图1-52和图1-53所示。

图 1-50　机箱接口挡板

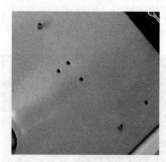
图 1-51　机箱底板螺柱

图 1-52　主板放置

图 1-53　主板接口

(3) 固定主板，依次将固定螺母安装到固定螺柱上。

操作 5：安装硬盘。

将硬盘放入托架，安装固定螺丝，如图 1-54 所示。

操作 6：安装显卡。

取下机箱后槽挡板，将显卡垂直放入插槽，用螺丝将显示卡固定，如图 1-55 所示。

图 1-54　硬盘安装

图 1-55　显卡安装

操作 7：连接数据线。

(1) 硬盘线。硬盘线也称为 SATA 数据线，一端接硬盘，另一端接主板 SATA 接口。SATA 数据线如图 1-56 所示。硬盘 SATA 数据接口如图 1-57 所示。主板 SATA 接口如图 1-58 所示。

(2) 信号线连接。信号线包括机箱面板控制线（开机开关线、复位（重启）信号线、电源指示灯线、硬盘信号线和机箱喇叭线）、USB 信号线和音频信号线，对应主板上的各信号线接口跳线。

图 1-56　SATA 数据线　　图 1-57　硬盘 SATA 数据接口　　图 1-58　主板 SATA 接口

控制信号线如图 1-59 所示。控制信号线主板接口如图 1-60 所示。

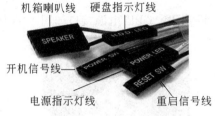 

图 1-59　控制信号线　　　　　　　　图 1-60　控制信号线主板接口

USB 接口如图 1-61 所示,主板 USB 接口如图 1-62 所示。

图 1-61　USB 接口　　　　　　　　图 1-62　主板 USB 接口

音频接口线如图 1-63 所示,主板音频接口如图 1-64 所示。

图 1-63　音频接口线　　　　　　　　图 1-64　主板音频接口

操作 8：连接电源线。

（1）主板电源线。安装时,用拇指按住固定夹底部,将电源线插入主板接口,注意固定夹对准固定凸棱,松开固定夹。

主板 20+4 PIN 电源线如图 1-65 所示。主板 20+4 PIN 电源接口如图 1-66 所示。

（2）CPU 电源线。安装时,用拇指按住固定夹底部,将电源线插入主板 CPU 电源接口,注意固定夹对准固定凸棱,松开固定夹。

图 1-65　主板 20+4 PIN 电源线　　　　图 1-66　主板 20+4 PIN 电源接口

CPU 4+4 PIN 电源线如图 1-67 所示。主板 8 PIN CPU 电源接口如图 1-68 所示。

图 1-67　CPU 4+4 PIN 电源线　　　　图 1-68　主板 8 PIN CPU 电源接口

(3) SATA 电源线。安装时,将 SATA 电源线插入 SATA 电源接口即可。SATA 电源线如图 1-69 所示。SATA 电源接口如图 1-70 所示。

图 1-69　SATA 电源线　　　　图 1-70　SATA 电源接口

(4) 显示卡电源线。安装时,用拇指按住固定夹底部,将电源线插入显示卡电源接口,注意固定夹对准固定凸棱,松开固定夹。

显示卡电源线如图 1-71 所示。显示卡电源接口如图 1-72 所示。

图 1-71　显示卡电源线　　　　图 1-72　显示卡电源接口

操作9：理线与检查。

将机箱内信号线和电源线进行整理,并用绑扎带将零散线捆扎整齐,固定在机架上。检查机箱内所有部件的安装是否稳固,接口是否接触良好,安装有无错误和遗漏之处,是否有工具或螺丝残留。确保无误后,装上机箱挡板。

操作10：显示器的安装。

将电源线D型接口接入显示器电源接口,将显示信号线与主机背板显卡接口和显示器信号线接口相连接。显示数据线如图1-73所示。

操作11：键盘和鼠标的安装。

键盘和鼠标的接口现在主要为USB接口,直接接入主机背板的USB接口即可,注意安装时接触良好,安装稳固。

操作12：音箱的安装。

用音频线分别连接主机背板上的音频接口和音箱的音频接口,注意相应连线端口的颜色相同。音频线如图1-74所示。

图1-73　显示数据线

图1-74　音频线

操作13：检查整理。

进行机器检查,整理工具,清理工位。安装完成。

习　题

一、选择题

1. 一般认为,世界上第一台电子数字计算机诞生于_____年。

　　A. 1946　　　　B. 1952　　　　C. 1959　　　　D. 1962

2. 计算机当前已应用于各种行业、各种领域,而计算机最早的设计是针对_____。

　　A. 数据处理　　B. 科学计算　　C. 辅助设计　　D. 过程控制

3. 计算机硬件系统的主要组成部件有五大部分,下列各项中不属于这五大部分的是_____。

　　A. 运算器　　　B. 软件　　　　C. I/O设备　　　D. 控制器

4. 计算机软件一般分为系统软件和应用软件两大类,不属于系统软件的是_____。

　　A. 操作系统　　　　　　　　　B. 数据库管理系统

C. 客户管理系统 D. 语言处理程序

5. 计算机系统中,最贴近硬件的系统软件是_____。
   A. 语言处理程序　　　　　　　　B. 服务性程序
   C. 数据库管理系统　　　　　　　D. 操作系统

6. 计算机内部用于处理数据和指令的编码是_____。
   A. 十进制码　　B. 二进制码　　C. ASCII 码　　D. 汉字编码

7. 计算机程序设计语言中,可以直接被计算机识别并执行的是_____。
   A. 机器语言　　B. 汇编语言　　C. 算法语言　　D. 高级语言

8. 二进制数 10110001 对应的十进制数是_____。
   A. 123　　B. 167　　C. 179　　D. 177

9. 计算机断电后,会使存储的数据丢失的存储器是_____。
   A. RAM　　B. 硬盘　　C. ROM　　D. 软盘

10. 微型计算机中,微处理器芯片上集成的是_____。
    A. 控制器和运算器　　　　　　B. 控制器和存储器
    C. CPU 和控制器　　　　　　　D. 运算器和 I/O 接口

11. 计算机有多种技术指标,其中决定计算机的计算精度的是_____。
    A. 运算速度　　B. 字长　　C. 存储容量　　D. 进位数制

12. 保持微型计算机正常运行必不可少的输入输出设备是_____。
    A. 键盘和鼠标　　　　　　　　B. 显示器和打印机
    C. 键盘和显示器　　　　　　　D. 鼠标和扫描仪

13. 在计算机中,信息的最小单位是_____。
    A. 字节　　B. 位　　C. 字　　D. KB

14. 在微型计算机中,将数据送到软盘上,称为_____。
    A. 写盘　　B. 读盘　　C. 输入　　D. 打开

15. 下列各项中,不是微型计算机的主要性能指标的是_____。
    A. 字长　　B. 存取周期　　C. 主频　　D. 硬盘容量

16. 自计算机问世至今已经经历了四个时代,划分时代的主要依据是计算机的_____。
    A. 规模　　B. 功能　　C. 性能　　D. 构成元件

17. 世界上第一台电子数字计算机采用的逻辑元件是_____。
    A. 大规模集成电路　　　　　　B. 集成电路
    C. 晶体管　　　　　　　　　　D. 电子管

18. 早期的计算机体积大、耗能高、速度慢,其主要原因是制约于_____。
    A. 工艺水平　　B. 元器件　　C. 设计水平　　D. 元材料

19. 当前的计算机一般被认为是第四代计算机,它采用的逻辑元件是_____。
    A. 晶体管　　　　　　　　　　B. 集成电路
    C. 电子管　　　　　　　　　　D. 大规模集成电路

20. 个人计算机属于_____。

A. 微型计算机 B. 小型计算机
C. 中型计算机 D. 小巨型计算机

21. 以下不属于数字计算机特点的是_____。
    A. 运算快速　　B. 计算精度高　　C. 体积庞大　　D. 通用性强
22. 计算机可以进行自动处理的基础是_____。
    A. 存储程序 B. 快速运算
    C. 能进行逻辑判断 D. 计算精度高
23. 下列叙述中正确的是_____。
    A. 反病毒软件通常滞后于计算机病毒的出现
    B. 反病毒软件总是超前于计算机病毒的出现,它可以查、杀任何种类的病毒
    C. 已感染过计算机病毒的计算机具有对该病毒的免疫性
    D. 计算机病毒会危害计算机以后的健康
24. 计算机的应用范围很广,下列说法中正确的是_____。
    A. 数据处理主要应用于数值计算
    B. 辅助设计是用计算机进行产品设计和绘图
    C. 过程控制只能应用于生产管理
    D. 计算机主要用于人工智能
25. 最早设计计算机的目的是进行科学计算,其主要计算的问题面向于_____。
    A. 科研　　B. 军事　　C. 商业　　D. 管理
26. 计算机应用中最诱人也是难度最大且目前研究最为活跃的领域之一是_____。
    A. 人工智能　　B. 信息处理　　C. 过程控制　　D. 辅助设计
27. 当前气象预报已广泛采用数值预报方法,这种预报方法会涉及计算机应用中的_____。
    A. 科学计算和数据处理 B. 科学计算和辅助设计
    C. 科学计算和过程控制 D. 数据处理和辅助设计
28. 计算机最主要的工作特点是_____。
    A. 存储程序与自动控制 B. 高速度与高精度
    C. 可靠性与可用性 D. 有记忆能力
29. 用来表示计算机辅助设计的英文缩写是_____。
    A. CAI　　B. CAM　　C. CAD　　D. CAT
30. 利用计算机来模仿人的高级思维活动称为_____。
    A. 数据处理 B. 自动控制
    C. 计算机辅助系统 D. 人工智能
31. 信息是指_____。
    A. 基本素材 B. 非数值数据
    C. 数值数据 D. 处理后的数据
32. 在下面的描述中,正确的是_____。
    A. 外存中的信息可直接被CPU处理

B. 键盘是输入设备，显示器是输出设备
C. 操作系统是一种很重要的应用软件
D. 计算机使用的汉字编码和 ASCII 码是相同的

33. 一个完备的计算机系统应该包含计算机的_____。
    A. 主机和外设　　　　　　　　　　B. 硬件系统和软件系统
    C. CPU 和存储器　　　　　　　　　D. 控制器和运算器

34. 计算机病毒是指_____。
    A. 能够破坏计算机各种资源的小程序或操作命令
    B. 特制的破坏计算机内信息且自我复制的程序
    C. 计算机内存放的、被破坏的程序
    D. 能感染计算机操作者的生物病毒

35. 构成计算机物理实体的部件称为_____。
    A. 计算机系统　　　　　　　　　　B. 计算机硬件
    C. 计算机软件　　　　　　　　　　D. 计算机程序

36. 组成计算机主机的主要是_____。
    A. 运算器和控制器　　　　　　　　B. 中央处理器和主存储器
    C. 运算器和外设　　　　　　　　　D. 运算器和存储器

37. 微型计算机的微处理器芯片上集成了_____。
    A. CPU 和 RAM　　　　　　　　　　B. 控制器和运算器
    C. 控制器和 RAM　　　　　　　　　D. 运算器和 I/O 接口

38. 以下不属于外部设备的是_____。
    A. 输入设备　　　　　　　　　　　B. 中央处理器和主存储器
    C. 输出设备　　　　　　　　　　　D. 外存储器

39. 下列对软件配置的叙述中不正确的是_____。
    A. 软件配置独立于硬件　　　　　　B. 软件配置影响系统功能
    C. 软件配置影响系统性能　　　　　D. 软件配置受硬件的制约

40. 下面各组设备中，同时包括输入设备、输出设备和存储设备的是_____。
    A. CRT、CPU、ROM　　　　　　　　 B. 绘图仪、鼠标、键盘
    C. 鼠标、绘图仪、光盘　　　　　　D. 磁带、打印机、激光印字机

41. 个人计算机(PC)必备的外部设备是_____。
    A. 键盘和鼠标　　　　　　　　　　B. 显示器和键盘
    C. 键盘和打印机　　　　　　　　　D. 显示器和扫描仪

42. 在微型计算机的各种设备中，既可输入又可输出的设备是_____。
    A. 磁盘驱动器　　B. 键盘　　　　C. 鼠标　　　　D. 绘图仪

43. 冯·诺依曼结构计算机的五大基本构件包括运算器、存储器、输入设备、输出设备和_____。
    A. 显示器　　　　B. 控制器　　　C. 硬盘存储器　　D. 鼠标

44. 时至今日，计算机仍采用程序内存或称为存储程序原理，原理的提出者

是_____。
   A. 莫尔　　　　　　　　　B. 比尔·盖茨
   C. 冯·诺依曼　　　　　　D. 科得(E. F. Codd)
45. 冯·诺依曼计算机的基本原理是_____。
   A. 程序外接　B. 逻辑连接　C. 数据内置　D. 程序存储控制
46. 在计算机中,运算器的主要功能是完成_____。
   A. 代数和逻辑运算　　　　B. 代数和四则运算
   C. 算术和逻辑运算　　　　D. 算术和代数运算
47. 计算机中用来保存程序和数据,以及运算的中间结果和最后结果的装置是_____。
   A. RAM　　　B. 内存和外存　C. ROM　　　D. 高速缓存
48. 下列不属于输入设备的是_____。
   A. 光笔　　　B. 打印机　　　C. 键盘　　　D. 鼠标
49. 计算机的硬件主要包括中央处理器(CPU)、存储器、输入设备和_____。
   A. 键盘　　　B. 鼠标　　　　C. 显示器　　D. 输出设备
50. 下列各项中属于输出设备的是_____。
   A. 键盘　　　B. 鼠标　　　　C. 显示器　　D. 摄像头
51. 在计算机领域中,通常用大写英文字母 B 来表示_____。
   A. 字　　　　B. 字长　　　　C. 字节　　　D. 二进制位
52. 为解决某一特定的问题而设计的指令序列称为_____。
   A. 文档　　　B. 语言　　　　C. 系统　　　D. 程序
53. 通常所说的"裸机"是指计算机仅有_____。
   A. 硬件系统　B. 软件　　　　C. 指令系统　D. CPU
54. 一种计算机所能识别并能运行的全部指令的集合,称为该种计算机的_____。
   A. 程序　　　B. 二进制代码　C. 软件　　　D. 指令系统
55. 与二进制数 11111110 等值的十进制数是_____。
   A. 251　　　B. 252　　　　 C. 253　　　 D. 254
56. 十进制数向二进制数进行转换时,十进制数 91 相当于二进制数_____。
   A. 1101011　B. 1101111　　 C. 1110001　 D. 1011011
57. 固定在计算机主机箱箱体上的、起到连接计算机各种部件的纽带和桥梁作用的是_____。
   A. CPU　　　B. 主板　　　　C. 外存　　　D. 内存
58. 计算机中用来表示内存储器容量大小的基本单位是_____。
   A. 位　　　　B. 字节　　　　C. 字　　　　D. 双字
59. 计算机中存储容量的单位之间,其换算公式正确的是_____。
   A. 1KB=1024MB　　　　　　B. 1KB=1000B
   C. 1MB=1024KB　　　　　　D. 1MB=1024GB
60. Cache 的中文译名是_____。

A. 缓冲器 B. 高速缓冲存储器
C. 只读存储器 D. 可编程只读存储器

二、填空题

1. 世界上第一台电子计算机于_____年诞生在_____国,其名称是_____。
2. 微型计算机属于第_____代计算机,其核心组成是_____。
3. 一个完整的计算机系统由_____和_____两部分组成。
4. 微型计算机的各组成部件是通过系统_____相互连接的。
5. 微型计算机的总线有_____、_____和_____三种。
6. 微型计算机在开机时应遵循先开_____后开_____的顺序,关机时则顺序相反。
7. 字节是微型计算机中存储容量的度量单位,其英文写法为_____。一个字节由_____位二制数组成,其中位的英文写法为_____。
8. 计算机病毒的传播媒介主要有软磁盘、硬盘、光盘和_____。
9. 计算机是一种能够高速进行_____运算和_____运算的电子设备。
10. 计算机网络是_____技术和_____技术高度发展及密切结合的产物。
11. 断电后存储信息会全部丢失的内存储器称为_____。
12. 微型计算机的主板上的_____芯片中存放着基本输入输出系统。
13. 计算机病毒要激活运行,必须首先进入_____。
14. 在计算机工作时,_____用来存储当前正在使用的程序和数据。
15. 数字字符"1"的ASCII码的十进制表示为49,那么数字字符"6"的ASCII码的十进制表示为_____。
16. 在微型计算机的汉字系统中,一个汉字的内码占_____个字节。
17. 与二进制数1110等值的十进制数是_____。
18. 微型计算机硬件系统由_____、存储器、输入设备和输出设备四大部件组成。

三、思考与操作

1. 简述计算机的拆解步骤及注意事项。
2. 台式计算机与笔记本电脑的相同点和不同点。
3. 程序设计语言是系统软件还是应用软件?
4. 如何保护个人信息安全?
5. 五笔字型录入法与拼音录入法相比,有哪些优势?有哪些不足?

单元 2

Windows 10 操作系统

操作系统是管理计算机硬件资源,控制其他程序运行并为用户提供交互操作界面的系统软件的集合。操作系统是最基本的系统软件,其他软件都必须在操作系统的支持下才能运行。操作系统是用户和计算机的接口,用户必须通过操作系统才能使用计算机。

Windows 10 是美国微软公司研发的新一代跨平台及设备应用的操作系统,不仅能在个人计算机上运行,还能够在手机等移动设备和终端中运行,是一个多平台的操作系统。Windows 操作系统是目前个人计算机使用的主流操作系统之一。

本单元通过学习,将学会安装 Windows 10 操作系统,熟练进行 Windows 10 的基本操作和文件操作,能进行 Windows 10 的系统管理和维护。

任务 1　Windows 10 的安装

【任务情景】

王同学在了解计算机系统基础知识后,体会到若要很好地使用计算机,必须具备较好的常用操作系统应用能力。为此,王同学决定从最新的主流操作系统 Windows 10 着手,学习常用操作系统的基本操作。首先,王同学需要在自己的 PC 中安装 Windows 10 操作系统。

【任务分析】

通过 Windows 10 操作系统安装实践,了解 Windows 10 操作系统安装要求及安装过程,能安装 Windows 10 操作系统。

Windows 10 操作系统安装主要有以下步骤。

(1) 安装准备。
(2) 收集信息。
(3) 安装过程。

（4）安装设置。

【任务实施】

一、安装准备

操作1：准备 Windows 10 安装文件。

Windows 10 原版 ISO 镜像可以从 Microsoft 官方网站下载获取，下载网址 https：//www.microsoft.com/zh-cn/software-download/Windows 10。

操作2：准备安装盘。

可以将 Windows 10 原版 ISO 镜像刻录到光盘，制作 Windows 10 安装盘。或制作 U 盘（不小于 8GB）启动盘，将 Windows 10 原版 ISO 镜像复制到 U 盘。

操作3：资料备份。

在安装系统前，将原计算机中系统或重要的个人资料进行备份，以防丢失。

二、收集信息

操作1：将 Windows 10 安装盘放入光驱，启动计算机，如图 2-1 所示。

图 2-1　Windows 10 安装启动

操作2：输入语言或其他选择，如图 2-2 所示。

图 2-2　Windows 10 安装选择

"要安装的语言(E)"选择"中文(简体,中国)"。
"时间和货币格式(T)"选择"中文(简体,中国)"。
"键盘和输入方法(K)"选择"微软拼音"。
操作3：单击"下一步"按钮,安装程序开始启动,如图2-3所示。

图2-3　Windows 10安装程序启动界面

操作4：要求输入激活Windows密钥,输入密钥或选择跳过,如图2-4所示。

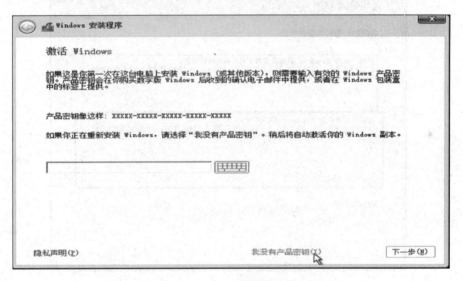

图2-4　Windows 10安装密钥输入界面

操作5：在"适用的声明和许可条款"认可界面选择接收条款,如图2-5所示。
操作6：选择"你想执行哪种类型的安装?",如图2-6所示。
安装类型：升级安装或自定义安装。
升级安装：选择"升级：安装Windows并保留文件、设置和应用程序"选项,在原操作系统基础上,安装Windows 10,保留原系统中用户文件、设置和应用程序。
自定义安装：选择"自定义：仅安装Windows(高级)"选项,全新安装Windows 10操作系统。
本次安装选择"自定义：仅安装Windows(高级)"选项。

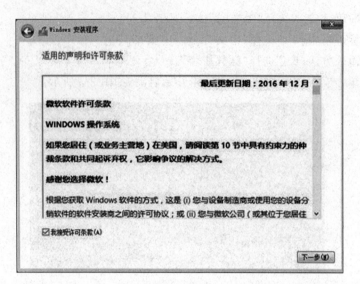

图 2-5 Windows 10 许可

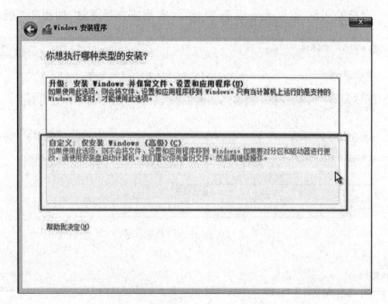

图 2-6 Windows 10 安装类型

操作 7：进入"你想将 Windows 安装在哪里？"界面，选择安装驱动器，如图 2-7 所示。

选择安装驱动器的同时，可以对驱动器进行格式化、删除、新建等操作。一般来说，选择"自定义：仅安装 Windows（高级）"选项，需要将安装驱动器进行格式化。

本次安装选择分区 1，单击"下一步"按钮，开始进行 Windows 10 系统安装。

三、安装过程

Windows 10 系统安装过程分为 5 个步骤：复制 Windows 文件、准备要安装的文

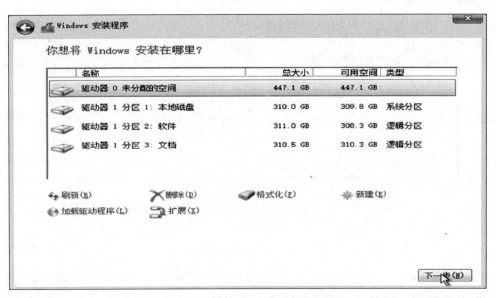

图 2-7　Windows 10 安装位置

件、安装功能、安装更新和重启 Windows 系统。本过程由安装程序自动执行，如图 2-8 所示。

操作 1：复制 Windows 文件。

操作 2：准备要安装的文件。

操作 3：安装更新。

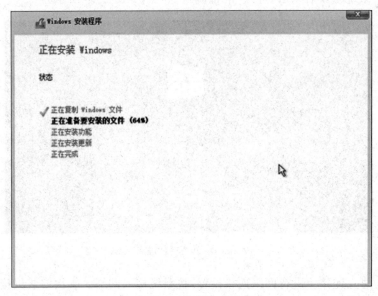

图 2-8　Windows 10 安装过程

操作 5：重启 Windows 系统，如图 2-9 所示。

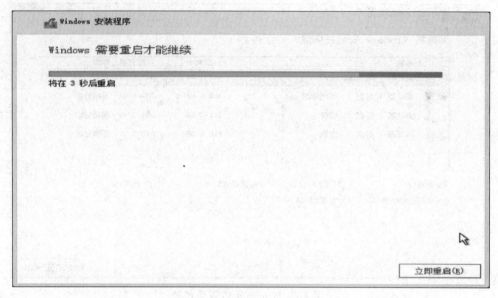

图 2-9　Windows 10 安装重启

四、安装设置

系统文件安装完成，重新启动计算机后，需要进行 Windows 10 系统的安装设置，主要进行网络设置、创建用户账户和了解 Windows 10 助手等。

操作 1：系统重新启动后，进入"准备就绪"界面，如图 2-10 所示。

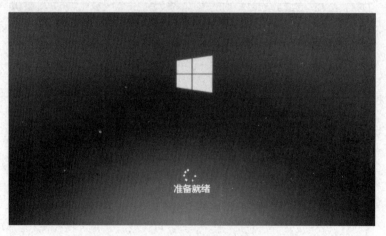

图 2-10　Windows 10 安装"准备就绪"界面

操作 2：建立连接。进行网络连接设置，将系统接入网络。本次安装以接入无线路由器，使系统连接到网络，如图 2-11 所示。

操作 3：快速上手。阅读"Windows 10 快速上手"说明，如图 2-12 所示。

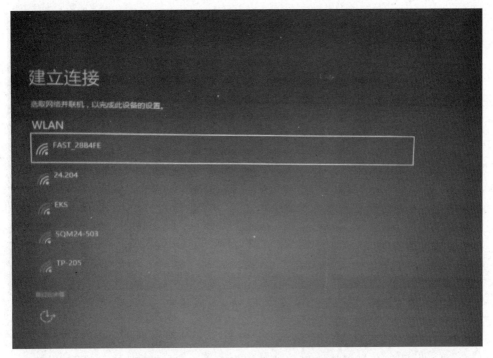

图 2-11　Windows 10 安装"建立连接"界面

图 2-12　Windows 10 安装"快速上手"界面

操作4：创建账户。建立用户账户，输入用户名称和密码，并建立用户应用文件系统，如图2-13所示。

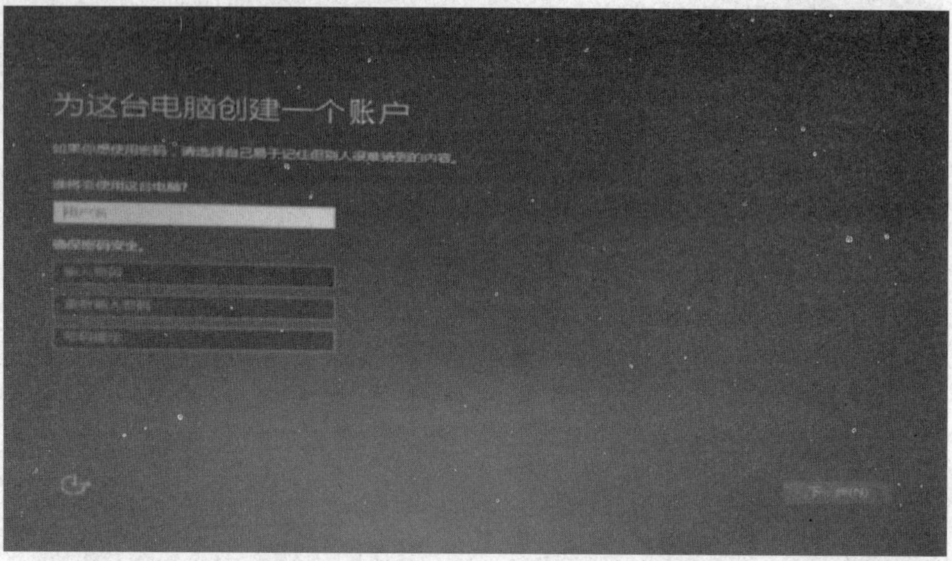

图2-13　Windows 10安装"创建账户"界面

操作5：单击"下一步"按钮，进入"了解Cortana（小娜）"界面。Cortana（小娜）是Windows 10助手，可以帮助用户更好地使用Windows 10系统。本次安装启用Cortana（小娜），如图2-14所示。

图2-14　Windows 10安装Cortana说明界面

操作 6：重启 Windows 系统，显示 Windows 10 桌面，安装完成，如图 2-15 所示。

图 2-15　Windows 10 桌面

【知识链接】

Windows 10 操作系统的特点

1. 跨平台操作系统

Windows 10 能够在移动平台和台式 PC 中运行。

2. Modern 风格的开始菜单

增加了开始屏幕的磁贴显示功能，用户可以灵活调整动态磁贴，增加或删除动态磁贴。若删除所有磁贴，回归经典样式开始菜单。

3. 智能分屏

用户可以通过拖拽窗口到桌面左右边缘的方式，进行左右分屏放置。也可以将窗口拖拽到屏幕四角，分成四块显示。用户划分窗口后，就会在空白区域出现当前打开的窗口列表供用户选择，比较人性化。

4. 虚拟桌面

用户可以建立多个桌面，在各个桌面上运行的程序之间互不干扰。用户可以通过任务栏的 Task View 按钮，查看当前桌面正在运行的程序，可以快捷地增加、切换和关闭虚拟桌面。

5. 语音助理（小娜）

Windows 10 的智能语音助手能够查找天气，调取用户的应用和文件，收发邮件和在线查找内容等，也可提醒用户日程事务。

6. Microsoft Edge 浏览器

支持内置 Cortana 语音功能、阅读器、笔记和分享功能，设计注重实用和简洁。

7. 操作中心

能够显示信息、更新内容、电子邮件和日历等消息，还具有"快速操作"功能，进行 Wi-Fi、蓝牙、屏幕亮度、设置、飞行模式、定位、VPN 等操作。

【知识拓展】

一、操作系统的概念

操作系统（Operating System）是电子计算机系统中负责支撑应用程序运行环境以及用户操作环境的系统软件，是计算机系统的核心。操作系统是控制和管理计算机软硬件资源，合理组织计算机工作流程和方便用户操作的程序集合。

目前常用的操作系统有 UNIX、Linux、Windows、OS/2 和 MAC 等。

二、操作系统的功能

1. 处理机管理

处理机是计算机中的核心资源，所有程序的运行都要靠它来实现。主要实现系统协调程序之间的运行关系，及时反映不同用户的不同要求，让各个用户能够合理利用系统资源等功能。

2. 存储器管理

操作系统对内存储器进行合理分配、有效保护和扩充等。系统为不同的用户和不同的任务合理划分内存运行区域，隔离不同区域的程序运行。进行虚拟内存管理（虚拟内存是以硬盘空间作为内存空间使用，扩展内存容量的主要方式之一）。进行内存的刷新和整理等。

3. 作业管理

作业是用户在一次计算过程中或一次事务处理过程中要求计算机系统所做的工作的集合。系统提供安全的用户登录方法，方便的用户使用界面，直观的用户信息记录形式，公平的作业调度策略等。

4. 文件管理

系统以文件的形式对软件资源的管理。系统管理文件目录、文件组织、文件操作和文件保护等，实现文件的存储、检索和更新，提供安全的共享和保护手段，方便用户使用等。

5. 设备管理

系统是对硬件设备的管理，包括对输入输出设备的分配、启动、完成和回收等。

【技能拓展】

Windows 10 操作系统的版本

1. Windows 10 Home（家庭版）

面向使用 PC、平板电脑和二合一设备的个人消费者。Windows 10 Home 的主要功能：Cortana 语音助手、Edge 浏览器、面向触控屏设备的 Continuum 平板电脑模式、Windows Hello（脸部识别、虹膜、指纹登录）、串流 Xbox One 游戏的能力、微软开发的通用 Windows 应用（Photos、Maps、Mail、Calendar、Music 和 Video）。

2. Windows 10 Professional（专业版）

面向使用 PC、平板电脑和二合一设备的企业用户。Windows 10 Professional 的主要功能：具有 Windows 10 家庭版的全部功能，用户能管理设备和应用，保护敏感的企业数据，支持远程和移动办公，使用云计算技术。具有 Windows Update for Business，可以降低管理成本、控制更新部署，让用户更快地获得安全补丁软件。

3. Windows 10 Enterprise（企业版）

以 Windows 10 专业版为基础，增添了大中型企业用来防范针对设备、身份、应用和敏感企业信息的现代安全威胁等先进功能，供微软的批量许可（Volume Licensing）客户使用。用户能选择部署新技术的节奏，包括使用 Windows Update for Business 的选项，提供长期服务分支（Long Term Servicing Branch）。

4. Windows 10 Education（教育版）

以 Windows 10 企业版为基础，面向学校职员、管理人员、教师和学生。通过面向教育机构的批量许可计划提供给客户，学校将能够升级 Windows 10 家庭版和 Windows 10 专业版设备。

5. Windows 10 Mobile（移动版）

面向尺寸较小、配置触控屏的移动设备，例如智能手机和小尺寸平板电脑等。与 Windows 10 家庭版相同的通用应用和针对触控操作优化的 Microsoft Office。使用 Continuum 功能，连接外置大尺寸显示屏时，用户可以把智能手机用作 PC。

任务2 Windows 10 的基本操作

【任务情景】

王同学通过 Windows 10 的安装，对操作系统的概念和功能有了一定的了解，认识到只有熟练掌握 Windows 10 的基本操作，才能更好地应用计算机，进行学习和娱乐。为此，王同学通过查阅资料、观看教学视频和咨询技术人员，学习 Windows 10 的基础知识，加强 Windows 10 基本操作练习,以达到熟练使用计算机的目的。

【任务分析】

通过 Windows 10 的基本操作练习,认识 Windows 10 操作界面,了解桌面和图标,熟悉开始菜单和任务栏,知道窗口和菜单等。

Windows 10 的基本操作主要包括以下内容。

(1) 认识 Windows 10 操作界面。

(2) 桌面和图标。

(3) 开始菜单。

(4) 任务栏。

(5) 窗口。

(6) 菜单。

【任务实施】

一、认识 Windows 10 操作界面

Windows 10 操作界面由桌面、开始菜单、任务栏、图标、Cortana 和操作中心按钮等组成,如图 2-16 所示。

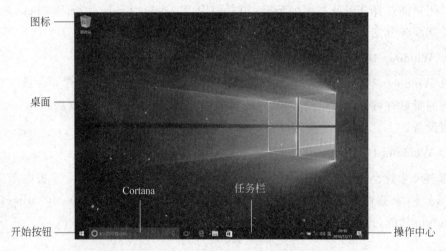

图 2-16　Windows 10 操作界面

二、桌面和图标

操作 1:建立程序快捷方式图标。

(1) 在桌面空白处右击,弹出快捷菜单。

(2) 在快捷菜单中选择"新建"→"快捷方式",如图 2-17 所示。

(3) 在"创建快捷方式"对话框中,单击"浏览"按钮,如图 2-18 所示。

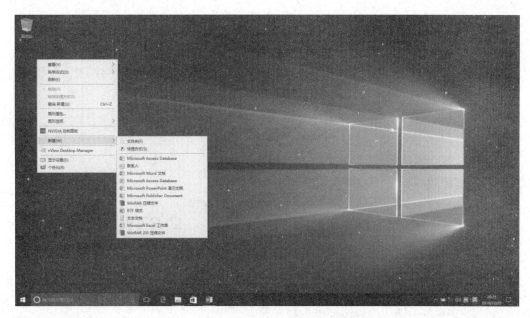

图 2-17　Windows 10 桌面快捷菜单

① 在"浏览文件或文件夹"对话框中选择"音乐",如图 2-18 所示。
② 单击"确定"按钮,再单击"下一步"按钮,如图 2-18 所示。

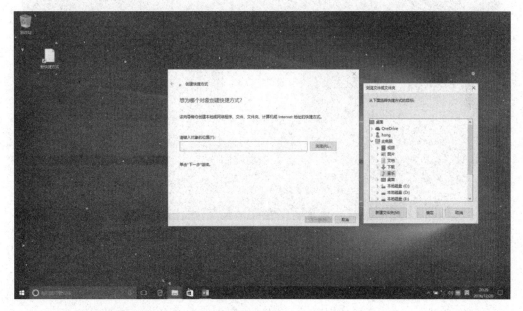

图 2-18　浏览对话框

③ 输入快捷方式名称,如图 2-19 所示。
④ 单击"完成"按钮。

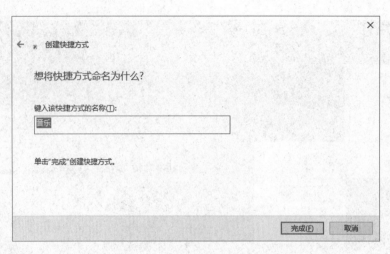

图 2-19 "创建快捷方式"对话框

操作2：移动、查看和排列图标。
(1) 移动图标：拖动桌面图标至目标处即可，如图 2-20 所示。

图 2-20 移动图标

(2) 查看图标：在桌面空白处右击，选择"查看"→"中等图标"，如图 2-20 所示。
查看方式：超大图标、大图标、中等图标、小图标、列表、详细列表、平铺和内容等。
(3) 排列图标：在桌面空白处右击，选择"排序方式"→"名称"，如图 2-21 所示。
排列方式：名称、大小、项目类型和修改日期。

三、开始菜单

操作1：打开"开始菜单"。单击"开始菜单"按钮，如图 2-22 所示。

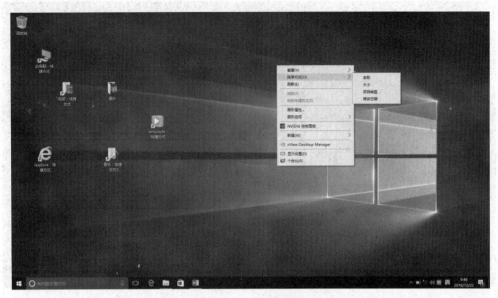

图 2-21 排列图标

图 2-22 开始菜单

操作2:"开始菜单"中运行 Microsoft Edge 浏览器。打开"开始菜单",选择 Microsoft Edge 浏览器,单击即可,如图 2-23 所示。

操作3:关闭、重启或睡眠。打开"开始菜单",单击"电源"按钮,选择关闭,则关闭计算机。选择重启,则重新启动计算机。选择睡眠,则使用计算机处于休眠状态,如图 2-24 所示。

图 2-23 运行 Microsoft Edge

图 2-24 电源按钮

四、任务栏

操作1：运行任务视图。单击任务栏中的"任务视图"按钮图标，如图 2-25 所示。
操作2：新建桌面。在任务视图状态下，单击"新建桌面"按钮图标，如图 2-26 所示。
操作3：选择桌面2。在任务视图状态下，单击"桌面2"图标，如图 2-26 所示。

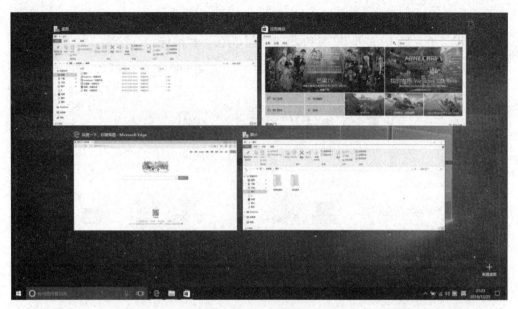

图 2-25 任务视图

图 2-26 新建桌面

五、窗口

操作1：认识窗口。

Windows 10 窗口主要由标题栏、文件菜单、功能区和功能区选项卡、地址栏、搜索栏、导航窗格、工作区、状态栏等组成，如图 2-27 所示。

操作2：改变窗口大小。

(1) 窗口最小化、最大化、还原、关闭。

窗口最小化：单击"最小化"按钮，窗口缩小为任务栏图标。

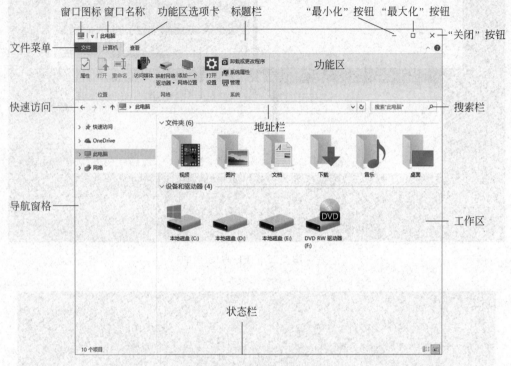

图 2-27　Windows 10 窗口构成

窗口最大化：单击"最大化"按钮，窗口平铺到整个桌面，同时"最大化"按钮转变为"还原"按钮。

还原窗口：在窗口最大化状态，单击"还原"按钮，则窗口从最大化状态还原为原来大小，同时"还原"按钮转变为"最大化"按钮。

关闭窗口：单击"关闭"按钮，窗口关闭。

(2) 任意改变窗口大小。鼠标移动至窗口边界，出现双向箭头，拖动鼠标则可以随意改变窗口大小，如图 2-28 所示。

操作3：移动窗口。在窗口正常状态下，将鼠标箭头放置在窗口标题，拖动鼠标，则可以将窗口移动至桌面任何位置。

操作4：排列窗口。

打开多个窗口，在任务栏空白处右击，弹出任务栏快捷菜单，选择窗口排列选择项（层叠窗口、堆叠显示窗口、并排显示窗口），执行选项即可。任务栏快捷菜单如图 2-29 所示，层叠窗口如图 2-30 所示，堆叠显示窗口如图 2-31 所示，并排显示窗口如图 2-32 所示。

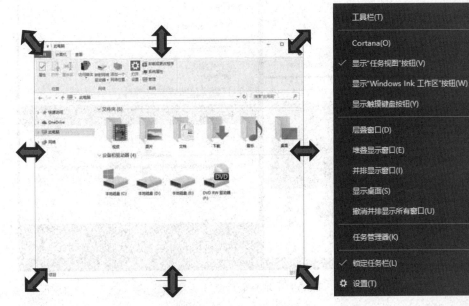

图 2-28　改变窗口大小　　　　　图 2-29　任务栏快捷菜单

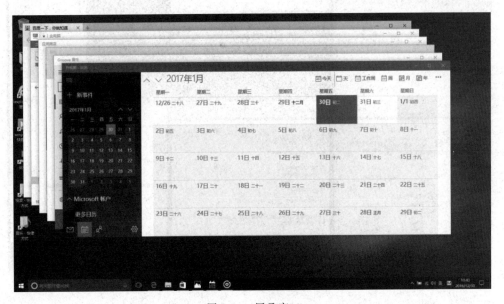

图 2-30　层叠窗口

六、菜单

操作 1：打开窗口控制菜单。

单击窗口图标，即可打开窗口控制菜单。可进行窗口移动、改变大小、最小化、最大化、还原窗口和关闭窗口操作，如图 2-33 所示。

图 2-31 堆叠显示窗口

图 2-32 并排显示窗口

操作 2：打开文件菜单

单击"文件"按钮图标，可以打开文件菜单，如图 2-34 所示。

注意：不同的窗口，其文件菜单内容也各有不同。

操作 3：打开快捷菜单，如图 2-35 所示。

快捷菜单也称为右键菜单，是主要常用操作命令，用于快速执行相关操作。右击可弹出快捷菜单。在桌面回收站图标处右击，可弹出回收站程序快捷菜单。

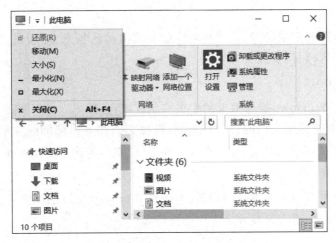

图 2-33　窗口控制菜单

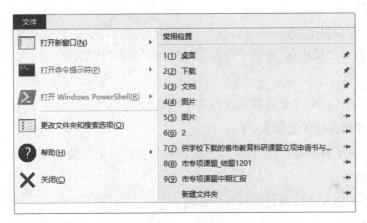

图 2-34　文件菜单

图 2-35　快捷菜单

【知识链接】

一、Windows 10 操作界面

1. 桌面

桌面是打开计算机并登录到系统之后看到的主屏幕区域,是用户工作的主要区域。

2. 图标

图标是有意义的图形符号,具有高度浓缩并快捷传达信息、便于记忆的特性,代表一个文件、文件夹、程序、网页或命令等。

3. 开始菜单

开始菜单是 Windows 操作系统的中央控制区域,包括可以自行制定的用来运行程序的"程序"菜单,列有使用文档的"文档"菜单,查找文档和寻找帮助的菜单,进行系统设置菜单,使用程序的列表和搜索栏等。Windows 10 开始菜单中加入了磁贴。

4. 任务栏

任务栏是位于桌面最下方的小长条,主要由开始菜单、Cortana 搜索、任务视图、应用程序区、语言选项带、通知区域和操作中心按钮等组成。

二、Windows 10 窗口

1. 标题栏

标题栏是窗口最上方的水平栏,包含(从左到右)窗口图标、自定义快捷访问工具栏、窗口名称、空白区、"最小化"按钮、"最大化"按钮和"关闭"按钮。

2. 文件菜单

文件菜单是进行文件管理器操作的命令列表。

3. 功能区和功能区选项卡

功能区提供了各种操作功能图标,并按功能分类到各个选项卡。

4. 地址栏

地址栏用于输入文件路径或网址的区域。

5. 搜索栏

搜索栏用于搜索关键字的区域。

6. 导航窗格

导航窗格位于窗口左侧,用于快捷访问系统资源。

7. 工作区

工作区是窗口主要操作区域。

8. 状态栏

状态栏是窗口最下方的水平栏,显示窗口信息。

【知识拓展】

一、操作中心

Windows 10 操作中心具有通知中心的功能,集成了很多实用的系统快捷功能磁贴,其界面设计主要来源于 Windows Phone 的操作中心。通知中心可以即时通知 Windows

10 磁贴应用程序的相关信息，如图 2-36 所示。

图 2-36　操作中心

二、磁贴

磁贴是 Windows Phone 系统 Metro 显示风格的主要元素，以方格图标集中显示应用程序或文档等。在 Windows 10 系统中主要以开始菜单磁贴的形式出现，如图 2-37 所示。

图 2-37　磁贴

三、Cortana

Cortana 是微软发布的全球第一款个人智能助理,是微软在机器学习和人工智能领域方面的尝试,能够了解用户的喜好和习惯,帮助用户进行日程安排、问题回答等。

Cortana 能记录用户的行为和使用习惯,利用云计算、搜索引擎和"非结构化数据"分析,读取和学习文本文件、电子邮件、图片、视频等数据,理解用户的语义和语境,实现人机交互,如图 2-38 所示。

图 2-38　Cortana

【技能拓展】

一、PowerShell

PowerShell 是 Windows 10 的命令行操作界面,如图 2-39 所示。

在开始菜单中选择 Windows PowerShell,单击执行,即可弹出 PowerShell 窗口,如图 2-40 所示。

二、Windows 10 应用商店

在任务栏快速启动区单击"应用商店"图标或在开始菜单中单击"应用商店"磁贴,即

图 2-39 PowerShell 窗口

图 2-40 运行 PowerShell

可运行 Windows 10 应用商店程序,弹出 Windows 10 应用商店窗口,如图 2-41 所示。

　　Windows 10 应用商店是 Windows 应用程序或游戏下载网站,提供成千上万、类型各异的免费应用和游戏,供用户下载和使用。

图 2-41　Windows 10 应用商店

任务 3　Windows 10 的文件操作

【任务情景】

王同学在 Windows 10 应用商店中下载了很多应用程序和游戏,但这些程序和游戏都是以文件的形式出现,文件又存放于某个文件夹中。王同学下载完成之后,却很难再找到这些应用程序文件和游戏文件,相当的苦恼。为此,王同学向专业技术人员求助,技术人员应用"文件资源管理器"的搜索栏,很快找到了相关文件,帮助王同学解决了问题。技术人员建议王同学学习 Windows 10 文件操作,学会对计算机的信息资源进行管理。

【任务分析】

文件操作是计算机信息管理的基础。Windows 10 文件操作主要通过"文件资源管理器"或"此电脑"来实现。在"文件资源管理器"或"此电脑"中,实现文件/文件夹的查看、新建、复制、移动、删除、重命名和搜索等。Windows 10 文件操作遵循"先选择后操作"的原则。

文件操作任务内容主要包括以下方面。

(1) 文件资源管理器。

(2) 此电脑。

(3) 文件/文件夹的操作。

【任务实施】

一、文件资源管理器

操作1：打开"文件资源管理器"窗口。

（1）在开始菜单中，选择"Windows 系统"→"文件资源管理器"选项，单击"执行"选项。"文件资源管理器"窗口如图 2-42 所示。

（2）在任务栏中，单击"文件资源管理器"按钮。

图 2-42　文件资源管理器

操作2："文件资源管理器"窗格操作。

（1）打开或关闭导航窗格。

在文件资源管理器"查看"选项卡中，单击"导航窗格"下拉选项图标，弹出下拉选项菜单，选择"导航窗格"开关项，可打开或关闭导航窗格。导航窗格如图 2-43 所示。

（2）打开或关闭预览窗格或详细信息窗格。

在文件资源管理器"查看"选项卡中，选择"预览窗格"开关项，可打开或关闭预览窗格。预览窗格如图 2-44 所示。

选择"详细信息窗格"开关项，可打开或关闭详细信息窗格。详细信息窗格如图 2-45 所示。

图 2-43　导航窗格

图 2-44　预览窗格

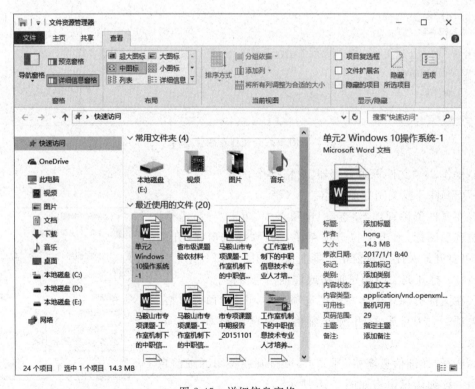

图 2-45　详细信息窗格

二、此电脑

操作：打开"此电脑"窗口。

（1）在桌面上双击"此电脑"图标。"此电脑"窗口如图 2-46 所示。

（2）在开始菜单中，选择"Windows 系统"→"此电脑"选项，单击"执行"选项。

（3）在"文件资源管理器"导航窗格中，选择"此电脑"选项。

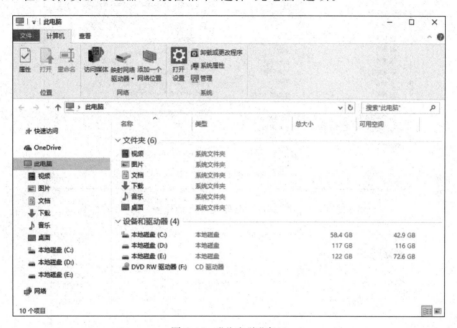

图 2-46 "此电脑"窗口

三、文件/文件夹的操作

操作1：新建文件夹

在本地磁盘（E:）下新建文件夹 temp，如图 2-47 所示。

（1）在"文件资源管理器"导航窗格中，选择本地磁盘（E:）。

（2）执行新建文件夹选项。

① 单击"文件资源管理器"→"主页"功能选项卡→"新建文件夹"按钮图标。

② 执行"文件资源管理器"→"主页"功能选项卡→"新建项目"→"文件夹"选项。

③ 在"文件资源管理器"工作区空白处右击，弹出快捷菜单，执行"新建"→"文件夹"选项。

（3）输入文件夹名 temp。

（4）按 Enter 键确定。

操作2：新建文件。

在本地磁盘（E:）文件夹 temp 中新建文本文件 temp.txt，如图 2-48 所示。

（1）在"文件资源管理器"导航窗格中，双击本地磁盘（E:）图标或单击本地磁盘（E:）图标前展开分支按钮，展开文件夹分支，选择 temp 文件夹。

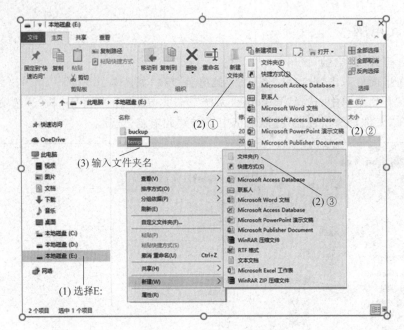

图 2-47 新建文件夹操作

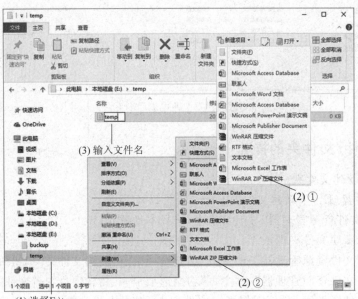

图 2-48 新建文件操作

（2）执行新建文件选项。

① 执行"文件资源管理器"→"主页"功能选项卡→"新建项目"→"文本文件"选项。

② 在"文件资源管理器"工作区空白处右击,弹出快捷菜单,执行"新建"→"文本文件"选项。

（3）输入文件名 temp。

（4）按 Enter 键确定。

操作 3：选择文件/文件夹。

（1）选择单个文件/文件夹：单击该文件或文件夹，如图 2-49 所示。

（2）选择多个不连续文件/文件夹：Ctrl＋单击所选文件或文件夹，如图 2-50 所示。

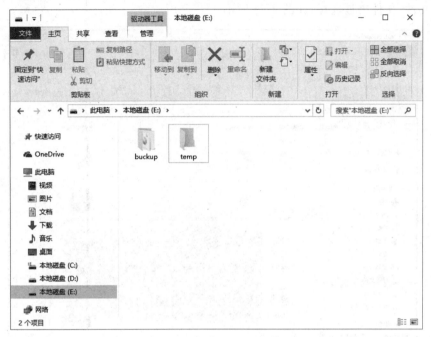

图 2-49　选择单个文件/文件夹

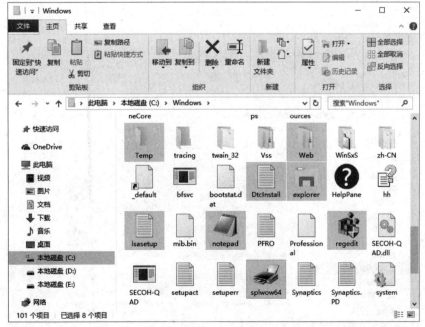

图 2-50　选择多个不连续文件/文件夹

(3) 选择多个连续文件/文件夹。

① 鼠标放置于待选文件/文件夹图标外侧,拖拽,则鼠标轨迹覆盖的矩形区域内的所有文件/文件夹被选择,如图 2-51 所示。

② 单击选择第一个文件/文件夹,Shift＋单击选择最后一个文件/文件夹,则两者之间所有文件/文件夹被选择,如图 2-52 所示。

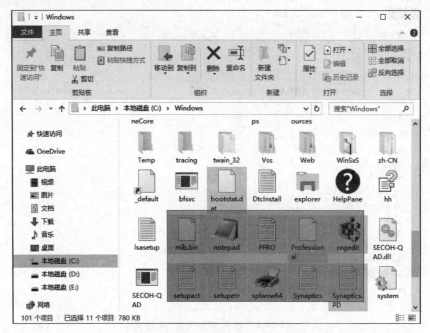

图 2-51 选择多个连续文件/文件夹(1)

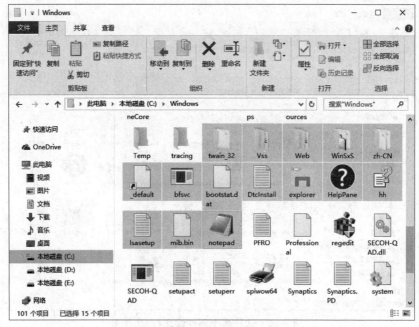

图 2-52 选择多个连续文件/文件夹(2)

（4）选择某个文件夹内所有文件/文件夹。

方法一：快捷键 Ctrl＋A。

方法二：执行"文件资源管理器"→"主页"选项卡→"全部选择"选项，如图 2-53 所示。

（5）取消文件/文件夹选择：执行"文件资源管理器"→"主页"选项卡→"全部取消"选项，如图 2-53 所示。

（6）文件/文件夹反向选择：执行"文件资源管理器"→"主页"选项卡→"反向选择"选项，如图 2-53 所示。

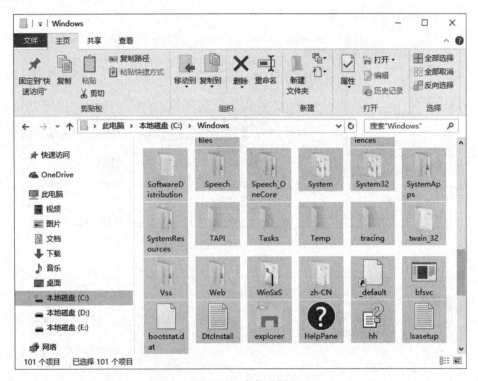

图 2-53　全部选择

操作 4：文件/文件夹的复制。

将 C：\Windows 下的部分文件/文件夹复制到 E：\temp 中。

方法一：利用剪贴板。

（1）选择 C：\Windows 中需复制的文件/文件夹。

（2）执行复制命令，如图 2-54 所示。

① 单击"文件资源管理器"→"主页"选项卡→"复制"按钮。

② 快捷键命令：Ctrl＋C。

③ 执行"右键快捷菜单"→"复制"选项。

（3）选择目标文件夹：在"文件资源管理器"导航栏中选择 E：\temp。

（4）执行粘贴命令，如图 2-55 所示。

① 单击"文件资源管理器"→"主页"选项卡→"粘贴"按钮。

② 快捷键命令：Ctrl+V。
③ 执行"右键快捷菜单"→"粘贴"选项。

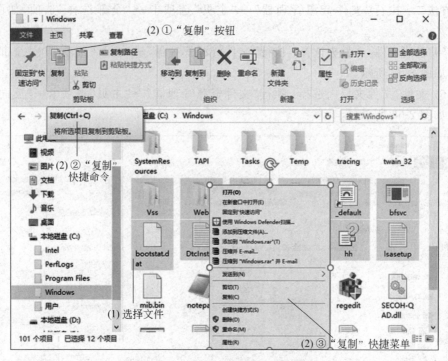

图 2-54 文件/文件夹的复制操作

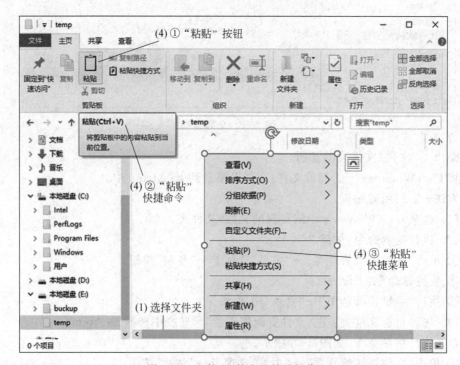

图 2-55 文件/文件夹的粘贴操作

方法二：利用鼠标拖拽。如图 2-56 所示。

（1）分别打开源文件夹 C：\Windows 和目标文件夹 E：\temp。

（2）选择需复制的文件/文件夹。

（3）执行"Ctrl＋拖拽"。

注意：不同盘文件/文件夹的复制可直接利用鼠标拖拽即可。

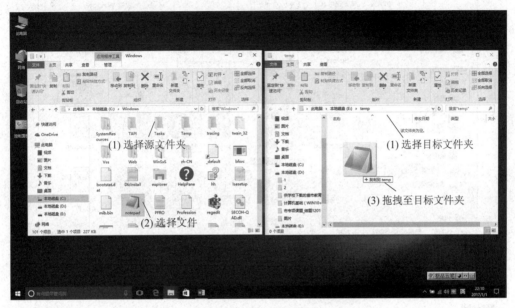

图 2-56　文件复制操作

方法三：利用"复制到"命令，如图 2-57 所示。

（1）选择 E：\temp 需复制的文件/文件夹。

（2）单击"文件资源管理器"→"主页"选项卡→"复制到"下拉按钮。

（3）选择文件夹列表中的文件夹 E：\temp。

操作 5：文件/文件夹的移动。

将 E：\temp 下的文件 notepad.exe 移动到 E：\temp_backup 中。

（1）选择 E：\temp 下的文件 notepad.exe。

（2）执行剪切命令，如图 2-58 所示。

① 单击"文件资源管理器"→"主页"选项卡→"剪切"按钮。

② 快捷键命令：Ctrl＋X。

③ 执行"右键快捷菜单"→"剪切"选项。

（3）选择目标文件夹：在"文件资源管理器"导航栏中选择 E：\temp_backup。

（4）执行粘贴命令。

① 单击"文件资源管理器"→"主页"选项卡→"粘贴"按钮。

② 快捷键命令：Ctrl＋V。

③ 执行"右键快捷菜单"→"粘贴"选项。

计算机应用基础（Windows 10+Office 2016）

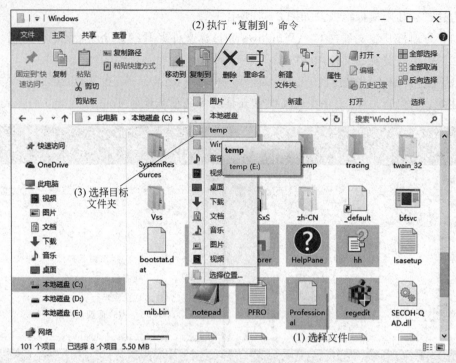

图 2-57 文件复制到操作

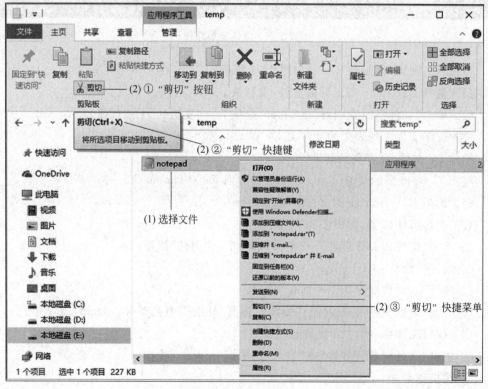

图 2-58 文件剪切操作

注意：同盘文件/文件夹的移动可直接利用鼠标拖拽即可。

操作6：文件/文件夹的删除。

将 E:\temp_backup 下的文件 notepad.exe 删除，如图 2-59 所示。

（1）选择 E:\temp_backup 下的文件 notepad.exe。

（2）执行删除命令。

① 单击"文件资源管理器"→"主页"选项卡→"删除"按钮。

② 快捷键命令：Delete 或 Ctrl+D。

③ 执行"右键快捷菜单"→"删除"选项。

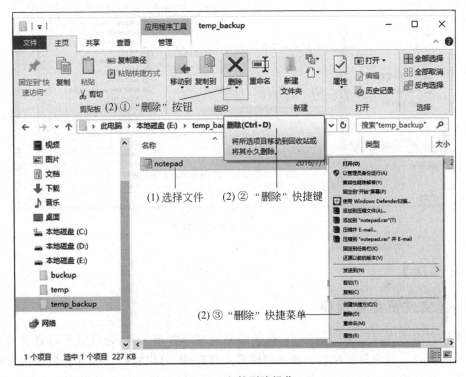

图 2-59　文件删除操作

注意：被删除的文件将放入回收站中。

操作7：文件/文件夹的重命名。

将 E:\temp_backup 下的文件 notepad.exe 重命名为"记事本.exe"，如图 2-60 所示。

（1）选择 E:\temp_backup 下的文件 notepad.exe。

（2）执行重命名命令。

① 单击"文件资源管理器"→"主页"选项卡→"重命名"按钮。

② 快捷键命令：功能键 F2。

③ 执行"右键快捷菜单"→"重命名"选项。

④ 单击文件名区域。

（3）输入文件名"记事本.exe"。

(4) 按 Enter 键确定。

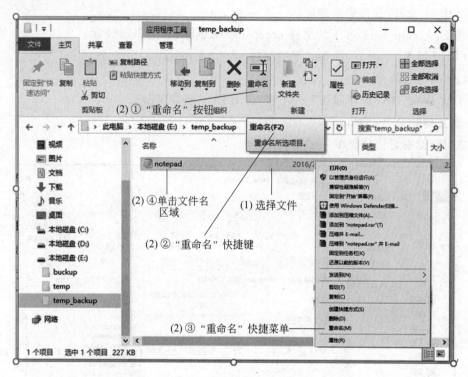

图 2-60　文件重命名操作

【知识链接】

一、文件资源管理器

文件资源管理器是 Windows 10 提供的系统资源管理工具，通过它可以查看计算机中的所有资源。其中导航窗格中提供的树形文件结构，可以直观认识计算机中的文件夹和文件。预览窗格可以显示文件的内容，详细信息窗格可以显示文件属性内容。

文件资源管理器是文件操作的主要工具，文件/文件夹的查看、新建、复制、移动、删除、重命名和搜索等操作都需要依托文件资源管理器来实现。

二、此电脑

此电脑是 Windows 10 提供的系统资源管理工具，侧重于磁盘资源的管理，可以进行磁盘的优化、清理和格式化等操作。

三、文件

1. 文件的概念

文件是指记录在存储介质上的一组相关信息的集合。文件是计算机中为实现某种功能而定义的一个信息单位。文件是指由创建者所定义的、具有文件名的一组相关元素的集合。文件是按名存取的。

2. 文件名命名规则

文件名由两部分组成：主名和扩展名，表示为"主名.扩展名"。

主名由1～255个字符构成，扩展名通常由1～3个字符构成，长度不超过256个字符。主名和扩展名可由英文字母、数字、汉字和特殊字符组成，但不能含有英文字符<>/\|:"*?。

扩展名通常用来表示文件类型。常用文件类型及扩展名见表2-1。

表2-1　常用文件类型及扩展名

文 件 类 型	扩 展 名	文 件 类 型	扩 展 名
可执行文件	EXE	命令文件	COM
文本文件	TXT	系统文件	SYS
压缩文件	ZIP、RAR	图片文件	JPG、JPEG、BMP
音频文件	MP3、WMA	视频文件	AVI、RMVB、MP4

四、文件夹

文件夹是磁盘分区（逻辑驱动器）中存放文件的一个区域，用来组织和管理磁盘文件。同文件一样，文件夹也是按名存取的，文件名命名规则也与文件命名规则一致。文件夹中不仅可以存放文件，也可以存放文件夹（子文件夹）。每个磁盘分区就是一个大的文件夹，称为根文件夹。

【知识拓展】

一、剪贴板

剪贴板是Windows系统内存中的一块区域，临时存放各个程序之间可交换的信息。通过剪切或复制命令，可将信息存放在剪贴板。使用粘贴命令，可以将剪贴板中的信息移动或复制到目标程序。可以说，剪贴板是Windows系统应用程序之间信息交换的桥梁。

二、文件路径

文件路径是指文件在磁盘分区（逻辑驱动器）中的文件夹位置，是在磁盘上找到该文件时所经过的文件夹途径。例如，文件wmplayer.exe的路径即为C:\Program Files\Windows Media Player。

三、回收站

回收站是Windows系统的一个系统文件夹，主要用来存放已被删除的文件或文件夹。回收站的主要作用是防止误删除，放置在回收站中的文件或文件夹可以进行恢复删除操作，也可以进行清除操作。从回收站中清除的文件或文件夹不可恢复。Shift＋删除操作的文件或文件夹直接删除，而不会被放入回收站。

【技能拓展】

一、文件或文件夹的搜索

在逻辑驱动器 D 中,搜索所有的图片文件(.JPG),如图 2-61 所示。

操作 1:在文件资源管理器导航窗格选择"本地磁盘(D:)"。

操作 2:在搜索栏输入查询关键字"*.JPG",则工作区中显示查找到的图片文件(.JPG)。

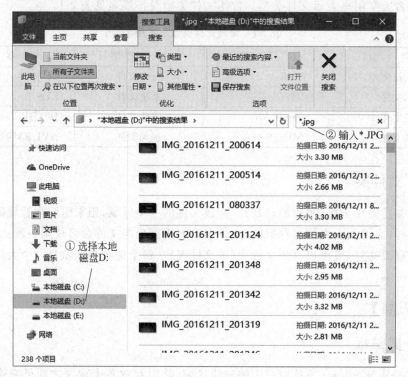

图 2-61 文件搜索操作

注意:"*"和"?"为文件名通配符,可以替代文件名的字符。"*"可以替代多个字符,"?"可以替代一个字符。如*.*可以表示所有文件,?.*可以表示文件名主名为一个字符的所有文件。

二、文件夹选项

如图 2-62 所示。

操作 1:在文件资源管理器中选择"查看"选项卡。

操作 2:单击"选项"按钮。

操作 3:在"常规"选项卡中可设置"浏览文件夹""打开项目"和"隐私"。

操作 4:在"查看"选项卡中可设置"文件夹视图—高级设置"。如导航窗格设置等。

操作 5:在"搜索"选项卡中可设置"搜索方式"等。

操作 6:单击"确定"按钮即可。

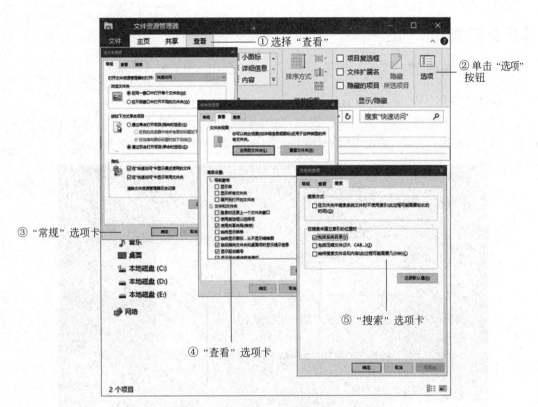

图 2-62 文件夹选项

任务4　Windows 10 的系统管理操作

【任务情景】

王同学在学习和应用 Windows 10 系统时,每天都面对着熟悉的桌面背景,虽然动感十足,但是难免审美疲劳,他非常想要属于自己的个性化的操作环境。此外,在学习过程中安装的 Windows 10 应用程序和游戏,有些已不必要,还占用大量的系统资源,需要进行清理和卸载。这些操作需要 Windows 10 的系统管理功能来实现。

【任务分析】

控制面板和 Windows 设置是实现 Windows 10 系统管理的主要工具。控制面板是传统的系统管理工具,Windows 设置是 Windows 10 引入的移动系统设置方案。通过控制面板和 Windows 设置,可以实现以下任务。

(1) 系统设置。

(2) 个性化设置。

(3) 时间和语言设置。

【任务实施】

一、系统设置

操作1：打开Windows设置窗口。

（1）打开开始菜单，单击"设置"按钮，如图2-63所示。

（2）打开操作中心，单击"所有设置"磁贴，如图2-63所示。

图2-63　运行Windows设置

操作2：打开系统设置窗口。

在Windows设置窗口，单击系统图标。Windows设置窗口如图2-64所示。系统显

图2-64　Windows设置窗口

示设置窗口如图 2-65 所示。

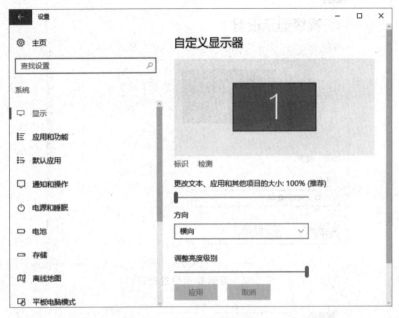

图 2-65　系统显示设置窗口(1)

操作3：设置显示分辨率和刷新频率。
（1）在系统设置窗口显示窗格中，单击"高级显示设置"按钮，如图 2-66 所示。
（2）在高级显示设置窗口中，单击"分辨率"下拉按钮，如图 2-67 所示。

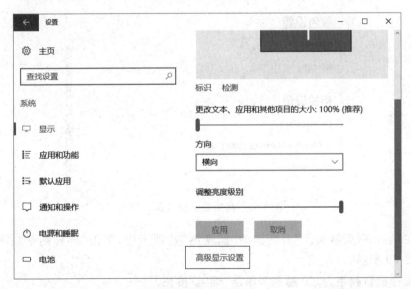

图 2-66　系统显示设置窗口(2)

① 选择分辨率参数"1600×900"，单击"应用"按钮，如图 2-67 所示。
② 在高级显示设置窗口中，单击"显示适配器属性"按钮，如图 2-68 所示。

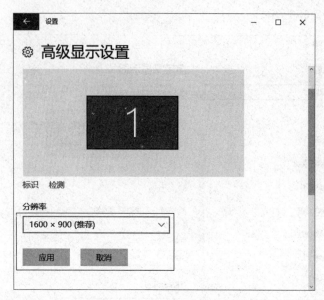

图 2-67　高级显示设置窗口(1)

图 2-68　高级显示设置窗口(2)

③ 在"显示适配器属性"对话框的"监视器"选项卡中,单击"屏幕刷新频率"下拉按钮,如图 2-69 所示。

④ 选择刷新频率为"60 赫兹",单击"确定"按钮。

操作 4：卸载程序。

卸载程序"百度下载助手"。

(1) 在系统设置窗口应用和功能窗格底部,单击"应用和功能"按钮,如图 2-70

图 2-69　显示属性窗口

所示。

（2）在程序和功能窗口中，选择"百度下载助手"程序项，单击"卸载/更改"按钮，如图 2-71 所示。

（3）单击"确定卸载"按钮即可。

图 2-70　应用和功能设置窗口

图 2-71 程序和功能窗口

操作 5：操作中心磁贴管理。

删除 VPN 项，添加 WLAN 项。

（1）在系统设置窗口通知和操作窗格中，单击"添加或删除快速操作"按钮，如图 2-72 所示。

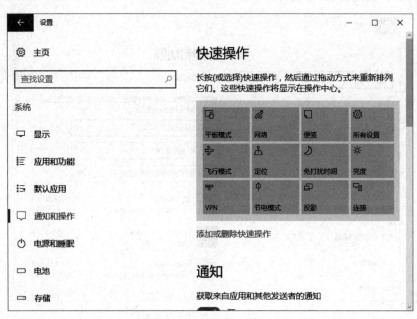

图 2-72 通知和操作设置窗口

(2)在添加或删除快速操作窗口中,将 VPN 后面的开关项设置为"关",将 WLAN 后面的开关项设置为"开",如图 2-73 所示。

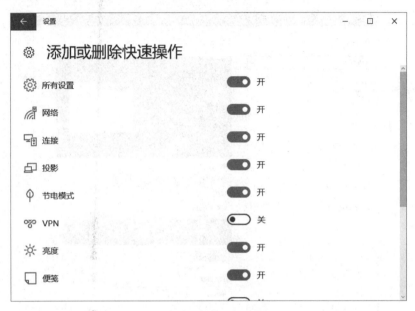

图 2-73　添加或删除快速操作窗口

二、个性化设置

操作 1:桌面背景设置。

(1)在 Windows 设置窗口中,单击"个性化"图标按钮。个性化设置窗口如图 2-74 所示。

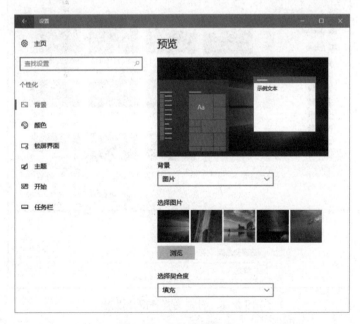

图 2-74　个性化设置窗口

（2）在个性化设置窗口背景窗格中，单击"背景"下拉按钮，选择背景显示方式：图片、纯色、幻灯片放映。背景设置窗口如图 2-75 所示。

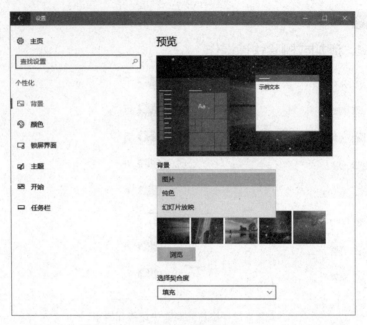

图 2-75　背景设置窗口

（3）单击"预览"按钮，可选择自定义图片，如图 2-76 所示。

图 2-76　自定义背景图片设置

(4)单击"选择契合度"按钮,可选择图片显示方式:填充、适应、拉伸、平铺、居中、跨区,如图 2-77 所示。

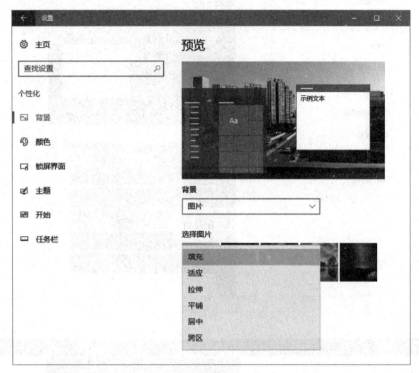

图 2-77　背景图片显示方式设置

操作 2:桌面颜色设置。
(1)在个性化设置窗口颜色窗格中,选择主题色图标,如图 2-78 所示。
(2)单击"从我的背景自动选取一种主题色"复选框,可以从背景中拾取一种颜色作为主题色,如图 2-79 所示。
(3)设置开始菜单、任务栏和操作中心颜色,如图 2-79 所示。
设置"使'开始'菜单、任务栏和操作中心透明"开关项。
设置"显示'开始'菜单、任务栏和操作中心的颜色"开关项。
设置"显示标题栏的颜色"开关项。
(4)选择应用模式。
选择"浅色"/"深色"单选按钮,如图 2-79 所示。
操作 3:设置桌面图标。
(1)在个性化设置窗口主题窗格中,单击"桌面图标设置"按钮,如图 2-80 所示。
(2)在"桌面图标设置"对话框中,勾选需要在桌面上显示的图标项,如图 2-81 所示。
(3)单击"更改图标"按钮,可以修改指定项(如回收站等)的图标式样,如图 2-81 所示。
(4)单击"还原默认值"按钮,可以恢复系统图标默认式样,如图 2-81 所示。
(5)单击"确定"按钮,设置生效。

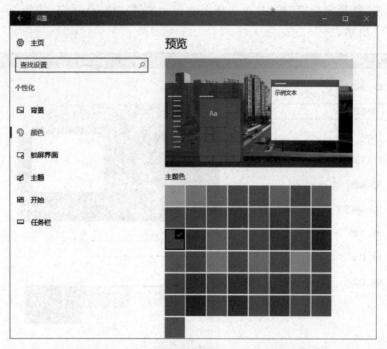

图 2-78 桌面颜色设置

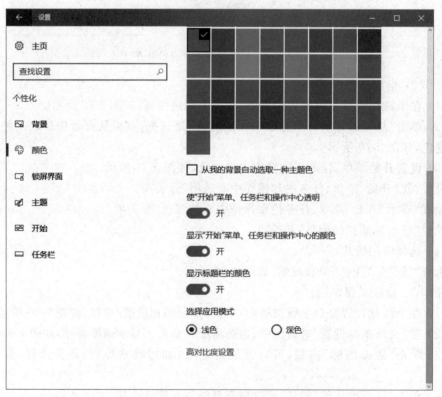

图 2-79 应用模式选择

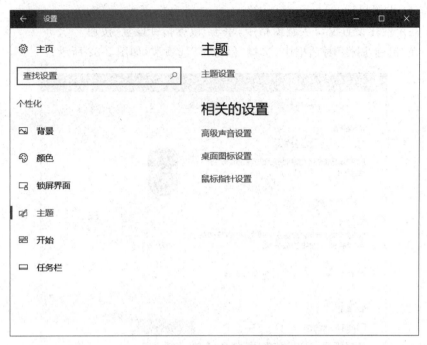

图 2-80 主题设置

图 2-81 桌面图标设置

操作4：设置鼠标。

(1) 在个性化设置窗口主题窗格中，单击"鼠标指针设置"按钮。

(2) 在"鼠标 属性"对话框中，选择"鼠标键"选项卡，如图2-82所示。

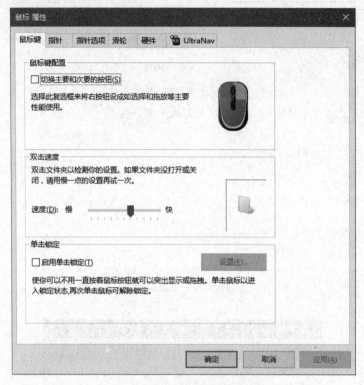

图2-82 "鼠标 属性"对话框

① 鼠标键配置：选择"切换主要和次要的按钮"，则左右键功能互换。

② 双击速度：移动滑块，则调节双击速度。

(3) 在"鼠标 属性"对话框中，选择"指针"选项卡，如图2-83所示。

① 选择方案下拉式列表框，可以选择鼠标指针方案，如图2-84所示。

② 选择自定义项，单击"浏览"按钮，可以选择自定义鼠标指针图标，如图2-85所示。

(4) 单击"确定"按钮，设置生效。

三、时间和语言设置

操作1：设置日期和时间，如图2-86所示。

(1) 在桌面上双击"控制面板"图标。

(2) 在"控制面板"设置窗口中，选择"时钟、语言和区域"选项执行。

(3) 在"时钟、语言和区域"窗口中，运行"设置日期和时间"。

(4) 在"日期和时间"对话框中，单击"更改日期和时间"按钮。

(5) 在"日期和时间设置"对话框中，更改日期和时间。

(6) 单击"确定"按钮。

图 2-83 鼠标"指针"选项卡

图 2-84 鼠标指针方案

图 2-85 自定义鼠标指针

图 2-86 日期和时间设置

操作2：添加输入法，如图2-87所示。

（1）在桌面上双击"控制面板"图标。

（2）在"控制面板"设置窗口中，选择"更换输入法"选项。

（3）在"语言"窗口中，单击"选项"按钮。

（4）在"语言选项"窗口中，选择"添加输入法"选项。

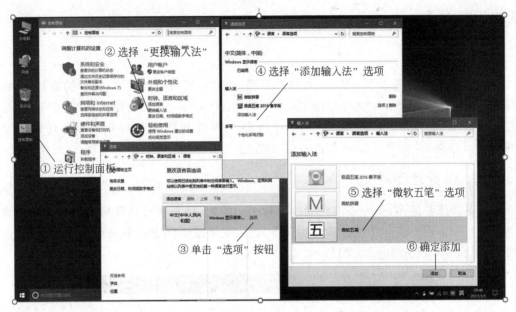

图 2-87　添加输入法

（5）在"输入法"窗口中，选择"微软五笔"选项。

（6）单击"添加"按钮，添加微软五笔输入法。

【知识链接】

一、控制面板

控制面板是 Windows 系统支撑软件的集合，是 Windows 系统进行系统管理与设置的图形化界面。通过控制面板，可以进行系统属性、显示属性、网络属性、添加/删除程序、硬件设备管理和用户账户管理等设置。从 Windows 10 开始，Windows 设置逐渐替代控制面板的功能。

二、Windows 设置

Windows 设置是 Windows 10 系统支撑软件的集合，是 Windows 10 进行系统管理与设置的图形化界面。通过 Windows 设置，可以进行系统、设备、网络和 Internet、个性化、账户、时间和语言、轻松使用、隐私、更新和安全设置等。

系统设置包括显示、通知、应用和电源等设置。

设备设置包括蓝牙、打印机和鼠标等设置。

网络和 Internet 设置包括 Wi-Fi、飞行模式和 VPN 等设置。

个性化设置包括背景、锁屏和颜色等设置。

账户设置包括账户、电子邮件、同步设置、工作和家庭等设置。

时间和语言设置包括语音、区域和日期等设置。

更新和安全设置包括 Windows 更新、恢复和备份等设置。

【知识拓展】

一、主题

Windows 主题是指 Windows 系统的界面风格,包括窗口的色彩、控件的布局、图标样式等内容。在 Windows 操作系统中,主题特指 Windows 的视觉外观。Windows 主题包含风格、桌面壁纸、屏保、鼠标指针、系统声音事件和图标等视觉外观。通过改变 Windows 主题,丰富 Windows 界面视觉效应。

二、设备管理器

设备管理器是 Windows 10 的硬件管理图形界面,用来管理计算机上的所有硬件设备。应用设备管理器可以查看和更改设备属性、安装或更新设备驱动程序、配置设备设置、停用或卸载设备,如图 2-88 所示。

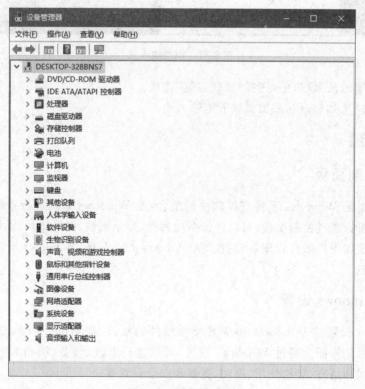

图 2-88 设备管理器

设备管理器问题符号如下。

1. 向下箭头

向下箭头表明该设备已被停用,启用设备即可解决问题。

2. 红色叉子

红色叉子表明要卸载该设备。

3. 黄色问号

黄色问号表明该设备未被 Windows 10 系统识别,需要安装驱动程序。

4. 黄色感叹号

黄色感叹号表明该设备驱动程序安装不正确,不能正常使用,需要更新或重新安装驱动程序。

【技能拓展】

任务管理器的应用

操作1:打开任务管理器。

(1)按 Ctrl+Alt+Del 快捷键,在打开的界面中选择"任务管理器",执行即可,如图 2-89 所示。

图 2-89 任务栏快捷菜单

(2)在任务栏快捷菜单中选择"任务管理器",执行即可,如图 2-90 所示。

操作2:结束进程。

(1)在"进程"选项卡中,选择应用程序项或后台进程项。

(2)单击"结束任务"按钮。

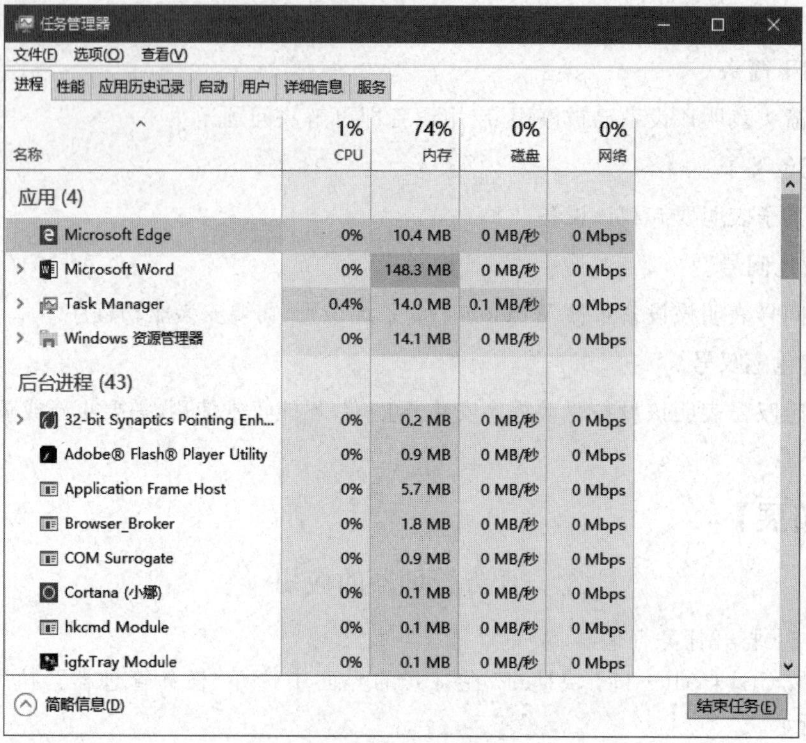

图 2-90　任务管理器

注意：结束进程操作经常应用于关闭无响应的应用程序项。

任务 5　Windows 10 的系统维护操作

【任务情景】

王同学在使用 Windows 10 系统一段时间后，发现系统运行的速度不如以前快，有时还会出现卡顿现象，这究竟是什么情况？在咨询了专业技术员之后，王同学明白了其中缘由。Windows 10 系统在运行了一段时间后，需要进行系统清理、磁盘整理、系统更新和维护等相关操作，以保证系统流畅运行，不被不良程序侵蚀。养成定期维护 Windows 10 系统的习惯，是计算机应用操作的良好品质。

【任务分析】

系统维护操作是保证 Windows 10 系统正常应用的基础，主要通过此电脑、控制面板和 Windows 设置来进行。系统维护操作主要有以下 3 种。

（1）磁盘维护操作。

（2）系统属性操作。

（3）更新和安全操作。

【任务实施】

一、磁盘维护操作

操作1：磁盘清理，如图2-91所示。

图2-91 磁盘清理

(1) 在"此电脑"窗口中，选择本地磁盘D：。

(2) 选择"管理"选项卡。

(3) 执行"清理"功能项。

(4) 在"磁盘清理"对话框中，选择清理项。

(5) 单击"确定"按钮。

操作2：磁盘优化，如图2-92所示。

(1) 在"此电脑"窗口中，选择本地磁盘D：。

(2) 选择"管理"选项卡。

(3) 执行"优化"功能项。

(4) 在优化驱动器窗口中，选择本地磁盘C：。

(5) 单击"分析"按钮，分析本地磁盘C：的磁盘碎片情况。

(6) 执行"优化"操作，对本地磁盘C：进行磁盘碎片整理。

(7) 整理完成，单击"关闭"按钮关闭优化驱动器窗口。

操作3：磁盘扫描，如图2-93所示。

(1) 在"此电脑"窗口中，选择本地磁盘C：。

(2) 执行"属性"功能项。

(3) 在"本地磁盘(C：)属性"对话框中，选择"工具"选项卡。

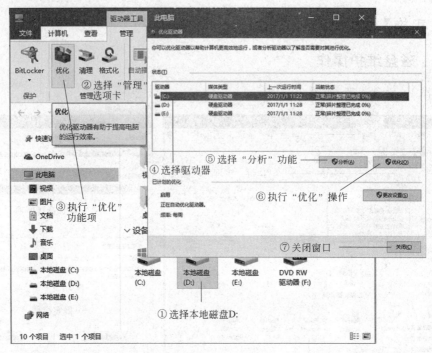

图 2-92　磁盘优化

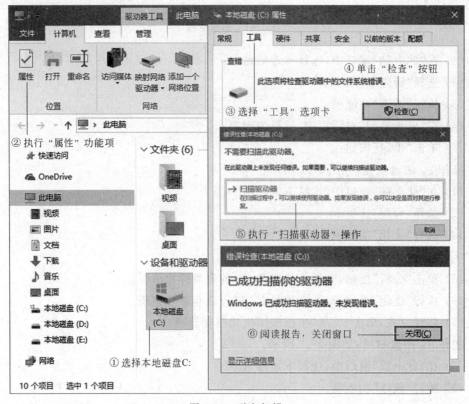

图 2-93　磁盘扫描

(4) 单击"检查"按钮,执行"错误检查(本地磁盘(C:))"。

(5) 执行"扫描驱动器"操作,对本地磁盘 C:进行错误检查。

(6) 扫描结束,阅读报告,单击"关闭"按钮。

二、系统属性操作

操作1:修改计算机名和工作组名,如图 2-94 所示。

(1) 在桌面"此电脑"图标快捷菜单中,选择"属性"选项执行。

(2) 在系统窗口计算机名、域和工作组设置栏中,单击"更改设置"选项。

(3) 在"系统属性"对话框中,单击"更改"按钮。

(4) 在"计算机名/域更改"对话框中,输入计算机名和工作组名。

(5) 单击"确定"按钮。

图 2-94 修改计算机名

操作2:系统保护。

(1) 创建还原点,如图 2-95 所示。

① 在桌面"此电脑"图标快捷菜单中,选择"属性"选项执行。

② 系统窗口导航窗格选择"系统保护"。

③ 在"系统属性"对话框中,单击"创建"按钮。

④ 在"创建还原点"对话框中,输入还原点描述。

⑤ 单击"创建"按钮,创建还原点。

(2) 系统还原,如图 2-96 所示。

① 在桌面"此电脑"图标快捷菜单中,选择"属性"选项执行。

② 系统窗口导航窗格选择"系统保护"。

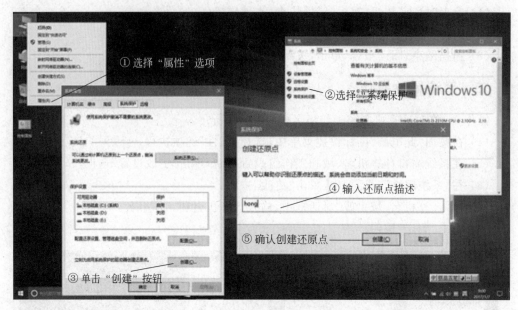

图 2-95 创建系统还原点

图 2-96 系统还原

③ 在"系统属性"对话框中,单击"系统还原"按钮。

④ 在"系统还原"对话框中,单击"下一步"按钮。

⑤ 选择还原点。

⑥ 单击"下一步"按钮。

⑦ 单击"确定"按钮,确定还原。

三、更新和安全操作

操作1：Windows更新。

(1) 在Windows设置窗口，执行"更新和安全"选项，如图2-97所示。

(2) 在Windows更新窗格，单击"检查更新"按钮，如图2-98所示。

(3) 若有更新项，则直接安装更新即可。

图2-97　Windows设置窗口

操作2：启用Windows防火墙，如图2-99所示。

(1) 在"控制面板"窗口，选择"系统和安全"选项。

(2) 在"系统和安全"设置窗口，选择"Windows防火墙"选项。

(3) 在"自定义设置"窗口，选择"启用Windows防火墙"。

(4) 单击"确定"按钮。

操作3：Windows Defender。

(1) 在Windows设置窗口，选择"更新和安全"选项。

(2) 在导航窗格选择Windows Defender选项，如图2-100所示。

(3) 在Windows Defender窗口中，单击"打开Windows Defender"按钮，如图2-100所示。

(4) 在Windows Defender窗口中，选择"扫描选项"，如图2-101所示。

(5) 单击"立即扫描"按钮，如图2-101所示。

图 2-98　Windows 更新窗口

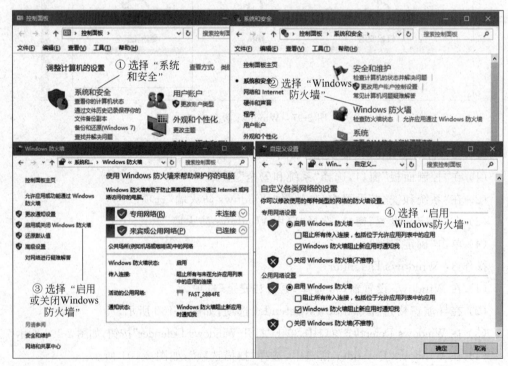

图 2-99　Windows 防火墙

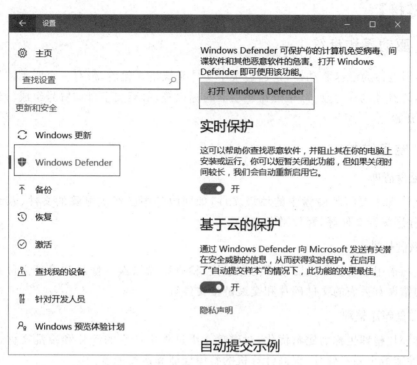

图 2-100　Windows Defender 设置

（6）查看扫描报告。

图 2-101　Windows Defender 窗口

【知识链接】

一、驱动器和盘符

驱动器也称为磁盘驱动器,是通过某个文件系统格式化后,带有一个驱动器号的存储空间。驱动器号也称为盘符,是磁盘驱动器的标识符,由英文字母加冒号组成。硬盘驱动器从 C: 开始。

二、磁盘维护

1. 磁盘清理

磁盘清理主要清理磁盘中的垃圾文件,如回收站中已经被删除的文件、系统临时文件、应用程序缓存文件等,释放磁盘空间。

2. 磁盘扫描

磁盘扫描用于检查硬盘驱动器的完整性,检查磁盘错误并修复和修复文件系统。磁盘主要的错误有丢失的文件碎片和交叉链接文件等。

3. 磁盘碎片整理

磁盘碎片整理也称为磁盘优化,对磁盘使用过程中产生的碎片和凌乱文件进行重新整理,消除或减少磁盘碎片,提高计算机的整体性能和运行速度。

磁盘碎片也称为磁盘文件碎片,是磁盘文件被分散保存到整个磁盘的不同地方,而未能保存在磁盘上连续存储空间形成的。磁盘碎片致使读写文件时需要到不同的地方去读取,增加了磁头的来回移动,降低了磁盘的访问速度。临时文件和缓存文件是形成磁盘碎片主要原因。

三、Windows 防火墙

防火墙是一项协助确保信息安全的硬件或软件,依照特定的规则,允许或是限制传输的数据通过,保护用户信息安全。

Windows 防火墙是 Windows 操作系统自带的软件防火墙。Windows 防火墙可以设置允许或禁止应用或功能通过,通过启用防火墙来阻止网络恶意攻击,在高级设置中,设置"入站规则"和"出站规则",为每一个程序确定网络连接方式:允许连接、只允许安全连接或阻止连接。

四、Windows Defender

Windows Defender 是 Windows 10 操作系统自带的杀毒程序。

Windows Defender 完全兼容 Windows 系统,防御真正的威胁,不会误杀应用软件。Windows Defender 基于云技术,病毒库高度整合,更新速度极快,防御和查杀最新威胁。Windows Defender 专注杀毒防护,系统资源占用低,查杀效率高。

Windows Defender 提供的扫描类型分为三种,分别是完全扫描、快速扫描、自定义扫描。用户可以通过选项对 Windows Defender 的实时防护、自动扫描计划进行设置修改,或进行高级的设置。

【知识拓展】

一、Windows 功能

Windows 功能是 Windows 系统自带的应用程序的集合，用于启用或关闭功能。如图 2-102 所示。

图 2-102　Windows 功能

二、计算机管理

计算机管理是 Windows 系统管理界面，将常用的系统管理程序组合在一个控制台中，可用来管理本地或远程计算机。计算机管理（本地）主要有系统工具、存储、服务和应用程序。通过"此电脑"快捷菜单执行"管理"选项可启动计算机管理程序，如图 2-103 所示。

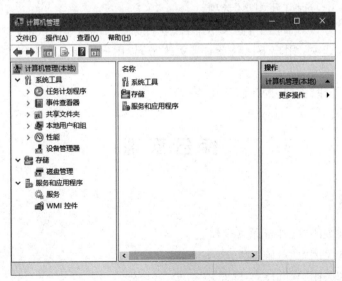

图 2-103　计算机管理

【技能拓展】

用户管理

操作：新增本地用户，如图 2-104 所示。

图 2-104 新增本地用户操作

(1) 在"计算机管理"窗口导航窗格中，单击"本地用户和组"展开箭头，展开功能项。
(2) 在"导航"窗口中，选择"用户"选项。
(3) 在"操作"窗口中，单击"更多操作"按钮。
(4) 在菜单中，选择"新用户"选项。
(5) 在"新用户"对话框中，输入用户名、全名、描述、密码和确认密码。
(6) 设置可选项：用户下次登录时须更改密码、用户不能更改密码、密码永不过期和账户已禁用。
(7) 单击"创建"按钮，确认新建用户。

综合实训

【实训任务】

(1) 启动和关闭"文件资源管理器"。
(2) 启动和关闭"此电脑"。
(3) 启动和关闭"Windows 设置"。

(4) 新建文件夹。

① 在 D 盘根文件夹下建立文件夹 TEMP。

② 在 TEMP 文件夹下新建子文件夹 TEMP-1、TEMP-2。

③ 在 E 盘根文件夹下建立文件夹 TEMP。

(5) 新建文件。

① 在 D 盘根文件夹下文件夹 TEMP 新建文本文件 TEMP。

② 在 D 盘根文件夹下文件夹 TEMP 新建 Word 文件 TEMP。

③ 在 D 盘根文件夹下文件夹 TEMP 新建图片文件 TEMP。

(6) 复制文件和文件夹。

① 将 D 盘根文件夹下文件夹 TEMP 下的文本文件复制到 E 盘根文件夹下文件夹 TEMP。

② 将 D 盘根文件夹下文件夹 TEMP 下的文件夹文件复制到 E 盘根文件夹下文件夹 TEMP。

③ 将 D 盘根文件夹下文件夹 TEMP 下的所有文件和文件夹文件复制到 E 盘根文件夹下文件夹 TEMP。

(7) 移动文件和文件夹。

① 将 D 盘根文件夹下文件夹 TEMP 下的文本文件移动到子文件夹 TEMP-1。

② 将 D 盘子文件夹 TEMP-2 移动到子文件夹 TEMP-1。

(8) 重命名。

① E 盘子文件夹 TEMP 下的文件改名为 STUENDE.txt。

② E 盘子文件夹 TEMP-2 改名为"资料"。

(9) 设置桌面主题：将桌面主题设置为鲜花主题。

(10) 设置桌面背景：将桌面背景设置为自定义图片。

(11) 设置启用 Windows 防火墙。

(12) 使用 Windows Defender 进行计算机扫描。

习　　题

一、单项选择题

1. Windows 10 的"桌面"是指_____。

　　A. 整个屏幕　　　　B. 全部窗口　　　　C. 某个窗口　　　　D. 活动窗口

2. 在 Windows 中,窗口可以移动和改变大小,而对话框_____。

　　A. 既不能移动,也不能改变大小

　　B. 仅可能移动,不能改变大小

　　C. 仅可以改变大小,不能移动

　　D. 既能移动,也能改变大小

3. 当鼠标的光标移到视窗的边角处时,鼠标的光标形状会变为_____。

A. 双向箭头　　　B. 无变化　　　C. 游标　　　D. 沙漏形

4. Windows 中将信息传送到剪贴板不正确的方法是_____。
   A. 用"复制"命令把选定的对象送到剪贴板
   B. 用"剪切"命令把选定的对象送到剪贴板
   C. 用 Ctrl＋V 把选定的对象送到剪贴板
   D. 用 Ctrl＋X 把选定的对象送到剪贴板

5. 要想恢复已删除的文件,可在回收站中使用_____操作。
   A. 还原　　　B. 移动　　　C. 粘贴　　　D. 撤销

6. 在 Windows 中,剪贴板是_____。
   A. 硬盘上的一块区域　　　　　　B. 内存中的一块区域
   C. 优盘上的一块区域　　　　　　D. 高速缓存中的一块区域

7. 在 Windows 中,连续选择多个文件时,先单击要选择的第一个文件,再按住_____键并单击选择最后一个文件。
   A. Ctrl　　　B. Shift　　　C. Del　　　D. Tab

8. 在 Windows 的文件资源管理器窗口中,若希望显示文件的名称、类型、大小等信息,则应该选择"查看"功能选项卡中的_____。
   A. 列表　　　B. 详细资料　　　C. 大图标　　　D. 小图标

9. 频繁地存储和删除文件、安装和卸载程序会影响系统性能,这是由于_____造成的。
   A. 磁盘空间不多　　　　　　B. 硬盘碎片太多
   C. CPU 越来越慢　　　　　　D. 内存消耗太大

10. Windows 系统文件命名规则有_____。
    A. 文件或文件夹名最多可达到 256 个字符
    B. 用户可使用多间隔符的扩展名
    C. 文件或文件夹名可以有空格,但不能有以下符号:? * '': \/<>
    D. Windows 可以利用大小写区别文件或文件名

二、多项选择题

1. "文件资源管理器"窗口中,图标排列方式有_____。
   A. 名称　　　B. 类型　　　C. 日期　　　D. 大小

2. 窗口最大化的方法有_____。
   A. 按最大化按钮　　　　　　B. 按还原按钮
   C. 双击标题栏　　　　　　　D. 双击控制菜单按钮

3. 桌面排列窗口的方式有_____。
   A. 层叠窗口　　　　　　　　B. 横向平铺窗口
   C. 纵向平铺窗口　　　　　　D. 活动窗口

4. Windows 回收站里的文件_____。
   A. 可恢复　　　　　　　　　B. 不占用磁盘空间
   C. 是删除的文件　　　　　　D. 不可打开运行

5. 在 Windows 中,将同一文件夹下选定的若干文件复制到不同盘的文件夹中,可使用_____方法。

    A. 直接拖动   B. Alt+拖动   C. 复制+粘贴   D. Shift+拖动

6. 在 Windows 中,可以进行_____的磁盘操作。

    A. 磁盘格式化   B. 磁盘清理和压缩

    C. 磁盘扫描   D. 磁盘碎片整理

7. 以下关于 Windows 中控制面板叙述正确的有_____。

    A. 可以调整系统的硬件和软件配置

    B. 可以安装系统的一些硬件驱动程序

    C. 可以完成文档排版

    D. 可以更改系统日期与时间

8. 对于 Windows 10 中"卸载/更改程序"的操作,下列选项中正确的是_____。

    A. 可以删除专为 Windows 设计了卸载程序的应用程序

    B. 能删除 Windows 中所有应用程序

    C. 不能删除 Windows 中所有应用程序

    D. 可以删除 Windows 附件

三、思考与操作

1. 简述磁盘维护功能。
2. 试比较 Windows 防火墙和 360 安全卫士。
3. 试比较 Windows Defender 和 360 杀毒软件。
4. Windows 用户的权限。
5. 试比较控制面板和 Windows 设置的异同。
6. 请归纳鼠标属性设置操作项目。
7. 试比较 Windows 桌面背景设置与 Windows 主题设置的异同。
8. 如何添加 Windows 字体?
9. 简述文件资源管理器的构成。
10. 简述文件复制操作的方法和步骤。
11. 举例说明剪贴板的作用。
12. 文件夹名是否能有扩展名?
13. 简述文件彻底删除的方法和步骤。

单元 3

Internet 应用

互联网(Internet)是一组全球信息资源的总汇,它是一个信息资源和资源共享的集合。Internet 以相互交流信息资源为目的,基于 TCP/IP 协议,是由许多小的网络(子网)互联而成的一个逻辑网,每个子网中连接着若干台计算机(主机)。人们可以通过 Internet 浏览信息、搜索资源、相互交流等。互联网技术的发展改变了人们的生活方式,为人类提供了一个资源共享和数据传输的现代化信息平台。

本单元学习 Internet 接入、网络信息获取、网络信息交流、网络生活服务等基础知识和基本技能,认识常用的网络浏览器、网络搜索引擎、即时通信工具、生活服务网站,理解网络功能服务、IP 地址、域名、电子邮件等概念,掌握互联网接入方式、网络资源获取方法、网上交流技巧、网络生活技能。

任务 1 Internet 接入

【任务情景】

张明中职学校毕业后自主创业成立了一家家政服务公司,他想在公司内组建一个小型的无线局域网,并通过固定电话线接入互联网。他该如何实现呢?

【任务分析】

要实现上述功能,张明必须先做好前期准备工作,如购置 ADSL Modem 和无线路由器,实现相关的物理连接;并从电信运营商处开通 ADSL 服务,取得用户名和密码。

完成准备工作后,再进行 ADSL 连接和无线路由器配置,具体步骤如下。

(1) 建立 ADSL 连接。

(2) 无线路由器配置。

【任务实施】

一、建立 ADSL 连接

操作1：安装连接好 ADSL Modem 后，单击"开始"按钮，选择"Windows 系统"→"控制面板"，打开"控制面板"窗口，如图 3-1 所示。

图 3-1 "控制面板"窗口

操作2：在"控制面板"窗口中，单击"网络和 Internet"，打开"网络和 Internet"窗口；在"网络和 Internet"窗口中，单击"网络和共享中心"，打开"网络和共享中心"窗口，如图 3-2 所示。

操作3：在"网络和共享中心"窗口中，单击"设置新的连接或网络"，打开"设置连接或网络"窗口，如图 3-3 所示。

操作4：在"设置连接或网络"窗口中，选择"连接到 Internet"选项，单击"下一步"按钮，打开"连接到 Internet"窗口，单击"设置新连接"，进入"你希望如何连接？"界面，如图 3-4 所示。

操作5：在"你希望如何连接？"界面中，单击"宽带（PPPoE）（R）"，进入"用户名和密码"输入界面，输入电信运营商提供的用户名和密码后，单击"连接"按钮，显示连接状态，连接成功后，即完成 ADSL 连接，如图 3-5 所示。

图 3-2 打开"网络和共享中心"窗口

图 3-3 "设置连接或网络"窗口

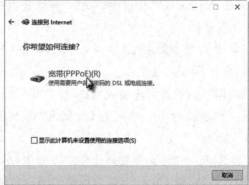

图 3-4 "连接到 Internet"窗口

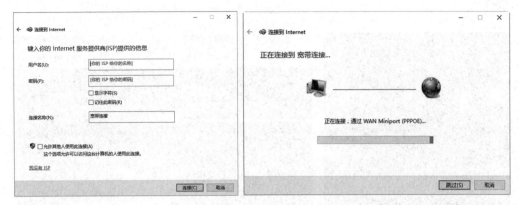

图 3-5 连接 ADSL 窗口

操作 6：完成 ADSL 连接后，在"网络和共享中心"窗口中，选择"更改适配器设置"，即可打开"网络连接"窗口，此时，可以看到"宽带连接"图标已呈现连接状态，如图 3-6 所示。

图 3-6 "网络连接"窗口

注意：今后要重新连接，可单击"宽带连接"图标，打开"宽带连接"窗口，输入用户名和密码，即可以再次连接。

二、无线路由器配置

以家庭常用的 TL-WR842N 无线路由器配置为例。

操作 1：将无线路由器的通过 WAN 端口与 ADSL 连接，将 PC 通过 RJ-45 端口连接到无线路由器。

操作 2：打开 PC 的 Microsoft Edge 浏览器窗口，在地址栏输入无线路由器的网关地址：192.168.1.1，进入打开路由器设置的"管理员密码"界面，在"管理员密码"界面中创建管理员用户密码，单击"确定"按钮，将进入无线路由器"上网设置"界面，如图 3-7 所示。

注意：无线路由器默认的网关地址为 192.168.1.1。

操作 3：在无线路由器"上网设置"界面中，选择上网方式为"宽带拨号上网"，再分别输入"宽带账号""宽带密码"后单击"下一步"按钮，进入"无线设置"界面，如图 3-8 所示。

操作 4：在"无线设置"界面中，分别输入"无线名称""无线密码"后单击"确定"按钮，

图 3-7 创建管理员用户密码

图 3-8 "上网设置"窗口

将打开"网络状态"界面,如图 3-9 所示。

操作 5:在"网络状态"界面中,显示无线网络的配置,单击"退出"按钮,完成无线网络的配置,如图 3-10 所示。

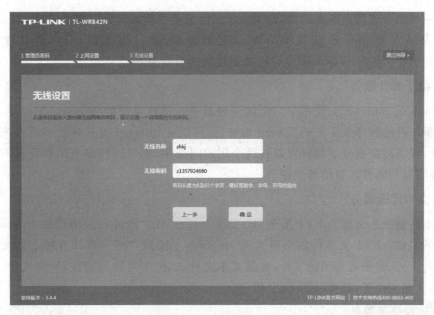

图 3-9 "无线设置"窗口

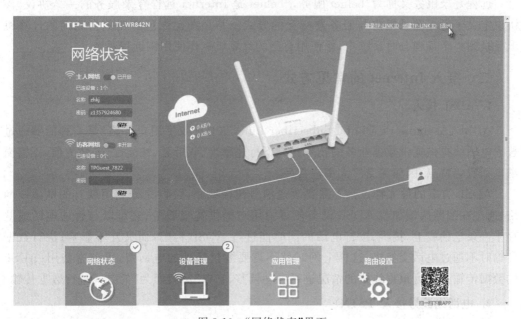

图 3-10 "网络状态"界面

【知识链接】

一、互联网(Internet)常见功能服务

1. WWW 服务

万维网(World Wide Web,WWW)是 Internet 上集文本、声音、图像、视频等多媒体

信息于一身的全球信息资源网络,是 Internet 上的重要组成部分。浏览器(Browser)是用户通向 WWW 的桥梁和获取 WWW 信息的窗口,通过浏览器,用户可以在浩瀚的 Internet 海洋中漫游,搜索和浏览自己感兴趣的所有信息。

2. 电子邮件服务

E-mail 是 Internet 上使用最广泛的一种服务。用户只要能与 Internet 连接,具有能收发电子邮件的程序及个人的 E-mail 地址,就可以与 Internet 上具有 E-mail 所有用户方便、快速、经济地交换电子邮件可以在两个用户间交换,也可以向多个用户发送同一封邮件,或将收到的邮件转发给其他用户。

3. 文本传输服务

文本传输服务又称为 FTP 服务,FTP(File Transfer Protocol)协议是 Internet 上文件传输的基础。FTP 文本传输服务允许 Internet 上的用户将一台计算机上的文件传输到另一台上,几乎所有类型的文件,包括文本文件、二进制可执行文件、声音文件、图像文件、数据压缩文件等,都可以用 FTP 传送。

4. 远程登录服务

远程登录服务又称为 Telnet 服务,Telnet 是 Internet 远程登录服务的一个协议,该协议定义了远程登录用户与服务器交互的方式。Telnet 允许用户在一台联网的计算机上登录到一个远程分时系统中,像使用自己的计算机一样使用该远程系统。

二、接入 Internet 的常见方式

1. ADSL 接入

ADSL(Asymmetric Digital Subscriber Line,非对称数字用户环路)是一种能够通过普通电话线提供宽带数据业务的技术。有下行速率高、频带宽、性能优、安装方便、不需交纳电话费等特点,因而深受广大用户喜爱。

ADSL 方案的最大特点是不需要改造信号传输线路,可以充分利用现有的电话线网络,通过在线路两端加装 ADSL 设备便可为用户提供宽带服务;它可以与普通电话线共存于一条电话线上,接听、拨打电话的同时能进行 ADSL 传输,而又互不影响;进行数据传输时不通过电话交换机,这样上网时就不需要缴付额外的电话费,可节省费用;ADSL 的数据传输速率可根据线路的情况进行自动调整,它以"尽力而为"的方式进行数据传输。

2. 电话线拨号接入(PSTN)

通过电话线,利用当地运营商提供的接入号码,拨号接入互联网,速率不超过 56Kbps。特点是使用方便,只需有效的电话线及自带调制解调器(Modem)的 PC 就可完成接入。运用在一些低速率的网络应用(如网页浏览查询、聊天、E-mail 等),主要适合于临时性接入或无其他宽带接入场所的使用。缺点是速率低,无法实现一些高速率要求的网络服务,其次是费用较高(接入费用由电话通信费和网络使用费组成)。

3. 光纤宽带接入

通过光纤接入到小区节点或楼道,再由网线连接到各个共享点上(一般不超过

100m),提供一定区域的高速互联接入。特点是速率高,抗干扰能力强,适用于各类企事业团体,可以实现各类高速率的互联网应用(视频服务、高速数据传输、远程交互等),缺点是一次性布线成本较高。

4. 无线接入

由于铺设光纤的费用很高,对于需要宽带接入的用户,一些城市提供无线接入。用户通过高频天线和 ISP 连接,距离在 10km 左右,带宽为 2~11MB/s,费用低廉,但是受地形和距离的限制,适合城市中距离 ISP 不远的用户。性能价格比很高。

【知识拓展】

一、TCP/IP 协议

TCP/IP 协议又称网络通信协议,是 Internet 最基本的协议、Internet 国际互联网络的基础,由网络层的 IP 协议和传输层的 TCP 协议组成。TCP/IP 定义了电子设备如何连入互联网,以及数据如何在它们之间传输的标准。

TCP/IP 协议需要针对不同的网络进行不同的设置,且每个节点一般需要一个"IP 地址"、一个"子网掩码"、一个"默认网关"。还可以通过动态主机配置协议(DHCP),给客户端自动分配一个 IP 地址,避免了出错,也简化了 TCP/IP 协议的设置。

二、IP 地址

IP 地址是指互联网协议地址(Internet Protocol Address),是 IP 协议提供的一种统一的地址格式,它为互联网上的每一个网络和每一台主机分配一个逻辑地址,以此来屏蔽物理地址的差异。Internet 上的每台主机(Host)都有一个唯一的 IP 地址。IP 协议就是使用这个地址在主机之间传递信息,是 Internet 能够运行的基础。

IP 地址是一个 32 位的二进制数,分为 4 段,每段 8 位,用十进制数字表示,每段数字范围为 0~255,段与段之间用句点隔开,表示成(a.b.c.d)的形式,其中,a,b,c,d 都是 0~255 的十进制整数。例如,十进制 IP 地址(192.168.1.8),是 32 位二进制数 (11000000.10101000.00000001.00001000)。

IP 地址可以视为网络标识号码与主机标识号码两部分,因此 IP 地址可分两部分组成,一部分为网络地址;另一部分为主机地址。IP 地址分为 A、B、C、D、E 五类,它们适用的类型分别为大型网络、中型网络、小型网络、多目地址、备用。常用的是 B 和 C 两类。

1. A 类 IP 地址

A 类 IP 地址在 IP 地址的四段号码中,第一段号码为网络号码,剩下的三段号码为本地计算机的号码。A 类 IP 地址的子网掩码为 255.0.0.0,每个网络支持的最大主机数为 $256^3-2=16777214$(台),适用于大型网络。

2. B 类 IP 地址

B 类 IP 地址在 IP 地址的四段号码中,前两段号码为网络号码。B 类 IP 地址的子网掩码 255.255.0.0,每个网络支持的最大主机数为 $256^2-2=65534$(台),适用于中等规模的网络。

3. C 类 IP 地址

C 类 IP 地址在 IP 地址的四段号码中，前三段号码为网络号码，剩下的一段号码为本地计算机的号码。C 类 IP 地址的子网掩码为 255.255.255.0，每个网络支持的最大主机数为 $256-2=254$（台），适用于小规模的局域网络。

【技能拓展】

1. 接入局域网的无线路由器的配置（以家庭常用的 TL-WR842N 无线路由器为例）

接入局域网的无线路由器的配置方法和接入 ADSL 无线路由器的配置方法主要区别在"上网设置"，其他部分相同。在"上网设置"上，接入局域网路由有两种方式。

方式一：在"上网设置"界面中，选择在无线路由器上网方式为"固定 IP 地址"，并分别输入"IP 地址""子网掩码""网关""首选 DNS 服务器""备用 DNS 服务器"后，单击"下一步"按钮，如图 3-11 所示。

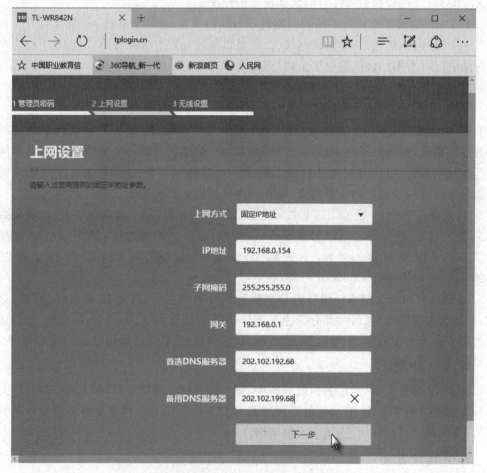

图 3-11 "固定 IP 地址"上网方式配置

方式二：在"上网设置"界面中，选择在无线路由器上网方式为"自动获得 IP 地址"，单击"下一步"按钮，如图 3-12 所示。

图 3-12 "自动获得 IP 地址"上网方式配置

2．局域网内主机的 IP 配置和连接测试

1）配置局域网内主机的 IP

操作 1：在 Windows 10 系统中，右击状态栏上的网络图标，在弹出的快捷菜单中，选择"打开网络和共享中心"命令，打开"网络和共享中心"窗口，如图 3-13 所示。

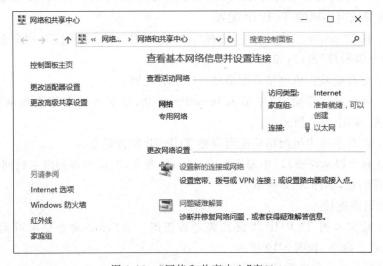

图 3-13 "网络和共享中心"窗口

操作 2：在左侧边栏中选择"更改适配器设置"，打开"网络连接"窗口，右击"以太网"图标，在弹出的快捷菜单中选择"属性"命令，打开"以太网 属性"对话框，如图 3-14 所示。

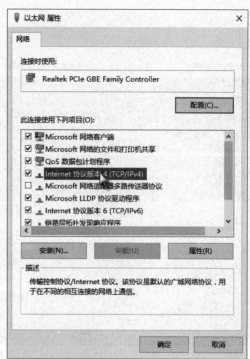

图 3-14 "以太网 属性"对话框

操作 3：在"以太网 属性"对话框的"网络"下拉列表中，双击"Internet 协议版本 4（TCP/IPv4）"，打开"Internet 协议版本 4(TCP/IPv4) 属性"对话框，选择"常规"选项卡，从网络管理员处获取 IP 地址，设置 IP 地址、子网掩码、网关和 DNS，如图 3-15 所示。

注意：若网络支持自动获取 IP 地址，则可以选择"自动获取 IP 地址"功能。

2）查看局域网主机的 TCP/IP 配置

操作 1：在 Windows 10 系统中，选择"开始"→"Windows 系统"→"命令提示符"命令，打开"命令提示符"窗口，如图 3-16 所示。

操作 2：查看局域主机网络适配器的 TCP/IP 配置。

在"cmd 命令提示符窗口"中输入 ipconfig 命令，显示本地网络主机网络适配器的 TCP/IP 配置，如图 3-17 所示。

操作 3：查看本地主机网络适配器完整 TCP/IP 配置信息。

在"cmd 命令提示符窗口"中输入 ipconfig/all 命令，显示本地网络主机网络适配器的 TCP/IP 配置信息，如图 3-18 所示。

3）测试网络连接

操作 1：检测本机 TCP/IP 协议安装是否正确。在"cmd 命令提示符窗口"中输入 ping 127.0.0.1 命令，如图 3-19 所示。

字节：表示 ping 传送数据的字节数。

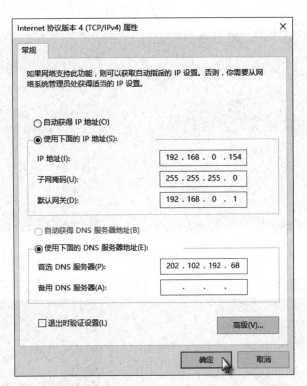

图 3-15 "Internet 协议版本 4(TCP/IPv4)属性"对话框

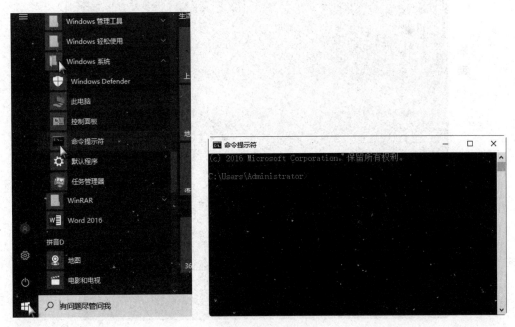

图 3-16 "命令提示符"窗口

图 3-17 TCP/IP 配置

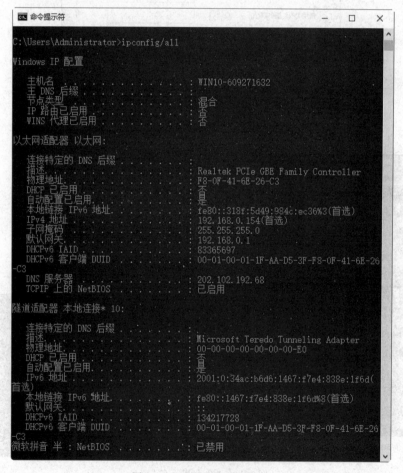

图 3-18 TCP/IP 配置信息

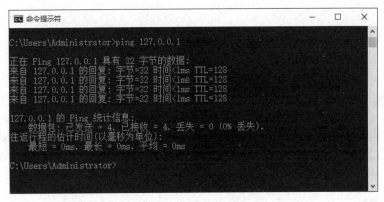

图 3-19　TCP/IP 协议正确安装检测

时间：表示从源主机发送回显请求包开始到收到目标主机发回的回显应答包的往返时间量，以毫秒为单位。

TTL(Time To Live, 生存时间)值：用来测算源主机和目标主机之间有多少个路由器。

操作 2：测试局域网内与其他计算机连接是否畅通。在"cmd 命令提示符窗口"中输入 ping 命令，如图 3-20 所示。

(a) IP 为 192.168.0.124 的主机不通

(b) IP 为 192.168.0.125 的主机连通

图 3-20　局域网内与其他计算机连接测试

操作 3：测试与外网是否连通。在"cmd 命令提示符窗口"中输入 ping 命令，如图 3-21 所示。

(a) IP 为 218.22.145.123 的主机连通

(b) IP 为 218.22.145.128 的主机不通

图 3-21　外网连接测试

任务2　网络信息获取

【任务情景】

小王是某中职学校学生会的信息管理员,他每天要关注搜狐、新浪等各大网站上新闻报道,从网站上搜集下载文字、图片、音频、视频资料,同时还要保障计算机系统的安全。他该如何实现呢?

【任务分析】

完成以上任务,可通过如下四种方法来实现。
(1)浏览网页:启动浏览器,输入网址打开网页,通过超链接打开内容。
(2)保存网页:保存网页中的文字、图片或整个网页,收藏常用网页。
(3)利用搜索引擎搜索网络资源。
(4)利用下载、安装杀毒软件,保障计算机系统安全。

【任务实施】

一、浏览网页

操作1:打开计算机,选择"开始"→Microsoft Edge 命令,打开"Microsoft Edge 浏览器",如图 3-22 所示。

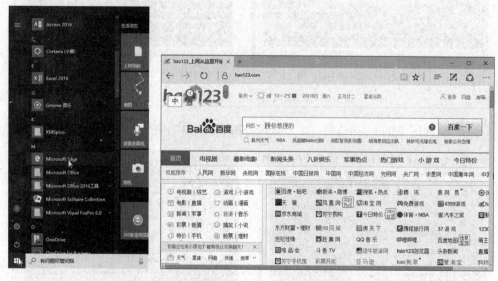

图 3-22　打开"Microsoft Edge 浏览器"

操作2:输入网址,打开网页。
在 Microsoft Edge 浏览器的地址栏上输入 URL 地址 http://www.sohu.com,按

Enter 键,打开搜狐网站,如图 3-23 所示。

图 3-23　搜狐网站主页

操作 3：使用超链接,打开网页。

在搜狐网站的导航栏中,单击"新闻",打开"搜狐新闻"窗口,如图 3-24 所示。以此方法,通过单击网站内的超链接,可以打开想要查看的内容,实现网上冲浪。

图 3-24　搜狐新闻页面

注意：将鼠标指针移动到文字或图片上时，若指针变形成手掌状，可以判断其为超链接。

二、保存网页

1. 保存网页中的文字

操作1：启动Microsoft Edge浏览器，在地址栏中输入网址，打开需要查看的网页，选中需要保存的文字信息后右击，在弹出的快捷菜单中选择"复制"命令，如图3-25（a）所示。

操作2：打开"记事本"，选择"编辑"→"粘贴"命令，粘贴页面文字，如图3-25（b）所示。

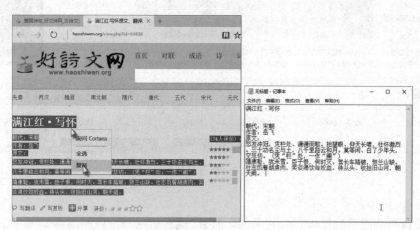

(a) "复制页面文字"窗口　　　　　　(b) "粘贴页面文字"窗口

图3-25　复制页面中的文字

操作3：在记事本中，选择"文件"→"保存"命令，弹出"另存为"对话框，设置文档保存的路径和文件名，单击"保存"按钮，如图3-26所示。

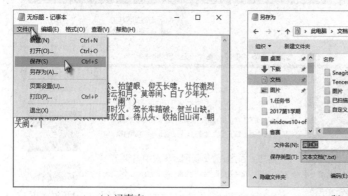

(a) 记事本　　　　　　　　　　(b) "另存为"对话框

图3-26　保存网页中的文字

2. 保存网页中的图片

在网页中找到需要保存的图片，右击图片，在弹出的快捷菜单中选择"图片另存为"命令,打开"另存为"对话框,选择保存位置"库"→"图片",输入文件名"迎客松.jpg",单击"保存"按钮,如图 3-27 所示。

(a) "图片另存为" 窗口　　　　　　　　(b) "另存为" 对话框

图 3-27　保存网页中的图片

3. 保存整个网页

Microsoft Edge 浏览器没有保存网页功能,要保存网页,单击"更多"按钮…,选择"使用 Internet Explorer 打开"命令,如图 3-28 所示。在 IE 浏览器中利用"文件"菜单保存网页。

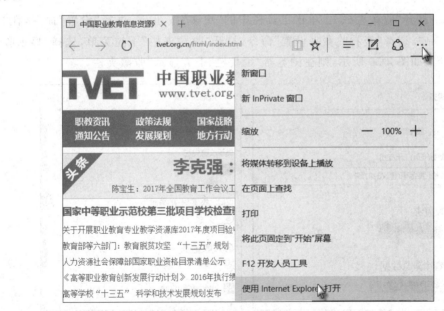

图 3-28　使用 IE 浏览器打开网页

三、网页收藏与打开

操作 1:收藏网页。在 Microsoft Edge 浏览器中,单击工具栏中的"添加到收藏夹或阅读列表"按钮☆,在下拉菜单中选择"收藏夹"选项,在"名称"文本框中输入所收藏网页的名称,在"保存位置"列表框中选择网页收藏位置,单击"添加"按钮,完成文件的收藏,如图 3-29 所示。

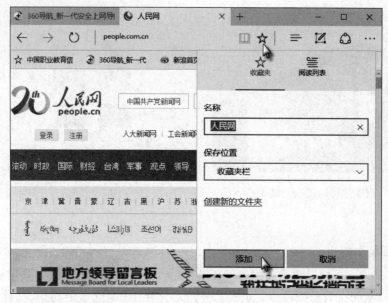

图 3-29　网页收藏界面

操作 2:打开"收藏夹栏"。单击工具栏中的"更多"按钮…,选择"设置"命令,在"设置"下拉菜单中,选择"查看收藏夹设置"命令,打开"收藏夹栏"下拉菜单,选择"显示收藏夹栏"为"开",如图 3-30 所示,则在浏览器"工具栏"下方显示"收藏夹栏"。

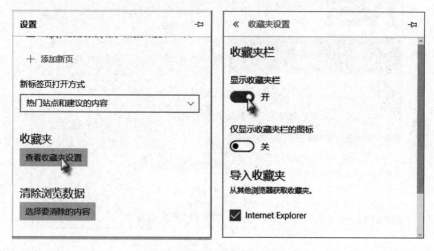

图 3-30　打开"收藏夹栏"

操作 3:在"收藏夹栏"中,即可查看已成功收藏的网页,单击即可快速打开所收藏的网页,如图 3-31 所示。

图 3-31　查看已成功收藏的网页

四、百度信息搜索

1. 网页搜索

操作 1：启动 Microsoft Edge 浏览器，在地址栏中输入 URL 地址 http：//www.baidu.com，按 Enter 键，打开百度首页，如图 3-32 所示。

图 3-32　百度首页

操作 2：在百度搜索框中输入搜索关键字"技能大赛"，单击"百度一下"按钮，此时网页中显示"技能大赛"的相关信息，单击某个网页超链接，在打开的网页窗口中即可看到相关的信息，如图 3-33 所示。

图 3-33　关键字搜索

2. 图片搜索与下载

操作 1：打开百度首页，单击百度搜索框中的"更多产品"→"图片"，进入图片搜索页面，在搜索框中输入搜索关键字"黄山风光"，单击"百度一下"按钮，此时网页中显示与"黄山风光"相关的图片，如图 3-34 所示。

图 3-34　图片搜索

操作 2：单击某张图片的缩略图，在打开的网页中即可看到需要浏览的图片，右击图片，在弹出的快捷菜单中选择"将图片另存为"命令，打开"另存为"对话框，即可将图片保存到指定位置，如图 3-35 所示。

3. 音乐搜索与播放

打开百度首页，单击百度搜索框中的"音乐"超链接，进入音乐搜索页面，在搜索框中输入关键字"草原之夜"，单击"百度一下"按钮，此时网页中显示搜索到的音乐"草原之夜"，选择音乐，单击"播放"按钮，即可欣赏音乐，如图 3-36 所示。

图 3-35　保存图片

图 3-36　音乐搜索与播放

4. 资源下载

操作 1：打开 Microsoft Edge 浏览器，打开"百度"主页，在搜索栏中输入关键字"360杀毒软件"，单击"百度一下"按钮，可以看到有关 360 杀毒软件的信息，单击超链接"360杀毒_首页"，打开"360 杀毒"首页，如图 3-37 所示。

操作 2：单击"正式版"下载按钮，选择"另存为"命令，打开"另存为"对话框，在对话框中选择文件保存的位置"D 盘根目录"，单击"保存"按钮，下载文件，如图 3-38 所示。

操作 3：文件下载完成后，在"下载完成"对话框中单击"关闭"按钮，关闭"下载完成"对话框，如图 3-39 所示。

注意：在"文件下载"对话框中，如单击"运行"按钮，则直接安装"360 杀毒"软件，如图 3-39 所示。

图 3-37　打开"360 杀毒"首页

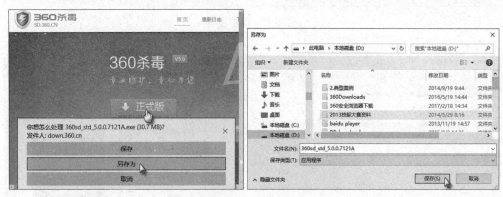

图 3-38　文件下载

图 3-39　下载完成

【知识链接】

一、认识浏览器

浏览器是网上冲浪的必备工具,是显示网页服务器或档案系统内的文件,并让用户与这些文件互动的一种软件。

常见的浏览器有 IE 浏览器、火狐浏览器、搜狗浏览器、360 极速浏览器等。其中 IE 浏览器是 Windows 操作系统自带的浏览器,是目前使用最广泛的浏览器之一。

二、Microsoft Edge 浏览器介绍

微软 Edge 浏览器是 Windows 10 中的默认浏览器,它的交互界面更加简洁,还兼容 Chrome 与 Firefox 两大浏览器的扩展程序,用户安装的插件显示在工具栏中,并在浏览器的开始界面和新标签页面向用户推送新闻报道,以此提高浏览器的使用率。

和 IE 浏览器相比,Microsoft Edge 浏览器具有以下五个特点。

(1) Microsoft Edge 浏览器不支持微软的 ActiveX、Browsers Helper Objects (BHOS)、VBScript 和为 IE 11 开发的第三方工具栏,所有这些技术都会影响浏览器性能或引发安全问题。Edge 支持 Adobe Flash 和 PDF。

(2) Microsoft Edge 浏览器拥有比 IE 更精简、优化程度更高的代码。在 Edge 中,微软利用了核心的 MSHTML 渲染引擎,剥离了不再需要的支持后向兼容性的所有代码。因此,它的性能更高。运行速度两倍于 IE 11,轻松超过 64 位 Chrome 的最新 β 版本和火狐浏览器。

(3) Microsoft Edge 将支持基于 JavaScript 的扩展程序,允许第三方对 Web 网页视图进行定制,增添新功能。

(4) Microsoft Edge 被紧密地整合在必应搜索引擎中,并与语音助手 Cortana 整合。当用户选择使用这些服务时,它们会追踪用户的上网活动,以收集更多信息,从理论上说,这有助于用户更好地上网浏览信息。

(5) Microsoft Edge 采取多项措施提高用户的阅读体验,Edge 还提供了"阅读视图",剥离了全部菜单、广告和其他容易分散用户注意力的元素。Edge 还提供了对 Web 网页进行注释的能力。用户可以直接在网站上输入注释,下次再访问该网站时注释会显示出来。Edge 在用户的计算机上存储注释。触控屏设备用户还可以在网站上画图。用户可以与其他 Edge 用户分享注释。

Microsoft Edge 浏览器工作界面主要由标题栏、工具栏、收藏夹栏、网页工作区组成,如图 3-40 所示。

标题栏:位于窗口顶部,左侧显示打开网页,右侧是窗口控制按钮,依次分别是:"最小化"按钮、"最大化/还原"按钮、"关闭"按钮。

工具栏:包括浏览网页时的常用工具按钮和地址搜索栏,通过单击相应的按钮可以快速对浏览的网页进行相应的设置。

图 3-40 Microsoft Edge 浏览器

收藏夹栏：用于存放收藏常用或喜欢的网站的网址，根据需要可以选择将其显示或隐藏。

网页工作区：浏览网页的主要区域，用于显示当前网页的内容，包括文字、图片、音乐以及视频等各种信息。

【知识拓展】

一、搜索引擎

搜索引擎是指根据一定的策略、运用特定的计算机程序从互联网上搜集信息，在对信息进行组织和处理后，为用户提供检索服务，将用户检索相关的信息展示给用户的系统。搜索引擎包括全文索引、目录索引、元搜索引擎、垂直搜索引擎，集合式搜索引擎，门户搜索引擎与免费链接列表等。

二、常用的搜索引擎

1. 百度

百度是全球最大的中文搜索引擎，2000 年 1 月创立于北京中关村，致力于向人们提供"简单，可依赖"的信息获取方式。"百度"二字源于中国宋朝词人辛弃疾的《青玉案·元夕》词句"众里寻他千百度"，象征着百度对中文信息检索技术的执着追求。

2. Google

Google 被公认为全球最大的搜索引擎，也是互联网上最受欢迎的网站之一，在全球范围内拥有大量的用户。Google 允许以多种语言进行搜索，在操作界面中提供多达 30 余种语言选择。

【技能拓展】

搜索引擎使用技巧

1. 简单查询

在搜索引擎中输入关键词,然后单击"搜索",系统很快会返回查询结果,这是最简单的查询方法,使用方便,但是查询的结果却不精确,可能包含着许多无用的信息。

2. 高级查询

给要查询的关键词加上双引号,可以实现精确的查询,这种方法要求查询结果要精确匹配,不包括演变形式。例如,在搜索引擎的文字框中输入"电传",它就会返回网页中有"电传"这个关键词的网址,而不会返回诸如"电话传真"之类的网页。

在关键词的前面使用加号,也就等于告诉搜索引擎该单词必须出现在搜索结果中的网页上,例如,在搜索引擎中输入"＋计算机＋电话＋传真"就表示要查找的内容必须要同时包含"计算机、电话、传真"这三个关键词。

在关键词的前面使用减号,也就意味着在查询结果中不能出现该关键词,例如,在搜索引擎中输入"电视台-中央电视台",就表示最后的查询结果中一定不包含"中央电视台"。

任务3　网络信息交流

【任务情景】

某职业学校学生会成员之间平时需要进行交流讨论,他们该如何通过网络来快速方便地实现呢?

【任务分析】

网络交流主要有两种方式。

(1)通过收发电子邮件进行交流。

(2)通过QQ进行即时通信。

【任务实施】

一、实施说明

1. 通过收发电子邮件进行交流

(1)登录某个邮件服务提供商的服务器,注册申请一个电子邮箱。

(2)登录电子邮箱,收发电子邮件,实现实时通信。

2. 通过QQ进行即时通信

(1)下载并安装QQ软件。

(2)注册申请QQ号码。

(3)登录QQ与好友聊天并收发文件。

二、实施步骤

1. 通过收发电子邮件进行交流

(1)注册申请一个电子邮箱(以网易邮箱为例)。

操作1:打开Microsoft Edge浏览器,在地址栏中输入网站地址http://mail.163.com,进入163邮箱主页面,如图3-41所示。

图3-41 163邮箱主页面

操作2:在163邮箱主页面中,单击"去注册"按钮,打开注册网易免费邮箱页面,按要求分别填入"邮箱地址"("用户名")、"密码""验证码",勾选:同意"服务条款"和"隐私权相关政策",单击"立即注册"按钮,完成邮箱注册,如图3-42所示。

注意:用户名必须是该网站中唯一的,当用户在"邮件地址"栏中填入用户名后,网站会判断输入的用户名是否唯一,如果不唯一,则要求用户重新输入。注册成功后,用户要记住自己的用户名和密码。

(2)发送电子邮件。

操作1:打开Microsoft Edge浏览器,在地址栏中输入网站地址http://mail.163.com,进入163邮箱主页面,分别输入"用户名""密码"后,单击"登录"按钮,进入163网易免费邮箱页面,如图3-43所示。

操作2:单击"写信"按钮,进入163写信页面。填写收件人的邮箱地址、邮件主题、添加附件、在正文中输入邮件内容,完成后,单击"发送"按钮,即可完成邮件发送,如图3-44所示。

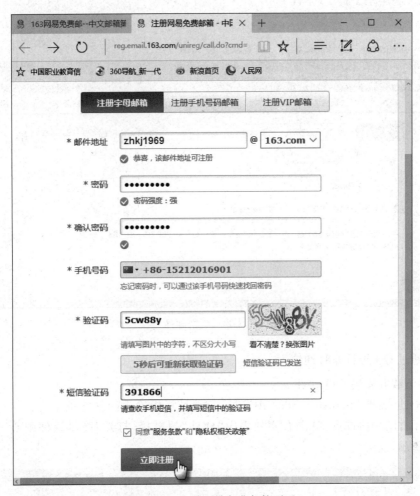

图 3-42　注册网易免费邮箱页面

图 3-43　登录 163 网易免费邮箱

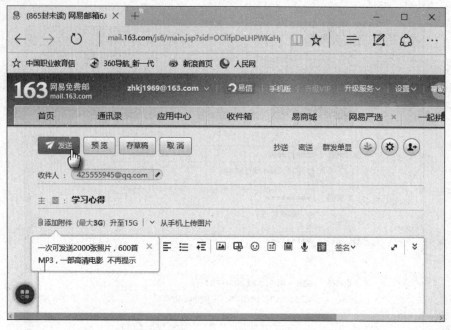

图 3-44　发送邮件

2. 通过 QQ 进行即时通信

（1）下载并安装 QQ 软件。

操作 1：打开 Microsoft Edge 浏览器，在地址栏中输入网站地址 http：//www.qq.com，打开腾讯网站首页，单击右侧列表中"软件"超链接，打开"腾讯软件中心"页面，如图 3-45 所示。

图 3-45　打开"腾讯软件中心"页面

操作 2：单击左侧列表中 QQ 的"高速下载"按钮，在弹出的对话框中单击"另存为"按钮，下载到指定位置，下载完成后，在弹出的对话框中单击"运行"按钮，再按照提示，完成 QQ 软件的下载和安装，如图 3-46 所示。

（2）注册申请 QQ 号码。

操作 1：在桌面上单击"腾讯 QQ"图标，打开"QQ 登录"界面，单击其右侧的"注册账

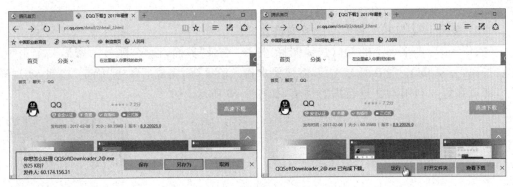

图 3-46 "QQ7.4"软件的下载和安装

号"按钮,打开"QQ 注册"窗口,按要求输入"昵称""密码",选择"性别""生日""所在地",勾选"同时开通 QQ 空间""我已阅读并同意相关服务条款和隐私政策",单击"立即注册"按钮,如图 3-47 所示。

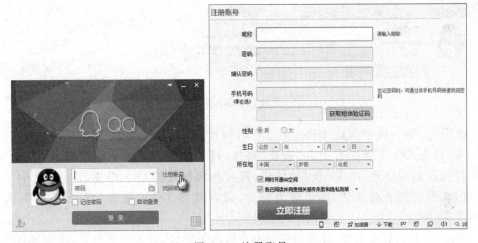

图 3-47 注册账号

操作 2:输入手机号码和验证码,勾选"我希望用这个手机号登录 QQ 并开通账号保护",单击"提交验证码"按钮,注册完成后,获得 QQ 号码,如图 3-48 所示。

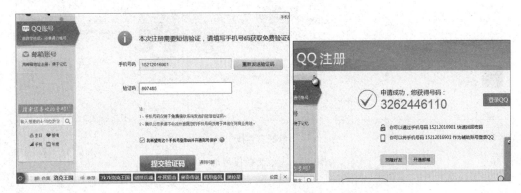

图 3-48 QQ 账号验证

(3)登录QQ与好友聊天并收发文件。

操作1：双击桌面上的QQ快捷图标，打开"登录"界面，输入"账号""密码"，单击"登录"按钮，登录QQ。首次登录QQ，需按要求输入验证码，完成后单击"确定"按钮，实现登录，即可和好友利用QQ进行即时通信，如图3-49所示。

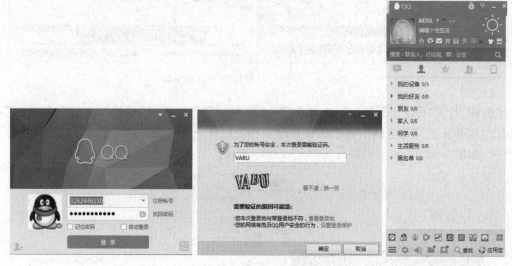

图3-49　QQ登录

操作2：第一次使用这个账号（3262446110）登录QQ，所有"好友"为空，需要添加好友，单击QQ主界面右下方"查找"按钮，打开"查找"对话框，在"找人"选项中输入要找好友的QQ号，单击"查找"按钮，即可找到好友的QQ，单击其左下角的"＋好友"按钮，通过双方确认后，即可成为好友，对方的QQ号出现在"我的好友"列表中，如图3-50所示。

操作3：双击好友头像，就可以打开好友的聊天窗口，输入文字信息，添加发送文件，单击"发送"按钮，即可进行即时信息传递，如图3-51所示。

(a) 好友查找

图3-50　好友查找与加入

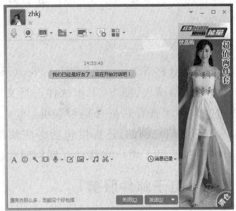

(b) 好友加入

图 3-50（续）

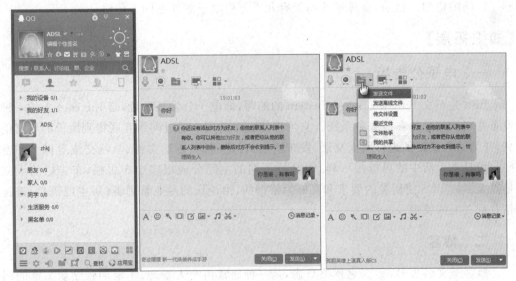

图 3-51　QQ 信息交流

【知识链接】

一、即时通信软件

1. 腾讯 QQ

腾讯 QQ（简称"QQ"）是腾讯公司开发的一款基于 Internet 的即时通信软件。腾讯 QQ 具有支持在线聊天、视频聊天以及语音聊天、点对点断点续传文件、共享文件、网络硬盘、自定义面板、远程控制、QQ 邮箱等多种功能。

1999 年 2 月，腾讯正式推出第一个即时通信软件——OICQ，后改名为腾讯 QQ。QQ 注册用户由 1999 年的 2 人到现在已经发展到数亿用户，2014 年 4 月 11 日 21 点

11 分在线人数突破两亿,如今已成为腾讯公司的代表之作,是中国目前使用最广泛的聊天软件。

2. MSN

MSN 全称 Microsoft Service Network(微软网络服务),是微软公司推出的即时通信软件,可以与亲人、朋友、工作伙伴进行文字聊天、语音对话、视频会议等即时交流,还可以通过此软件来查看联系人是否联机。

MSN(门户网站)还提供包括必应移动搜索、中文资讯、手机娱乐和手机折扣等创新移动服务,满足了用户在移动互联网时代的沟通、社交、出行、娱乐等需求。

二、电子邮件服务

电子邮件服务简称 E-mail 服务,是目前最常见、应用最广泛的一种互联网服务。通过电子邮件,可以与 Internet 上的处于任何地点的任何人交换信息。由于其与传统邮件相比有传输速度快、内容和形式多样、使用方便、费用低、安全性好等特点,因而越来越得到了广泛的应用。目前,全球平均每天有几千万份电子邮件在网上传输。

【知识拓展】

一、电子公告板

BBS 是英文 Bulletin Board System 的缩写,即电子公告板系统,是 Internet 上的一种发布并交换信息的在线服务系统。它可以使更多的用户通过网络互联得到廉价的丰富信息,并为其会员提供进行网上交谈、发布消息、讨论问题、传送文件、学习交流等机会和空间。像日常生活中的黑板报一样,BBS 按不同的主题分成很多个布告栏,布告栏的设立是以大多数 BBS 使用者的要求和喜好为依据的,由论坛的专业管理者(版主或斑竹)进行相对意义上的管理。

二、博客

博客英文名为 Blog,又名网络日志,是一种通常由个人管理、不定期张贴新文章的网站。博客上的文章通常根据张贴时间,以倒序方式由新到旧排列。许多博客专注在特定的课题上提供评论或新闻,其他则被作为比较个人的日记。一个典型的博客结合了文字、图像、其他博客或网站的链接及其他与主题相关的媒体,能够让读者以互动的方式留下意见,是许多博客的重要因素。大部分的博客内容以文字为主,仍有一些博客专注在艺术、摄影、视频、音乐、播客等各种主题。博客是社会媒体网络的一部分。比较著名的有新浪、网易等博客。

三、微信

微信(WeChat)是腾讯公司于 2011 年 1 月 21 日推出的一个为智能终端提供即时通信服务的免费应用程序,微信支持跨通信运营商、跨操作系统平台通过网络快速发送免费(需消耗网络流量)语音短信、视频、图片和文字。

微信提供公众平台、朋友圈、消息推送等功能,用户可以通过"摇一摇""搜索号码""附近的人"、扫描二维码方式添加好友和关注公众平台,同时微信可以将内容分享给好友以及将用户看到的精彩内容分享到微信朋友圈。

目前,微信成了一种生活方式,2016 年 12 月,微信团队在 2017 微信公开课 PRO 版上发布了《2016 微信数据报告》。报告中显示,微信 9 个月平均日登录用户达到 7.68 亿,50%的用户每天使用微信时长达 90min。日成功音视频通话总次数 1 亿次。

【技能拓展】

使用微信计算机平台进行交流

1. 下载并安装计算机微信平台

操作 1:打开 Microsoft Edge 浏览器,进入腾讯网站首页,单击右侧列表中"软件"超链接,打开"腾讯软件中心"页面,单击"微信 for Windows"右侧的"高速下载"按钮,进行软件下载,如图 3-52 所示。

图 3-52　腾讯软件中心

操作 2:在弹出的对话框中,单击"保存"按钮,将软件下载到指定位置,下载完成后,在弹出的对话框中,单击"运行"按钮,开始软件安装,如图 3-53 所示。

操作 3:在打开的"安装微信"对话框中,勾选"我已阅读并同意服务协议",单击"安装微信"按钮,按提示完成安装,显示"已安装微信"对话框,如图 3-54 所示。

2. 使用计算机微信平台

操作:在"已安装微信"对话框中,单击"开始使用"按钮,弹出微信二维码界面,打开

图 3-53　下载、运行微信安装软件

图 3-54　安装微信程序

手机微信，使用"发现"的"扫一扫"功能，扫描二维码，计算机屏幕上弹出微信平台窗口，手机微信就和计算机微信平台绑定，现在就可以利用计算机微信平台进行交流，如图 3-55 所示。

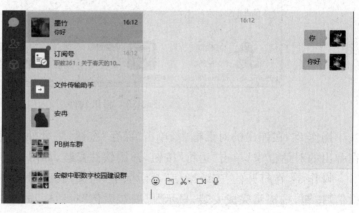

图 3-55　使用计算机微信平台

任务4 网上生活

【任务情景】

小王要到北京旅游,出发前他想了解北京近几天的天气,购置去北京的车票,买件外出用的衣服,通过网络如何实现呢?

【任务分析】

要解决上述问题,小王可以通过如下三个途径来分别实现。
(1) 打开中央气象台官方网站,查询天气情况。
(2) 打开中国铁路客户服务中心主页,注册并登录订购车票。
(3) 打开淘宝网,注册并登录购置衬衫。

【任务实施】

一、网上天气查询

操作1:启动 Microsoft Edge 浏览器,输入中央气象台网址 http://www.nmc.gov.cn,打开中央气象台网站首页,如图3-56 所示。

图3-56 中央气象台网站首页

操作2:在中央气象台网站右上方的搜索栏中输入想要查询天气的城市:如合肥,输入完成后,按 Enter 键,如图 3-57 所示。

图 3-57　查询城市天气的搜索栏

操作 3:在新打开的网页中即可看到近一周合肥的天气情况,如图 3-58 所示。

图 3-58　合肥的天气情况

二、火车票订购

操作 1:打开 Microsoft Edge 浏览器,在地址栏中输入 URL 地址 http://www.12306.cn,打开中国铁路客户服务中心主页,单击"网上购票用户注册"按钮,进入注册窗口,根据提示,完成用户注册,如图 3-59 所示。记住注册的用户名和密码。

操作 2:注册完成后,返回中国铁路客户服务中心主页,单击左侧导航栏中的"购票"按钮,进入"车票预订"窗口,单击右上角的"登录"按钮打开登录页面,使用注册成功并已激活的用户名和密码登录网站,如图 3-60 所示。

操作 3:完成登录后,单击右上角的"车票预订"按钮,进入车票查询界面,输入筛选条

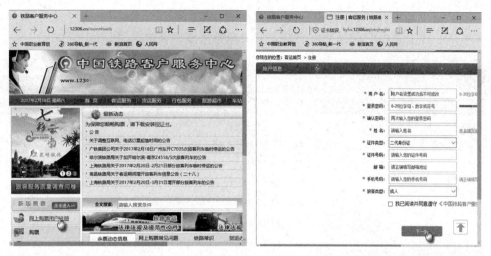

图 3-59 用户注册

(a) "车票预订"窗口

(b) 登录页面

图 3-60 登录网站

件:单程、出发地"南京"、目的地"北京"、出发日"2014-05-19",单击"查询"按钮。则显示:2014年5月19日从"南京"站到"北京"站普通单程车票剩余情况,如图3-61所示。

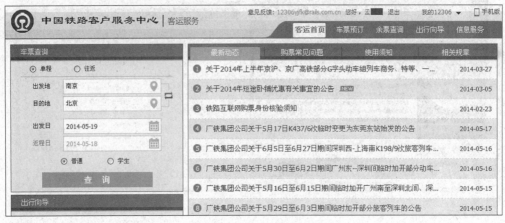

(a) "车票查询"界面

(b) "车票查询结果显示"界面

图3-61 车票查询

操作4:在查询结果列表中选择一个合适的车次,这里选择G34次高铁,单击"预订"按钮,进入"预订"界面,在此界面中从已有联系人中选择或单击左下角的"新增乘客"按钮直接录入乘车人信息,也可以修改席别、票种,操作完成后,单击"提交订单"按钮,进入核对信息对话框,如图3-62所示。

操作5:在"核对信息"对话框中,核对乘客信息,确认无误后,单击"确认"按钮,进入席位锁定窗口,如图3-63所示。

操作6:在"席位锁定"窗口中,可以看到所订票数、席位和总票款,确定后单击"网上

单元3 Internet应用

图 3-62 "车票预订"界面

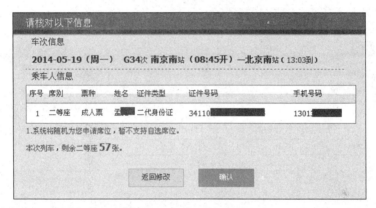

图 3-63 "核对信息"对话框

支付"按钮,如图 3-64 所示。接下来打开网银,进入网上支付流程,支付完成后购票成功。

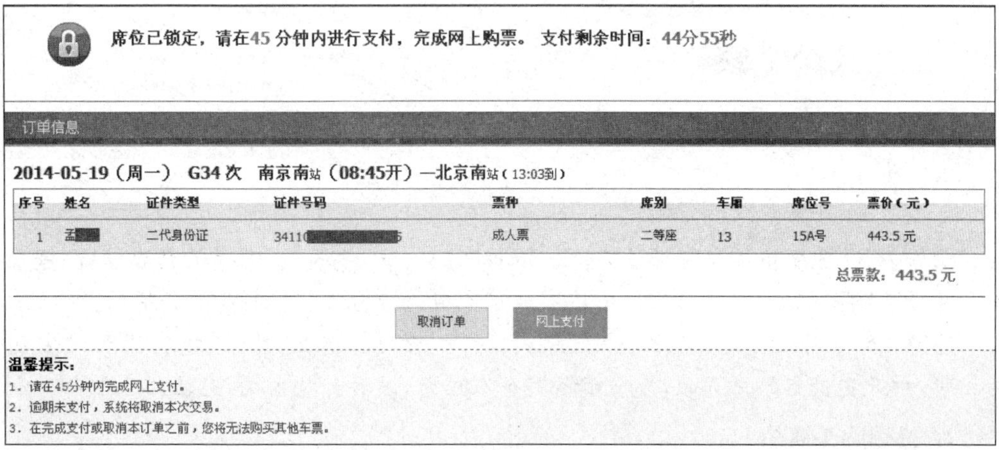

图 3-64 "席位锁定"窗口

三、网上购物

1. 注册淘宝网账号

操作1：打开淘宝网首页(http://www.taobao.com)，单击页面上方的"免费注册"超链接，进入"注册协议"页面，单击"同意协议"按钮，如图3-65所示。

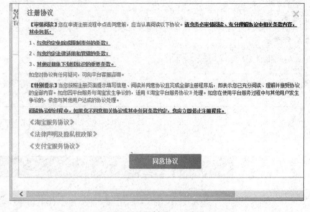

(a) 淘宝网首页　　　　　　　　　　(b) "注册协议"页面

图3-65　填写用户账户信息

操作2：打开"手机信息验证"页面，按照页面提示进行操作，输入个人手机号和验证码，单击"确认"按钮，进行手机信息验证，如图3-66所示。

图3-66　"账户信息验证"界面

操作3：完成手机信息验证后，进入"填写账户信息"界面，根据提示完成设置"登录密码""登录名"后，单击"提交"按钮，再按照要求完成淘宝网注册，如图3-67所示。

注意：淘宝网注册成功后，用户免费获得一个支付宝账户，登录名、密码和淘宝注册的相同，打开支付宝账户页面，按提示填写个人信息，设置付款方式，充值。

2. 挑选购买商品

操作1：登录淘宝网，在首页搜索文本框中输入要购买的商品"衬衫"，单击"搜索"按钮，如图3-68所示。

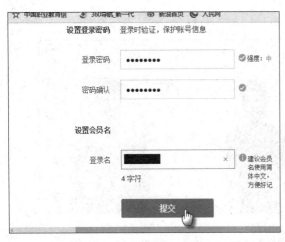

图 3-67 "填写账户信息"界面

图 3-68 "淘宝搜索"界面

操作 2：在显示商品信息中，单击选择衬衫品牌"七匹狼"，如图 3-69 所示。

图 3-69 "衬衫品牌选择"界面

操作3：在"七匹狼"短袖衬衫中，单击选择某一款衬衫，如图3-70所示。

图3-70 衬衫款式选择界面

操作4：确定衬衫的尺码、颜色和数量，单击"立即购买"按钮，打开"添加收货地址"界面，输入收货人的信息，单击"保存"按钮，核对信息后，再单击"提交订单"按钮，如图3-71所示。

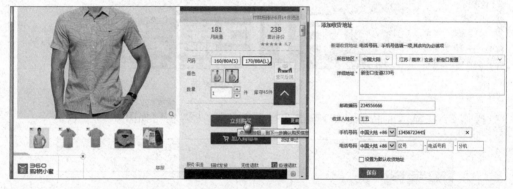

图3-71 衬衫的尺码、颜色和数量确定界面

操作5：在打开的支付宝窗口中，如图3-72所示。按照提示步骤，进入网上支付流程，支付完成后购物成功。

【知识链接】

一、网上购物

网上购物就是通过互联网检索商品信息，并通过电子订购单发出购物请求，然后填上私人支票账号或信用卡的号码，厂商通过邮寄的方式发货，或是通过快递公司送货上门。中国国内的网上购物，一般付款方式是款到发货（直接银行转账、在线汇款）或担保交

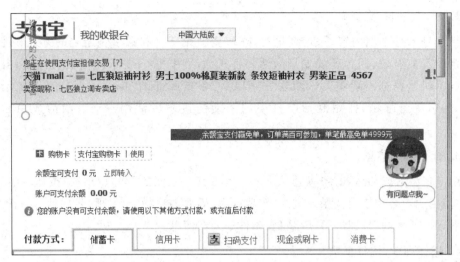

图 3-72　支付宝窗口

易等。

二、网上购物技巧

1．购买前

第一，利用网购导航进行网购；第二，选择网店时一定要与卖家交流，多问，还要看卖家店铺首页是否带有 ITM 标识，能否实行 OVS 服务；第三，购买商品时，付款人与收款人的资料都要填写准确，以免收发货出现错误；第四，用银行卡付款时，最好卡里不要有太多的金额，防止被不诚信的卖家拨过多的款项；第五，遇到欺诈或其他受侵犯的事情可在网上找网络警察处理。

2．购买中

一看。仔细查看商品图片，分辨是商业照片还是店主自己拍的实物照片，而且还要注意图片上的水印和店铺名，因为很多店家都在盗用其他人制作的图片；店铺首页是否带有 ITM 标识，能否实行 OVS 服务。

二问。询问产品相关问题。一是了解店家对产品的了解；二是看店家的态度，人品不好买了他的东西也是麻烦。

三查。查看店主的信用记录。看其他买家对此款或相关产品的评价。如果有中差评，要仔细查看店主对该评价的解释。

三、网上预订火车票

1．登录"中国铁路客户服务中心"官方网站，进行注册

"中国铁路客户服务中心"是网络订购火车票的唯一网站，想要网上购票就先要注册网站的用户名（已经注册的用户跳过此环节）。打开网站首页，单击左侧的"网上购票用户注册"按钮开始注册。弹出"注册协议"界面，仔细阅读，拖动右侧的滚动条到网页底部，单击"同意"按钮。

2. 填写注册信息

带 * 号的是必填内容，一定要填写；密码要使用字母和数字相结合的方式。注册邮箱一定要真实有效，因为还要使用激活邮件来激活用户名；要求使用实名注册，身份证号码和手机号码都需要填写。填写完毕以后，单击底部的"提交注册信息"，提示注册成功；然后登录邮箱，使用激活邮件中的激活链接来激活用户名。激活成功后注册完毕。

3. 查询列车信息

用户名激活成功后，就可以登录网站。单击首页左侧的"购票/预约"按钮，弹出登录界面，使用用户名和密码登录。进入"车票查询"界面，填写好出发地、目的地、出行时间等信息后，单击"查询"按钮即可获得符合条件的列车信息。

4. 选择列车，预订车票

选择好想要乘坐的列车，然后单击该车次最后面的蓝色"预订"按钮，转到"预订"界面，根据列车的信息，填写乘车人身份证号码等，如果是购买多张车票则每张车票需要填写一个身份证号码。填写完成后，单击网页底部的"提交订单"按钮。

5. 提交订单并支付

转到"提交订单确认"界面，仔细核对所购买车票的信息，确认无误后单击"确认"按钮。提交订单后，进入队列审核，通过后会跳转到网络支付界面，在规定时间内使用网银或者其他支付方式成功支付的，会出现支付成功界面，并提示牢记订单号码，邮箱内会收到支付成功的邮件，手机上也会收到订单的相关信息。

【知识拓展】

随着智能手机的普及，它在生活中的应用越来越广泛，人们通过手机可以方便快捷地进行网上购物。

1. 概念

手机购物是指利用手机上网，实现网上购物的过程，属于移动电子商务。

2. 方式转变

随着智能手机的普及和应用，手机购物已经由单一的 WAP 转换为客户端模式。

3. 前景

手机购物和电脑购物一样，让人们可以随时随地更便捷地利用电子商务，用户只要开通手机上网服务，就可以通过手机查询商品信息，并在线支付购买产品或服务。目前，淘宝、京东、苏宁易购等知名电商为手机用户提供了完整的网上购物服务体系。

【技能拓展】

下面，以淘宝网为例使用智能手机进行网上购物。

操作1：在手机应用商店下载并安装"手机淘宝"客户端，结果如图3-73所示。

图3-73　手机主界面

操作2：单击"手机淘宝"图标，打开"手机淘宝"客户端，如图3-74(a)所示。单击右下角"我的淘宝"，进入"登录"界面，如图3-74(b)所示。

(a)"手机淘宝"客户端　　　　　　　　　　　(b)"登录"界面

图3-74　登录

在"登录"界面，可以进行淘宝用户网上注册，并实现和支付宝的绑定。
已注册的用户，输入"用户名"和"密码"登录，即可进行淘宝网上商品选购。

操作 3：输入要采购的物品"剃须刀"，进行商品的选购。选中商品后，单击"立即购买"，如图 3-75 所示。也可以将选定的物品加入购物车。

(a) 搜索商品

(b) 进入飞利浦旗舰店

(c) 选择商品

图 3-75　商品选购

操作 4：确定购置物品的数量，单击"确定"按钮，确认后即可"提交订单"。如图 3-76 所示。

(a) 确定

(b) 提交订单

图 3-76　确定与提交订单

操作 5：确认金额、输入密码、支付购物款，完成购买。如图 3-77 所示。

　　(a) 确认付款　　　　　　(b) 输入密码　　　　　　(c) 支付成功

图 3-77　支付货款

综合实训

　　根据操作要求，完成网络属性设置、网络测试操作、Microsoft Edge 应用操作和 Foxmail 邮件工具使用操作。

1. 网络属性设置

　　(1) 打开"网络共享中心"窗口。
　　(2) 打开"网络连接"窗口。
　　(3) 打开"以太网 属性"对话框。
　　(4) 打开"Internet 协议版本 4(TCP/IPv4)"对话框，在"Internet 协议版本 4(TCP/IPv4) 属性"对话框设置 IP 地址、子网掩码、网关和 DNS。
　　(5) 查看本机 IP 地址，在"cmd 命令提示符窗口"中输入命令：ipconfig。
　　(6) 查看本机 TCP/IP 配置完整信息，在"cmd 命令提示符窗口"中输入命令：ipconfig /all。

2. 网络测试操作

　　(1) TCP/IP 协议安装测试：在"cmd 命令提示符窗口"中输入命令"ping 127.0.0.1"，检测本机 TCP/IP 协议安装是否正确。
　　(2) 局域网络连通性测试：在"cmd 命令提示符窗口"中输入命令"ping＋IP 地址"，如"ping 192.168.0.124"，检测本机与 IP 地址为 192.168.0.124 的本地主机是否连通。
　　(3) Internet 网络连通性测试：在"cmd 命令提示符窗口"中输入命令"ping＋外网 IP 地址"，如"ping 218.22.145.123"，检测 IP 地址为 218.22.145.123 的 Internet 网络主机是否连通。

3. Microsoft Edge 应用操作

（1）启动 Microsoft Edge，打开新浪网主页窗口。

（2）保存网页：将新浪网主页保存为本地网页文件 sina.html。

（3）添加到收藏夹：将新浪网主页添加到收藏夹。

4. Foxmail 邮件工具使用

（1）Foxmail 下载：通过搜索引擎，查找到 Foxmail 下载地址链接，下载 Foxmail 客户端软件。

（2）Foxmail 安装：安装 Foxmail 客户端。

（4）Foxmail 邮箱绑定：设置 Foxmail 绑定邮箱。

（5）Foxmail 启动：启动 Foxmail 客户端。

（6）Foxmail 收邮件：用 Foxmail 打开收到的电子邮件。

（7）Foxmail 写邮件：打开 Foxmail 写邮件窗口，输入邮件主要信息并发送邮件。

习 题

一、选择题

1. Internet 上各种网络和各种不同计算机间相互通信的基础是_____协议。

   A. IPX   B. http   C. TCP/IP   D. X.25

2. 下面的合法 IP 地址是_____。

   A. 210;144;180;78   B. 210.144.380.78

   C. 210.144.150.78   D. 210.144.5

3. 关于域名正确的说法是_____。

   A. 没有域名主机不可能上网

   B. 一个 IP 地址只能对应一个域名

   C. 一个域名只能对应一个 IP 地址

   D. 域名可以随便取，只要不和其他主机同名即可

4. 用 E-mail 发送信件时须知道对方的地址。在下列表示中，_____是合法的、完整的 E-mail 地址。

   A. center.zjnu.edu.cn@userl   B. userl@center.zjnu.edu.cn

   C. userl.center.zjnu.edu.cn   D. userl $ center.zjnu.edu.cn

5. 从 E-mail 服务器中取回来的邮件，通常都保存在客户机的_____里。

   A. 发件箱   B. 收件箱   C. 已发送邮件箱   D. 已删除邮件箱

6. TCP/IP 的层次结构中不包含_____。

   A. 网络接口层   B. 会话层   C. 应用层   D. 传输层

7. 关于 TCP/IP 说法不正确的是_____。

   A. TCP 是指传输控制协议

B. IP 是指 Internet 网际协议

C. 最重要的是 http 协议,故 TCP/IP 协议用处不大

D. TCP/IP 实际是一组协议

8. Internet 上存储 Web 资源的计算机称为_____。

　　A. 客户机　　　　B. 服务器　　　　C. 终端　　　　D. 节点

9. 要在 Microsoft Edge 浏览器中返回上一页,应该_____。

　　A. 单击"后退"按钮　　　　　　　　B. 按 F4 键

　　C. 按 Delete 键　　　　　　　　　　D. 按 Ctrl＋F 快捷键

10. 用 Microsoft Edge 浏览器浏览网页,在地址栏中输入网址时,通常可以省略的是_____。

　　A. http：//　　　B. ftp：//　　　C. mailto：//　　　D. news：//

二、填空题

1. _____是 Internet 上集文本、声音、图像、视频等多媒体信息于一身的全球信息资源网络,是 Internet 上的重要组成部分。

2. FTP 协议是 Internet 上文件传输的基础,全称是_____。

3. _____又名网络通信协议,是 Internet 最基本的协议。

4. _____是 Windows 10 操作系统自带的浏览器。

5. _____是全球最大的中文搜索引擎,2000 年 1 月创立于北京中关村,致力于向人们提供"简单,可依赖"的信息获取方式。

6. QQ 是腾讯公司开发的一款基于 Internet 的_____软件。

7. _____服务简称 E-mail 服务,是目前最常见、应用最广泛的一种互联网服务。

8. _____是英文 Bulletin Board System 的缩写,即电子公告板系统,是 Internet 上的一种发布并交换信息的在线服务系统。

9. _____是一个 32 位的二进制数,分为 4 段,每段 8 位,用十进制数字表示,每段数字范围为_____,段与段之间用句点隔开。

10. 接入 Internet 的常见四种方式：ADSL 接入、_____接入、光纤宽带接入、_____接入等。

三、思考与操作

1. 简述 Internet 功能。

2. 现要在办公室中组建一个小型无线局域网,根据实际情况,写出实施方案。

3. 进行多关键字搜索查询时,在关键字前面使用加号和减号有何区别？

4. 在"网易"中注册个人电子邮箱地址的基本步骤是什么？如何收发电子邮件？

5. 个人注册申请 QQ 账号有几种方法？分别是如何操作的？

6. 在什么情况下,需发送 QQ 离线文件？离线文件最多能保留几天？

7. 除了本单元介绍的几种方法外,请另外列举出两种以上网络信息交流的方式。

8. 简述网上购物的基本流程。

Word 2016 文字处理软件应用

Microsoft Office 2016 是由微软公司开发的办公自动化组件,采用了全新的操作界面,使操作更直观、更方便。Microsoft Office 2016 包括 Word 2016 文字处理软件、Excel 2016 电子表格软件、PowerPoint 2016 演示文稿软件等。Word 2016 是 Office 套件中一个功能强大的文字处理软件,它可以实现中英文文字的录入、编辑、排版和灵活的图文混排,还可以绘制各种表格,也可以方便地导入工作图表、幻灯片和各种图片、插入视频等,还可以直接打开、编辑 PDF 文件,并保存为 PDF 格式的文件,是办公文档中资料处理的首选软件。

本单元学习创建、保存文件和退出 Word 2016,输入、编辑以及格式化 Word 文本内容,Word 2016 表格制作基本方法和技巧,Word 2016 图文混排、页面设置和打印设置的方法和技巧。了解 Word 2016 的功能特点、窗口组成,理解 Word 2016 基本操作、页面格式、模板、样式和公式的使用,掌握 Word 2016 文档格式设置、表格制作、图文混排等操作方法。

任务1 文档的创建、保存、退出

【任务情景】

老侯是一名文学爱好者,平时喜欢收集整理一些民间故事,电视剧《琅琊榜》播出后,他为了推广琅琊山旅游,创作了一篇关于琅琊山传说的民间小故事,现要使用 Word 2016 制作成电子文稿。

【任务分析】

新建一个 Word 文档需要先启动 Word 2016,创建好的文档应及时保存,保存完成后可以退出 Word 2016。本任务可分解为以下步骤。

(1) 打开 Word 2016 启动界面。
(2) 新建空白文档。
(3) 保存后退出 Word 2016。

【任务实施】

一、打开 Word 2016 启动界面

操作：选择"开始"→Word 2016，打开 Word 2016 启动界面，如图 4-1 所示。

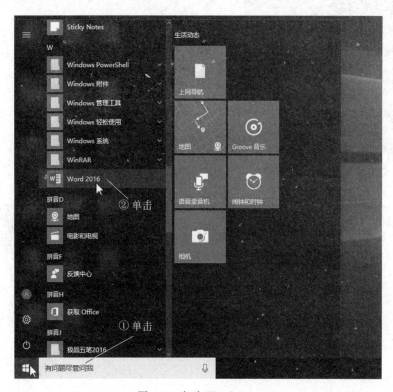

图 4-1　启动 Word 2016

提示：启动 Word 2016 的常用方法还有以下两种。
(1) 双击桌面快捷方式图标启动 Word 2016。
(2) 打开已有的 Word 文档，同时启动 Word 2016。

二、新建空白文档

操作：在 Word 2016 启动界面中，单击"空白文档"，如图 4-2 所示，就可以打开 Word 2016 的工作窗口，如图 4-3 所示。

三、保存文档

操作 1：在 Word 2016 的工作窗口，选择"文件"选项卡，然后选择"保存"选项，或者

图 4-2　Word 2016 启动界面

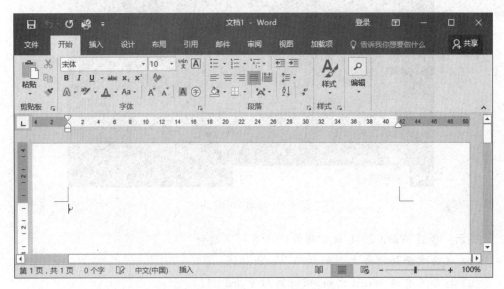

图 4-3　Word 2016 的工作窗口

在快速访问工具栏中单击"保存"按钮,打开"另存为"选项组,如图 4-4 所示。

操作 2：在"另存为"选项组中,单击"浏览"按钮,打开"另存为"对话框,选择文件的保存位置,输入文件名"琅琊山的传说",选择保存类型为"Word 文档",单击"保存"按钮,如图 4-5 所示。

提示：

（1）在"另存为"对话框中,保存文件时,可以选中作者、标记、标题,分别输入作者名

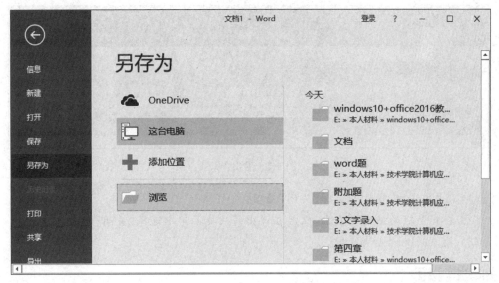

图 4-4 "另存为"选项组

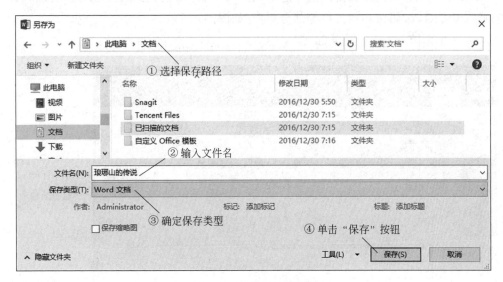

图 4-5 "另存为"对话框

字、添加说明标记、添加标题,还可根据需要勾选"保存缩略图"。

(2)在"另存为"对话框中,单击"工具"下拉列表,选择"常规"选项,还可设置"打开"和"编辑"文档的密码。

四、退出 Word 2016

操作：完成文档保存后可以单击标题栏中的"关闭"按钮退出 Word,如图 4-6 所示。
提示：退出 Word 2016 常用的方法还有以下 3 种。

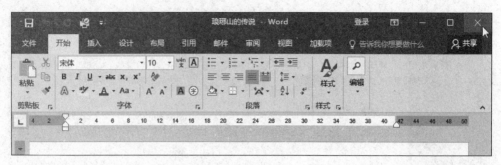

图 4-6　退出 Word

(1) 在"文件"选项卡下选择"关闭"选项。
(2) 在标题栏的任意处右击,然后在弹出的快捷菜单中选择"关闭"命令。
(3) 按下 Alt+F4 快捷键。

【知识链接】

Word 2016 的工作界面窗口由快速访问工具栏、标题栏、功能区显示选项按钮、窗口控制区、功能区、编辑区和状态栏等部分组成,如图 4-7 所示。

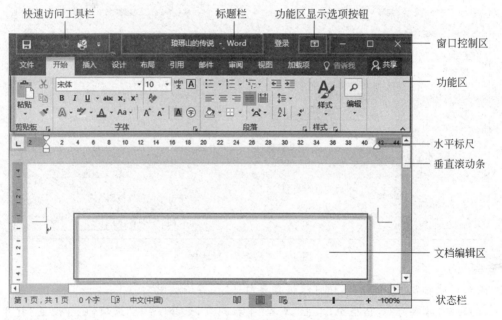

图 4-7　Word 2016 的工作界面窗口组成

(1) 快速访问工具栏是一个自定义最常用命令的工具栏。默认情况下,该工具栏包含"保存""撤销"和"重复"按钮。若用户要自定义快速访问工具栏中包含的工具按钮,可单击该工具栏右侧的 按钮,在展开的列表中选择要向其中添加或删除的工具按钮。另外,通过该下拉列表,可以设置快速访问工具栏的显示位置。

（2）标题栏位于 Word 2016 操作界面的最顶端，其中显示当前编辑的文档名称及程序名称。

（3）功能区显示选项按钮▭位于标题栏的右侧，确定功能区的显示、隐藏及显示方式。

（4）窗口控制按钮位于标题栏的最右侧，共有三个，分别用于对 Word 2016 的窗口执行最小化、最大化/还原和关闭操作。

（5）功能区位于标题栏的下方，它用选项卡的方式分类存放着编排文档时所需要的工具。单击功能区中的选项卡标签，可切换功能区中显示的工具，在每一个选项卡中，工具又被分类放置在不同的组中。组的右下角通常会有一个对话框启动器按钮，用于打开与该组命令相关的对话框，便于用户做进一步的设置。

（6）文档编辑区。Word 2016 操作界面中的空白区域为文档编辑区，它是编排文档的场所。文档编辑区中显示的黑色竖线为插入点，用于显示当前文档正在编辑的位置。

（7）标尺分为水平标尺和垂直标尺，用于指示字符在页面中的位置和设置段落缩进等。若标尺未显示，可单击文档编辑区右上角的"标尺"按钮将其显示出来，再次单击该按钮，可将标尺隐藏。

（8）垂直滚动条。当文档内容过长不能完全显示在窗口中，在文档编辑区的右侧和下方会显示垂直滚动条和水平滚动条，通过拖动滚动条上的滚动滑块，可查看隐藏的内容。

（9）状态栏位于窗口的最底部，用于显示当前文档的一些相关信息，如当前的页码及总页数、文档包含的字数等。此外，在状态栏的右侧还包含一组用于切换 Word 视图模式和缩放视图的按钮和滑块。

【知识拓展】

一、文档保存类型

Word 2016 默认的文档保存类型是格式为.docx。除此之外，还可以保存为.doc（Word 97～Word 2003 文档）、Word 模板、xps 文档、网页、.rtf（跨平台）、.txt（纯文本）、.pdf（阅读）等格式的文件，以适应文档的不同用途。

二、无需记忆的"快捷键"

Word 中有很多操作可以使用快捷键（或称"组合键"）完成，如新建空白文档的快捷键是 Ctrl+N，操作起来方便快捷。但记忆大量的快捷键并非易事，除了一些常用的快捷键需要记忆外，Word 2016 新增了键盘操作明文提示功能，按 Alt 键可激活该功能，如图 4-8 所示，按照选项卡或组内命令旁提示的"字母"或"数字"操作即可，无须强记。按 Esc 键可退出该操作模式。

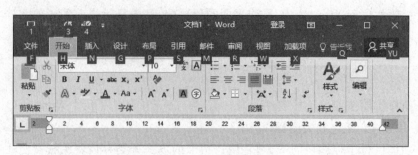

图 4-8 键盘操作提示

【技能拓展】

一、自定义快速访问栏

这里以添加"快速打印"为例,单击"快速访问栏"右侧下拉按钮,选中"快速打印"命令,即可完成添加,如图 4-9 所示。

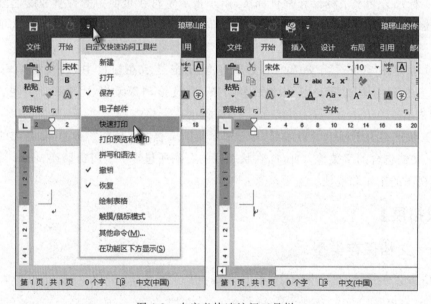

图 4-9 自定义快速访问工具栏

二、设置文档打开、编辑密码

操作 1:新建 Word 文档时,在"文件"选项卡中,选择"保存"命令,打开"另存为"对话框,如图 4-10(a)所示。

操作 2:在"另存为"对话框中,单击"工具"右侧的下拉列表按钮,在下拉菜单中选择"常规选项"命令,打开"常规选项"对话框,分别输入打开文件时的密码、修改文件时的密码后单击"确定"按钮,再按提示分别再次输入打开和修改密码,如图 4-10(b)所示。

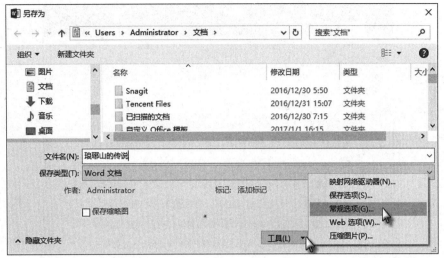

(a) "另存为"对话框

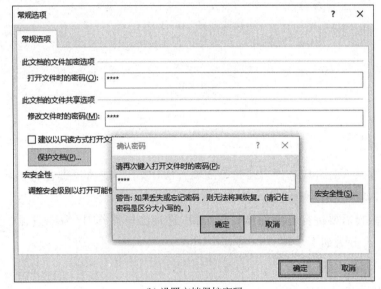

(b) 设置文档保护密码

图 4-10 "另存为"对话框和设置文档保护密码

任务 2　文本的输入与编辑

【任务情景】

老侯从民间搜集了一些关于琅琊山传说的民间小故事,经过筛选、分类、整理,现在他要把这些故事内容输入"琅琊山的传说"文档中,并进行编辑处理,如图 4-11 所示。

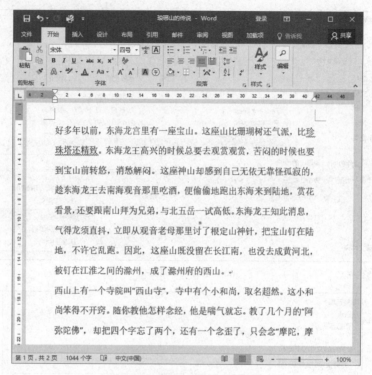

图 4-11 输入文本内容示例

【任务分析】

进行文本录入时可以选择自己熟悉的输入法，对于不能通过键盘直接输入的标点或特殊特号等，可以使用软键盘或"插入"功能来解决。

输入的内容需要进行合理的换行与分段，进行编辑操作时，需要遵循"先选中，后操作"的原则。可分为如下步骤。

（1）输入文本内容。

（2）选择文本。

（3）删除文本。

（4）移动和复制文本。

（5）查找与替换文本。

【任务实施】

一、输入文本内容

操作1：定位插入点。在文档的编辑区有一个不断闪烁的竖线"|"，这就是插入点，它表示输入文本时的起始位置。在进行文本输入时，必须先将插入点定位到需要的位置。

注意：当鼠标在文档编辑区内自由移动时，鼠标呈现为 I 状，这和插入点处的光标 | 是不同的。在文档中定位光标，只要将鼠标移至要定位插入点的位置处，单击即可将插入点定位到当前位置。

操作2：选择输入法。在任务栏右侧的语言栏中单击"键盘"图标 ▦，打开"输入法"列表。在输入法列表中选择一种中文输入法，此时任务栏右侧语言栏上的图标将会变为相应的输入法图标，如图4-12所示。

操作3：输入文档内容。在文档中输入文本时，插入点自动从左向右移动，这样用户就可以连续不断地输入文本。

注意：

（1）当到一行的最右端时系统将向下自动换行，也就是当插入点移到编辑区右边界时，再输入字符，插入点会自动移到下一行的行首位置。

（2）如果用户在一行没有输完时想换一个段落继续输入，可以按Enter键（或称回车键）结束当前段落，这时不管是否到达编辑区右边界，新输入的文本都会从新的段落开始，并且在上一行的末尾产生一个段落符号，如图4-13所示。

（3）如果在段落中需要强行换行，可以按Shift+Enter快捷键（称软回车），行尾会产生一个手动换行符，如图4-13所示。

图4-12　"输入法"列表　　　　图4-13　手动换行符与段落标记符

提示：

（1）Word状态栏中，有"插入"和"改写"两种编辑方式，在"插入"状态输入文本时，其后的文本内容依次后移；在"改写"状态输入文本时，其后的文本内容将被依次替代，如图4-14所示。

图4-14　"插入"和"改写"两种编辑方式

(2)通过查看状态栏中显示的是"插入"还是"改写"可以知道当前的编辑方式,单击状态栏中的"插入"(或"改写")按钮或按 Insert 键可以切换编辑方式。

操作4:插入日期。选择"插入"选项卡,选择"文本"功能组中的"日期和时间"命令,弹出"日期和时间"对话框,在右侧下拉列表框中,选择"中文(中国)",选择当前日期,单击"确定"按钮,如图 4-15 所示。

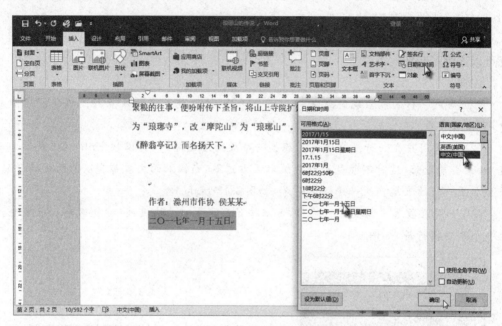

图 4-15 "日期和时间"对话框

二、选择文本

在对文本进行编辑之前,首先要选择文本,然后才可以对其进行编辑。

操作1:按住鼠标左键拖拽可以选择任意文本块,如图 4-16 所示。

图 4-16 选择任意文本块

操作2:鼠标指针在行左侧选定区,单击选中一行,如图 4-17 所示。

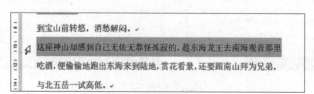

图 4-17 选择一行

提示：鼠标指针在行左侧选定区，双击选中一段，三击选中全部。

操作3：按住Alt键，同时按住鼠标左键拖拽可以选择矩形文本块，如图4-18所示。

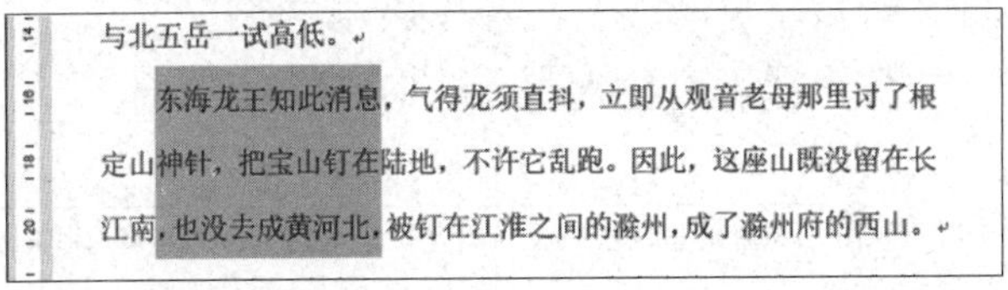

图4-18　选择矩形文本块

三、删除文本

操作1：将插入点定位到需要删除文本的左侧，按Delete键可以删除光标右侧的字符。

操作2：将插入点定位到需要删除文本的右侧，按Backspace键可以删除光标左侧的字符。

操作3：如果要删除一段文本，可选定要删除的文本，按Delete键。

四、移动和复制文本

操作1：移动文本。选定要移动的文本，移动鼠标到选定的文本上，按住鼠标左键，并将该文本块拖动到目标位置，然后释放鼠标。

操作2：复制文本。选定要复制的文本，移动鼠标到选定的文本上，按住Ctrl键同时按住鼠标左键，并将该文本块拖动到目标位置，然后释放鼠标，可实现复制操作。

提示：

(1) 除上述方法外，还可以使用"剪贴板"完成移动和复制操作。

(2) 在编辑操作中，难免会有误操作，这时可直接单击快速访问工具栏中的"撤销"按钮来撤销操作。

(3) 恢复操作是撤销操作的逆操作，可直接单击快速访问工具栏中的"恢复"按钮执行恢复操作。

五、查找文本

操作1：选择"开始"选项卡，在"编辑"功能组中，单击"查找"按钮，在Word窗口左侧打开"导航"对话框，在"导航"下拉列表框中输入"西山"，在"导航"对话框中显示查找结果，并且窗口文本中，所有"西山"均呈现黄底色，如图4-19所示。

操作2：选择"开始"选项卡，在"编辑"功能组中，单击"查找"按钮右侧的下拉箭头，选择"高级查找"命令，弹出"查找与替换"对话框，在"查找内容"文本框中输入要查找的文本内容，单击"查找下一处"按钮，Word 2016会自动把光标定位到查找到的第1个位置，如图4-20所示。

提示：如果单击"阅读突出显示"按钮，Word 2016会把所有查找到的文本突出显示，以便用户快速找到各个位置。

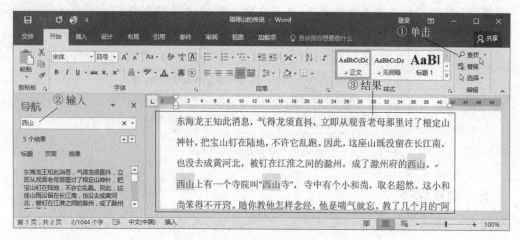

图 4-19 查找导航

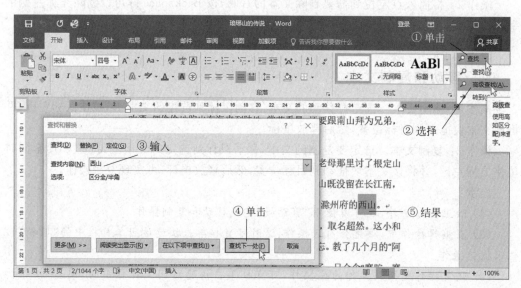

图 4-20 高级查找

六、替换文本

操作：在图 4-20 所示的界面中选择"替换"选项卡，该选项卡中除了有"查找内容"文本框外，还有一个"替换为"文本框，指定了要查找的内容和替换内容之后，可以单击"查找下一处"按钮，这时 Word 2016 会定位到找到的第 1 个位置让用户确认，如果用户确定需要替换，可以单击"替换"按钮，当前位置找到的内容替换为用户指定的内容，并定位到第 2 个位置继续要求用户确认，如图 4-21 所示。

提示：

（1）如果"替换为"文本框中没有内容，替换操作将删除符合查找条件的内容。

（2）如果单击"全部替换"按钮，则将文本中的所有"查找内容"全部替换。

图 4-21 替换文本

（3）从网上下载的文档内容，经常会在行末有手动换行符"↓"，如果想把它替换为段落标记，可以在图 4-21 中单击"更多"按钮，在"查找"框中选择"特殊格式"中的"手动换行符"，在"替换为"框中选择"特殊格式"中的"段落标记"，单击"全部替换"按钮即可，如图 4-22 所示。

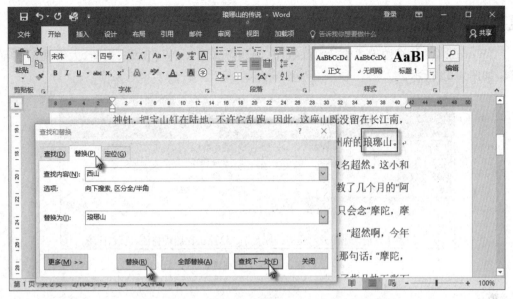

图 4-22 替换段落标记

【知识链接】

Word 2016 的视图模式包括页面视图、阅读版式视图、Web 版式视图、大纲视图和草稿，如图 4-23 所示。

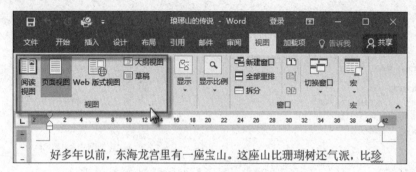

图 4-23　文档视图

一、页面视图

页面视图是最常用的视图，按照文档打印效果进行显示，实现"所见即所得"的功能。用户可以方便地在该视图中进行格式设置、页眉页脚设置、多栏排版、图文混排等操作，所以通常编辑工作都在该视图中完成。

二、阅读版式视图

阅读版式视图是为阅读而优化的，显示视图如同一本打开的书。该视图把文档显示区域尽量扩展，以便在一屏上显示更多的文档细节，而把功能区进行了最大限度的压缩，只在屏幕顶部保留了一个工具条以提供必备的翻页、显示调整、批注、打印等功能。

三、Web 版式视图

Web 版式视图显示文档在 Web 浏览器中的外观，它是一种"所见即所得"的视图方式，即在 Web 版式视图中编辑的文档将会像浏览器中显示的一样。这种视图的最大优点是文档具有最佳的屏幕外观，正文自动换行以适应窗口，使联机阅读变得更容易。

四、大纲视图

大纲视图是用缩进文档标题的形式代表标题在文档结构中的级别。在大纲视图中，文档中的内容按照大纲级别显示，可以提升或降低一段文本的大纲级别，并且可以折叠。在大纲视图中还可以非常方便地修改标题内容、复制或移动大段的文本内容以调整文档结构。因此，大纲视图适合纲目的编辑、文档结构的整体调整及长篇文档的分解与合并。

五、草稿

草稿可以连续地显示文档内容，使阅读更为连贯。在草稿视图中，可以输入、编辑和设置文本格式，同时也可以显示更多的格式信息，如分节符、人工分页符等。但有些对象和格式效果不能在草稿中显示，多栏格式只能显示成单栏格式，并且不能显示页眉、页脚、页号以及页边距等。

【知识拓展】

一、使用键盘移动插入点

使用键盘移动插入点的方法见表 4-1。

表 4-1 使用键盘移动插入点

移动插入点	按　键
左移一个字符	←
右移一个字符	→
上移一行	↑
下移一行	↓
上移一屏	PageDown
下移一屏	PageUp
移到当前行的开头	Home
移到当前行的末尾	End
移到文档的开头	Ctrl+Home
移到文档的末尾	Ctrl+End

二、使用键盘选择文本

使用键盘选择文本的方法见表 4-2。

表 4-2 使用键盘选择文本

要选定的文本	操 作 方 法
插入点到行首的文本	按住快捷键 Shift+Home
插入点到行尾的文本	按住快捷键 Shift+End
插入点到文档首的文本	按住快捷键 Ctrl+Shift+Home
插入点到文档尾的文本	按住快捷键 Ctrl+Shift+End
矩形区域	将鼠标指针移到该区域的开始处，按住 Alt 键，拖动鼠标到结尾处
不连续的区域	先选定第一个文本区域，按住 Ctrl 键，再选定其他的文本区域

【技能拓展】

一、输入特殊符号

在输入文本时，有时需要输入一些键盘上没有的特殊字符，如→、■、€、★、☆、□等。

操作1：使用"软键盘"插入。切换到"五笔"或"拼音"输入法（以"五笔"为例），右击输入法中的"软键盘"按钮，选择"特殊符号"，打开"特殊符号"软键盘，如图4-24所示，选择要输入的特殊符号。

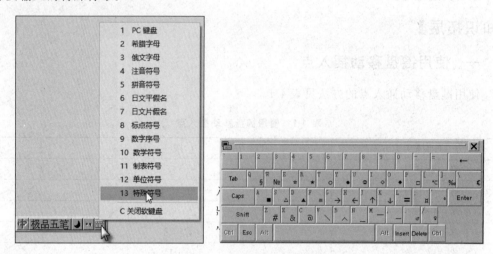

图4-24 "特殊符号"软键盘

操作2：使用"符号"对话框插入。选择"插入"选项卡，单击"符号"功能组中的"符号"，选择"其他符号"命令，弹出如图4-25所示"符号"对话框，选择所需符号后单击"插入"按钮。

二、插入网络图片

操作1：在文本中选择插入图片的位置，选择"插入"选项卡，在"插图"功能组中，单击"联机图片"按钮，打开"插入图片"对话框，如图4-26所示。

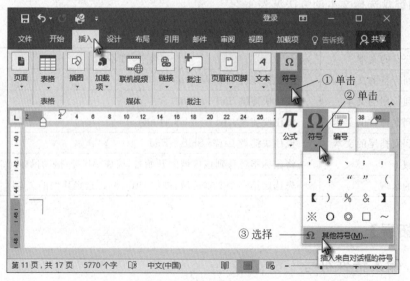

图4-25 "符号"对话框

单元4　Word 2016文字处理软件应用　181

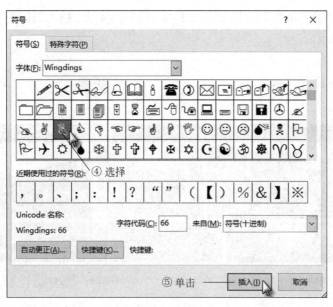

图　4-25（续）

图 4-26　单击"联机图片"按钮

操作 2：在"必应图像搜索"文本框中输入搜索关键字"琅琊山风光"，单击"搜索"按钮，如图 4-27 所示。

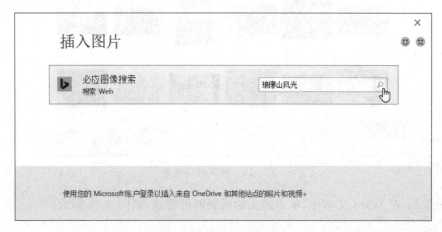

图 4-27　输入搜索关键字

操作3：在"搜索结果"中，选中所要插入的图片，单击"插入"按钮，即可插入网络图片，如图4-28所示。

图 4-28　插入网络图片

三、插入和播放网络视频

操作1：在文本中选择插入视频的位置，选择"插入"选项卡，在"媒体"功能组中，单击"联机视频"按钮，打开"插入视频"对话框，在"必应视频搜索"文本框中输入搜索关键字"琅琊山风光"，单击"搜索"按钮，在"搜索结果"中选中所要插入的视频，单击"插入"按钮即可插入网络视频，如图4-29所示。

图 4-29　插入网络视频

操作2：在 Word 文本中，单击插入的视频即可播放，如图 4-30 所示。

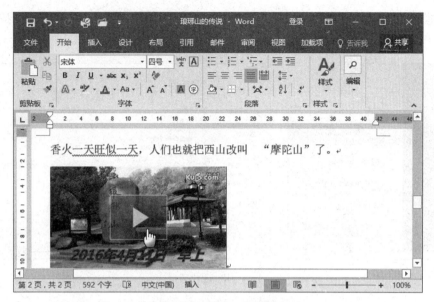

图 4-30　播放网络视频

任务 3　设置文档格式

【任务情景】

老侯完成了文档内容输入后,为了使版面更加美观,增强文档的可读性,他需要对文档进行必要的格式设置,主要是标题格式设置和正文格式设置,包括字体格式、段落格式及文本样式等。

【任务分析】

进行文档的格式化操作时,既可以使用"开始"选项卡各功能组中的按钮快速设置,也可以打开相应的对话框进行综合或精确设置,相同的格式还可以使用格式刷快速设置。主要步骤如下。

（1）打开文档。
（2）设置文档标题格式。
（3）设置文档正文格式。
（4）设置落款及日期格式。
（5）修饰美化文本。

【任务实施】

一、打开需要格式化的文档

操作：选择"文件"选项卡,然后单击"打开"按钮,或者在快速访问工具栏中单击"打开"按钮,在"打开"选项组中,单击"浏览"按钮,打开"打开"对话框,在对话框中按图4-31所示操作。

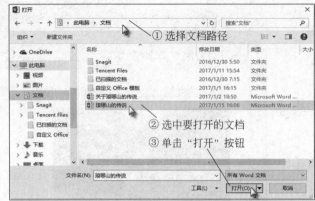

图 4-31 打开文档

二、设置文档标题格式

操作1:移动鼠标到标题行左侧空白区,指针变为⚟时,单击选中标题,如图4-32所示。

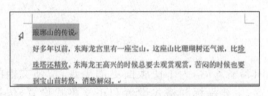

图 4-32 选中标题

操作2:选择"开始"选项卡,在"字体"功能组中,设置标题字体格式为"黑体""一号""加粗";在"段落"功能组中,设置段落格式为"居中对齐""单倍行距""增加段落后的空格",如图4-33所示。

三、设置文档正文格式

操作:移动鼠标指针到文档左侧空白区,指针变为⚟时,按住左键拖动鼠标,选中整个文档,设置正文字体格式为"宋体""四号",段落格式为"左对齐""1.5倍行距""段前空两格",如图4-34所示。

四、设置落款及日期格式

操作:移动鼠标指针到文档左侧空白区,选中最后落款和日期两行,设置字体格式为"宋体""四号",段落格式为"右对齐""1.5倍行距",如图4-35所示。

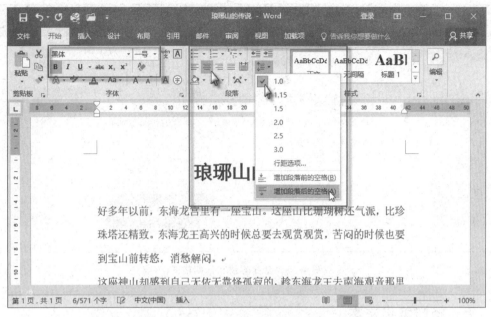

图 4-33 设置文档标题格式

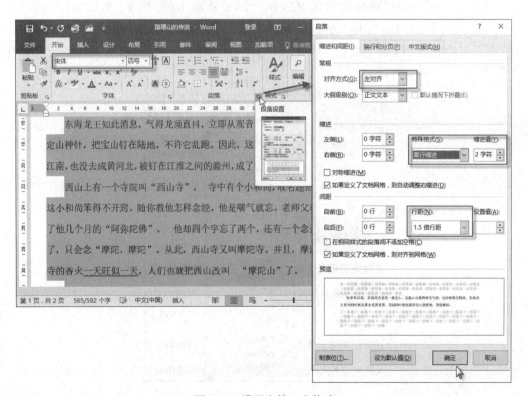

图 4-34 设置文档正文格式

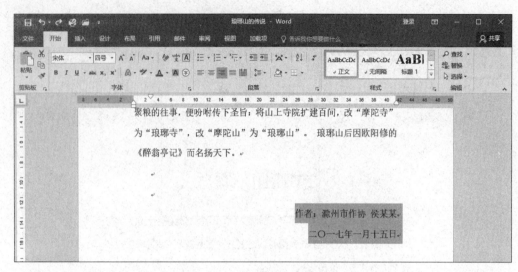

图 4-35 设置落款和日期格式

五、修饰美化文本

操作 1：选中标题"琅琊山的传说"，在"开始"选项卡的"段落"功能组中单击"边框" 下拉列表按钮，选择"边框和底纹"命令，打开"边框和底纹"对话框，在"边框"选项卡中选择"双线""红色""2.25 磅"，单击"确定"按钮，如图 4-36 所示，设置标题边框。

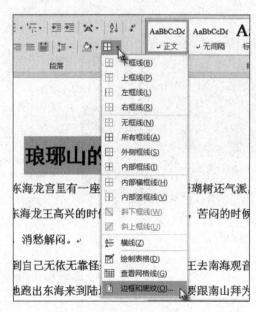

图 4-36 设置标题边框

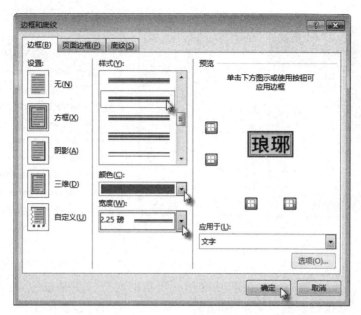

图 4-36(续)

操作2：选中标题"琅琊山的传说"，在"开始"选项卡的"段落"功能组中单击"边框"下拉列表按钮，选择"边框和底纹"命令，打开"边框和底纹"对话框，在"底纹"选项卡中选择"浅灰色，背景2"，单击"确定"按钮，如图4-37所示，设置标题底纹。

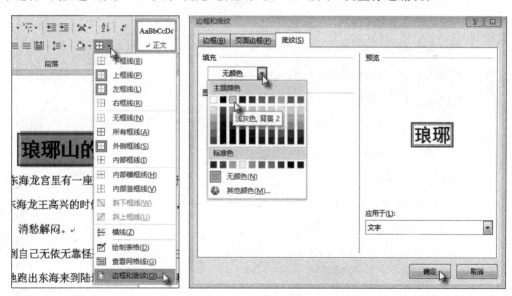

图 4-37　设置标题底纹

操作3：将光标移到文档的第一段，在"插入"选项卡的"文本"功能组中单击"首字下沉"下拉列表按钮，选择"首字下沉选项"命令，打开"首字下沉"对话框，选择"下沉""2行"，单击"确定"按钮，如图4-38所示，设置文档第一段首字下沉2行。

图 4-38 设置首字下沉

操作 4：在文档中，按住 Ctrl 键不放，拖动鼠标分别选择"摩陀寺""琅琊寺""摩陀山""琅琊山"，单击"开始"选项卡"字体"功能组右下角的对话框启动按钮，打开"字体"对话框，在"着重号"下拉列表框中选择"着重号"，单击"确定"按钮，如图 4-39 所示，为文字添加着重号。

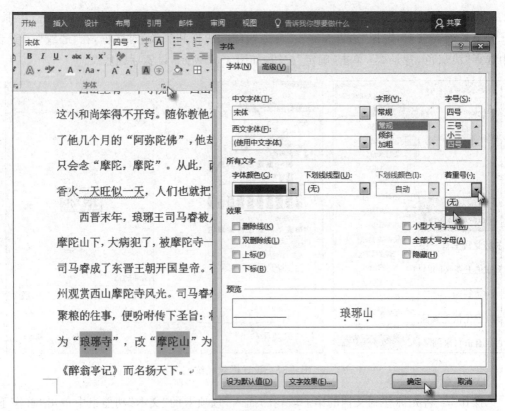

图 4-39 添加着重号

【知识链接】

一、设置字符格式

在 Word 中,字符格式主要包括字体、字号、字体颜色,以及加粗、倾斜、下划线、底纹、上标和下标、字符间距和位置等。要为文本设置字符格式,可在菜单栏"开始"选项卡的"字体"功能组中进行。字体功能组中常用按钮的功能如图 4-40 所示。

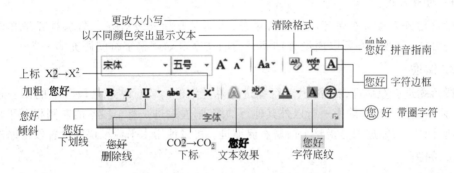

图 4-40 字体功能组按钮功能

1. 字体

字体是指字符的形体。Word 提供了很多字体,常用的中文字体有宋体、仿宋、楷体、黑体、隶书、华文行楷等,西文字体有 Times New Roman、Arial Black 等。

2. 字号

字号是指字符的大小。常用的从初号到八号字,如"三号字"比"五号字"大,也可以用"磅"值来表示字符的大小,如 18P 比 12P 大。在通常情况下,Word 默认使用的是"宋体""五号字(10.5P)"。

3. 字形

字形是指加于字符的一些属性。包括常规、加粗、倾斜、加粗并倾斜等。

4. 字符间距

在"字体"对话框中的"高级"选项卡中,可以设置字符的缩放(字符宽度的变化)、间距(标准、加宽、紧缩)、位置(标准、提升、降低)等。

5. 文本效果

通过更改文本的轮廓、阴影、映像、发光等属性,可以更改字符的外观。

二、设置段落格式

段落的基本格式包括段落的对齐方式、缩进方式、段落间距及行距等。可在"开始"选项卡的"段落"功能组中设置段落格式。设置单个段落的格式时,只需将插入点定位于该段落中即可设置。同时设置多个段落的格式,需要将这些段落同时选中。段落功能组中常用按钮的作用如图 4-41 所示。

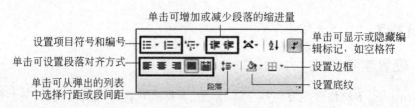

图 4-41　段落功能组

1. 对齐方式

段落对齐方式有左对齐、居中、右对齐、两端对齐和分散对齐。两端对齐是文档默认的对齐方式，分散对齐可以使没有排满一行的文字自动调整字符间距充满一行。

2. 缩进

段落缩进有左缩进、右缩进、首行缩进和悬挂缩进。首行缩进是段落中的第一行的缩进，悬挂缩进是段落中除第一行以外其他行的缩进，左缩进是整个段落的左侧相对于页边距的距离，同样，右缩进则是指整个段落右侧缩进。可以使用水平标尺快速设置段落缩进。

3. 间距

间距包括段间距和行间距。段间距是相邻段落间的间隔，主要设置"段前"和"段后"间距。行距是行与行间的间隔，Word 默认的是单倍行距。

【知识拓展】

样　式

在编排一篇长文档或者一本书时，需要对许多的文字和段落进行相同的排版工作，如果只是利用字体格式和段落格式的编排功能，不但很费时间，而且很难使文档格式一直保持一致，使用样式可以帮助我们减少许多重复的操作，在短时间内排出高质量的文档。

样式是指已经命名的字符格式和段落格式的集合。使用同一样式的文档，内容可以保持格式一致。"开始"选项卡的"样式"功能组中的样式是 Word 预设的一些样式，如图 4-42 所示。

图 4-42　样式功能组

【技能拓展】

一、新建样式

操作：单击"开始"选项卡的"样式"功能组右下角的"对话框启动"按钮，打开"样式"窗格，单击"样式"窗格左下角的"新建样式"按钮，打开"根据格式化创建新样式"对话框，输入"样式名称"，选择"样式基准"，设置"字体格式"和"段落格式"，单击"确定"按钮,如图4-43所示。

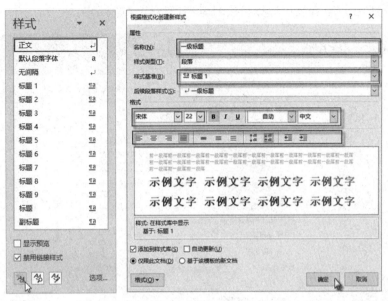

图4-43　新建样式

二、添加项目符号和编号

操作1：在文档中,选中要添加项目符号的文本,在"开始"选项卡的"段落"功能组单击"项目符号"按钮,在下拉列表中选择相应的项目符号,如图4-44所示。

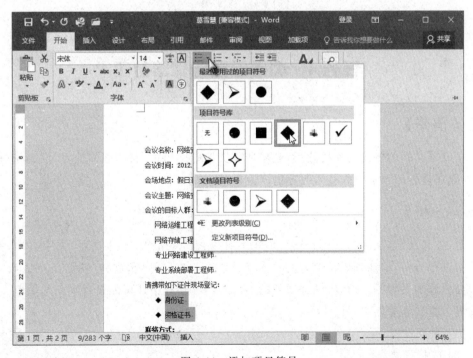

图4-44　添加项目符号

操作 2：在文档中，选中要添加项目符号的文本，在"开始"选项卡的"段落"功能组单击"编号"按钮，在下拉列表中选择相应的编号，如图 4-45 所示。

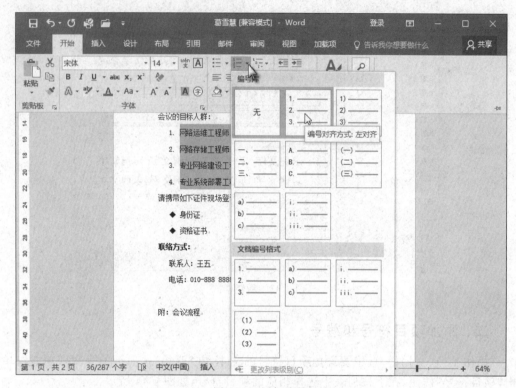

图 4-45　添加编号

任务 4　页面设置与输出打印

【任务情景】

完成了文档的格式化和美化后，老侯要将文章打印出来，打印之前他要对版面进行设计，并能通过打印预览方式查看打印的实际效果。

【任务分析】

通过"布局"选项卡的"页面设置"功能组可以设置纸张大小、页边距、文字方向，并可对段落进行分栏，添加分隔符等，通过"插入"选项卡的"页眉和页脚"功能组可以设置页眉、页脚，添加页码等，在"设计"选项卡的"页面背景"功能组还可能设置页面的颜色、水印功能等。主要步骤如下。

（1）页面设置。

（2）分栏设置。

（3）插入页眉和页脚。
（4）设置水印。
（5）打印预览文档。

【任务实施】

一、页面设置

操作1：在"布局"选项卡中单击"页面设置"功能组右下角对话框启动按钮，打开"页面设置"对话框，在"纸张"选项卡的"纸张大小"下拉列表中选择 A4，单击"确定"按钮，如图 4-46 所示，设置纸张大小。

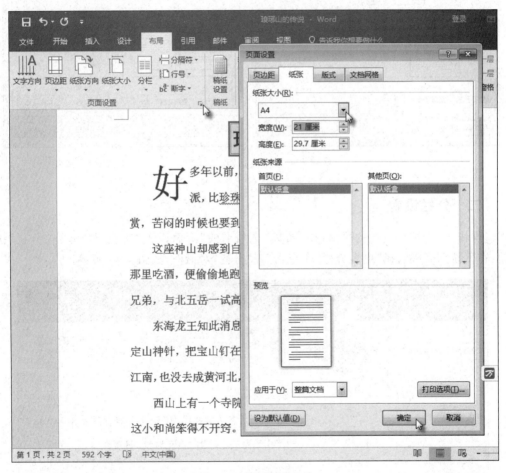

图 4-46　设置纸张大小

操作2：打开"页面设置"对话框，在"页边距"选项卡中设置页面的左、右、上、下边距、装订线位置和距离、纸张方向；在"版式"选项卡中设置页眉、页脚格式，如图 4-47 所示。

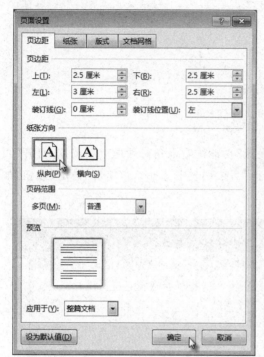
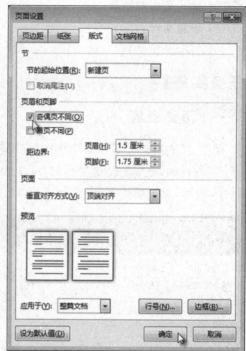

图 4-47　设置页边距、页面版式

二、分栏设置

操作 1：选中要分栏的段落，在"布局"选项卡的"页面设置"功能组中单击"分栏"按钮，在下拉列表中选择"更多分栏"命令，打开"分栏"对话框，如图 4-48 所示。

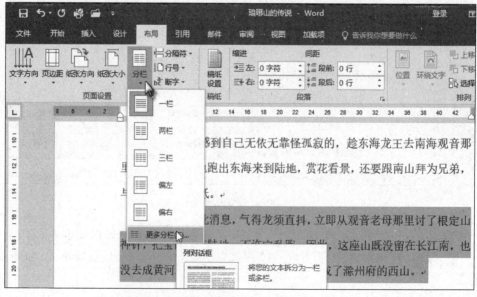

图 4-48　打开"分栏"对话框

操作2：在"分栏"对话框中，选择"两栏"，勾选"分隔线"，单击"确定"按钮，完成分栏设置，如图 4-49 所示。

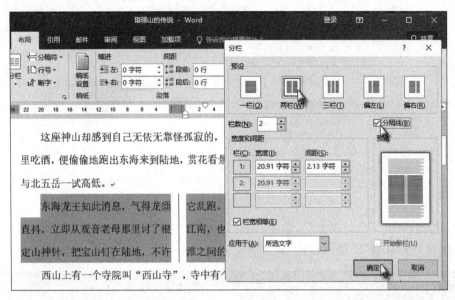

图 4-49　"分栏"设置

三、设置页眉和页脚

操作1：在"插入"选项卡的"页眉和页脚"功能组中单击"页眉"按钮，在下拉选项中单击选择页眉样式，选择"页眉和页脚工具"对话框中的"设计"选项卡，输入页眉内容，如图 4-50 所示。

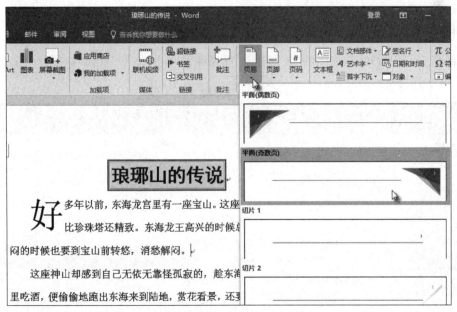

图 4-50　页眉设置

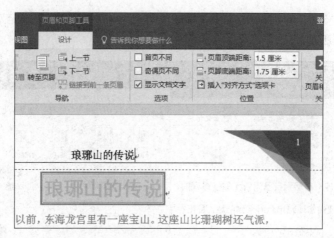

图 4-50(续)

操作2:完成"页眉"设置后,单击"转至页脚"按钮,设置页脚和页码,设置完成后,单击"关闭页眉和页脚"按钮,如图4-51所示。

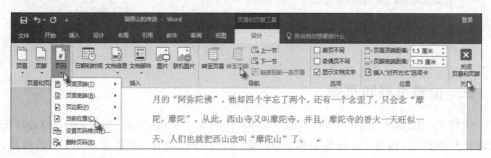

图 4-51　页脚和页码设置

四、设置水印

操作1:在"设计"选项卡的"页面背景"功能组中单击"水印"按钮,在下拉列表中选择"自定义水印"命令,打开"水印"对话框,如图4-52所示。

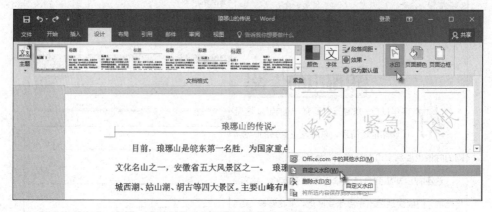

图 4-52　打开"水印"对话框

操作2：在"水印"对话框中选择"文字水印"，输入水印文字，设置字体、字号、颜色和版式，单击"确定"按钮，如图4-53所示。

图 4-53　设置"水印"及效果

五、打印预览及打印文档

操作1：选择"文件"选项卡，选择"打印"命令，则显示"打印预览"效果，如图4-54所示。

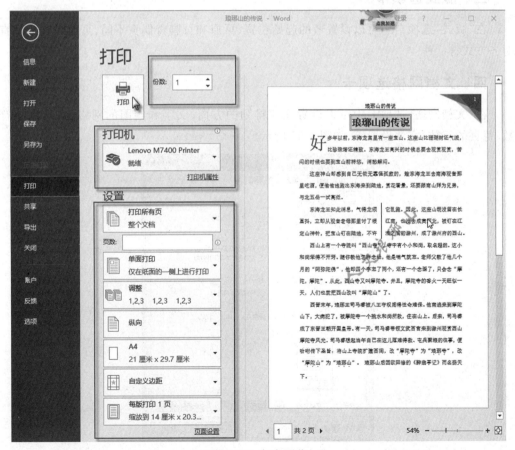

图 4-54　打印预览

操作2：在"打印预览"页面中选择打印机，设置打印份数、打印方式后，单击"打印"按钮，即可实现打印功能，如图4-54所示。

【知识链接】

一、页边距选项卡

页边距是指页面四周的空白区域，设置页边距实际上是设置版心的可编辑区域。正文距离纸张上、下、左、右边界的大小，分别称为上边距、下边距、左边距和右边距，页边距选项卡中已预设了页边距的默认值，用户可以根据需要重新设置。

装订线是为了便于文档的装订而专门留下的，装订线的位置有左装订和上装订。

二、纸张选项卡

在"纸张大小"列表框中可以选择合适的纸张规格。常用的纸型有A3、A4、B5、16开等，对于特殊的纸型，用户可以自定义纸张的高度和宽度。"纸张来源"是设置打印机的取纸方式。

默认情况下，Word文档使用的纸张大小是标准的A4纸，其宽度是21cm，高度是29.7cm。

三、版式选项卡

在"版式"选项卡中可以设置节的起始位置、页眉和页脚奇偶页不同、页面内容的垂直对齐方式等。

四、文档网格选项卡

在"文档网格"选项卡中可以设置文字排列的方向、文字和绘图的网格、每行的字符数、每页的行数、字体设置等，如图4-55所示。

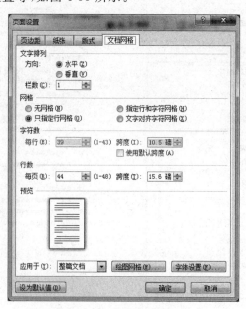

图4-55 "文档网格"选项卡

【知识拓展】

一、设置分页符

Word 2016 具有自动分页功能，也允许用户进行手动分页，设置分页符的操作方法：将插入点移至需要设置分页符的位置，选择"布局"选项卡的"页面设置"功能组中的"分隔符"，在选项列表中选择"分页符"，如图 4-56 所示。

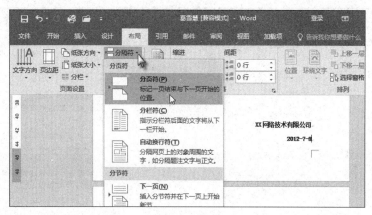

图 4-56　插入分页符

注意：手动分页的快捷键是 Ctrl＋Enter。

二、设置分隔符

在 Word 中，节是一个格式排版的范围，可以将文档分成不同的节，在不同的节可以设置不同的页面布局。设置分节符的操作方法：将插入点移至需要设置分节符的位置，选择"布局"选项卡的"页面设置"功能组中的"分隔符"，在选项列表中选择所需的"分隔符"类型，如图 4-57 所示。

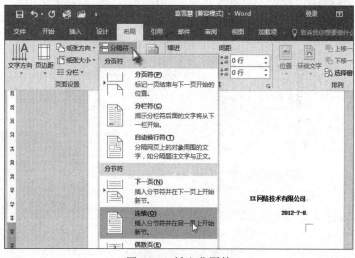

图 4-57　插入分隔符

【技能拓展】

设置页面背景

在"设计"功能区的"页面背景"功能组中,单击"页面颜色",在"主题颜色"选项中选择一种颜色作为文档的背景,如图 4-58(a)所示。在"填充效果"对话框中,还可以设置渐变、纹理、图案、图片等作为文档的背景,如图 4-58(b)所示。

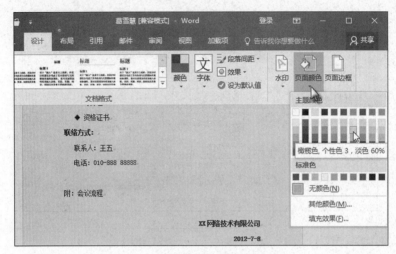

(a) 设置页面颜色背景

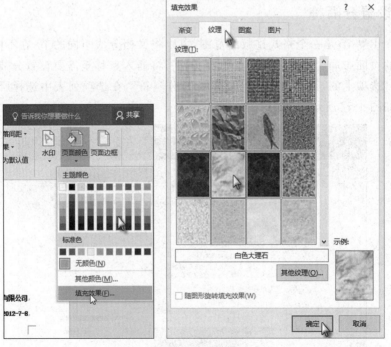

(b) 设置页面纹理背景

图 4-58 设置页面背景

任务 5　表格制作与美化

【任务情景】

小王是一家职业中介公司的工作人员,按照公司要求,他为每位求职者统一制作一份美观、简洁的求职意向表,他该如何实现呢?

【任务分析】

表格是日常生活中常用的一种信息组织形式,使用表格可以清晰、简明地表达信息。Word 2016 提供了多种创建表格的方法,还可以通过合并、拆分单元格等方式编辑表格,并且可以通过设置边框、底纹、对齐等方式来美化表格。本任务主要包括如下内容。

(1) 创建表格。
(2) 编辑表格。
(3) 美化表格。

【任务实施】

一、创建表格

操作 1:启动 Word 2016,新建一个空白文档,保存文档,文件名为"求职意向表"。

操作 2:在菜单栏的"插入"选项卡中,单击"表格"按钮,在下拉列表选项中选择"插入表格"命令,打开"插入表格"对话框,如图 4-59 所示。

图 4-59　打开"插入表格"对话框

操作 3：在"插入表格"对话框中，设置表格的"列数"为 5，"行数"为 11，单击"确定"按钮，创建一个 11 行 5 列的表格，如图 4-60 所示。

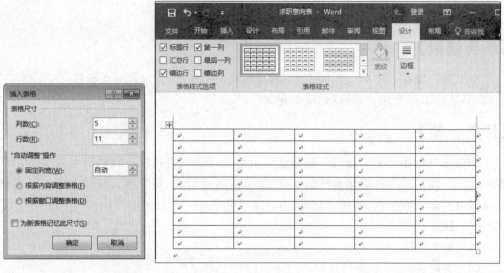

图 4-60　插入表格

二、编辑表格

操作 1：移动光标到表格指定位置，输入表格的基本信息，如个人简历、姓名、性别、出生年月、民族、学历、教育经历、求职意向等，如图 4-61 所示。

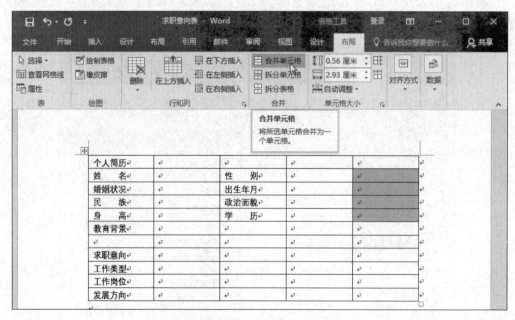

图 4-61　输入表格的基本信息

操作2：选择第5列第2～5行，在菜单栏的"布局"选项卡的"合并"功能组中，选择"合并单元格"命令。用同样的方法，合并"个人简历""教育背景""求职意向"一整行，合并"工作类型""工作岗位""发展方向"等行后面的单元格，如图4-62所示。

图4-62　合并单元格

操作3：选择表格第7行，在菜单栏的"布局"选项卡的"合并"功能组中，选择"拆分单元格"命令，打开"拆分单元格"对话框，按图4-63所示操作，将该行拆分成2列3行。

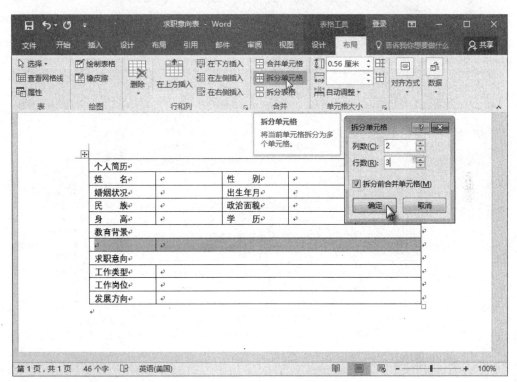

图4-63　拆分单元格

操作4：单击表格左上角的 , 单击选中整个表格，在"表格工具"→"布局"选项卡中，设置表格中文字的对齐方式为"水平居中"，如图4-64所示。

操作5：选中"照片"单元格，在"表格工具"→"布局"选项卡中，设置表格中文字方向为"竖排"，如图4-65所示。

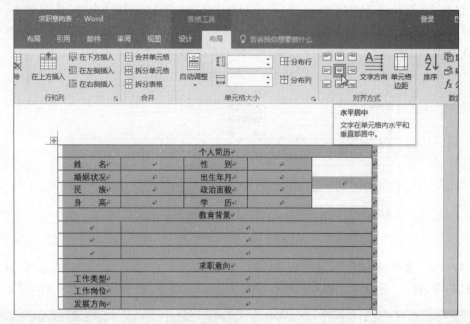

图 4-64　设置表格中文字对齐方式

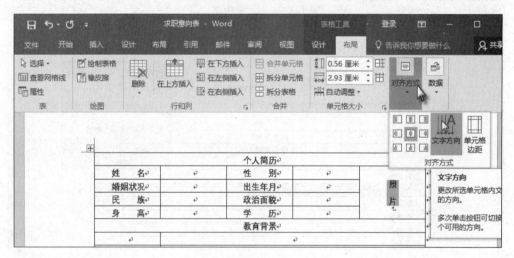

图 4-65　设置表格中文字方向

三、美化表格

操作 1：移动光标到表格第一行左侧，单击选中，在"开始"选项菜单中，设置"个人简历"字体为"宋体""三号""加粗"，同样方法设置"教育背景""求职意向"字体为"宋体""小四号""加粗"，其他字体为"宋体""小四号"；移动光标到行、列分隔线处，呈"⬌""⬍"形状时，按住鼠标左键拖动，调整单元格的行高和列宽，如图 4-66 所示。

操作 2：单击表格左上角的⊞，单击选中整个表格，在"表格工具"→"设计"选项卡的

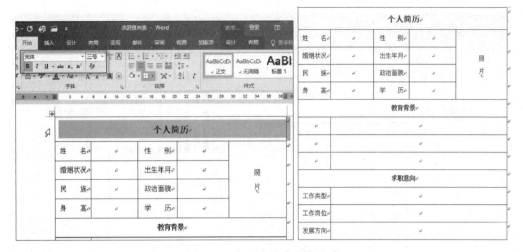

图 4-66　设置表格中文字格式

"边框"功能组中,设置表格的外边框为"双实线""1.5 磅""黑色";同样方法,设置表格的内边框为"单实线""0.5 磅""黑色",如图 4-67 所示。

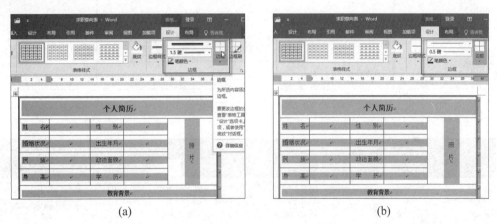

图 4-67　设置表格边框线型

操作 3：按住 Ctrl 键不放,同时选择"个人简历""教育背景""求职意向"三行,在"表格工具"→"布局"选项卡中,设置单元格"底纹"为"蓝色,个性色 1,淡色 80％",如图 4-68 所示。

【知识链接】

表格由行和列组成,行与列交叉形成的矩形区域称为单元格,每个单元格都是一个独立的编辑区域,可以在单元格中添加字符、图形等各类对象。创建表格的方法很多,除了使用"插入表格"对话框创建表格,还可以使用插入表格网格、快速表格、绘制表格等方法创建表格。

编辑表格主要包括插入或删除行、列、单元格,合并或拆分单元格,调整行高和列宽等。当插入表格后,在选中表格进行操作时,即自动打开"表格工具"动态选项卡,通过选择"设计"和"布局"两个功能区来完成对表格的编辑操作,如图 4-69 所示。

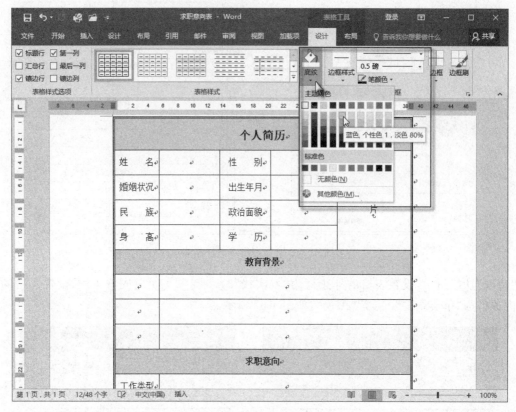

图 4-68　设置单元格底纹

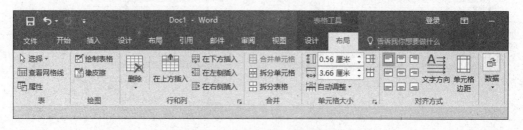

图 4-69　表格工具布局功能区

一、选择单元格、行、列、表格

对单元格、行、列、表格进行编辑操作,首先需要选择操作的对象。

1. 选中单元格

将鼠标指针移到单元格左边线内侧,待鼠标指针变成 形状后,单击可选中该单元格。双击则选中该单元格所在的一整行。

2. 选中一行

将鼠标指针移到该行左边界的外侧,待指针变成 形状后单击。

3. 选中一列

将鼠标指针移到该列顶端,待鼠标指针变成↓形状后单击。

4. 选中整个表格

单击表格左上角的"表格位置控制"按钮⊕。

用户也可以使用"布局功能区"→"选择"命令列表中的选项选择对象,还可以用 Ctrl 键、Shift 键配合操作选中多个单元格、行、列等。

二、插入单元格、行、列

使用"布局功能区"→"行和列"功能组中的按钮可以在选中单元格的上方或下方插入行,也可以在选中单元格的左侧或右侧插入列。插入单元格需要打开"插入单元格"对话框来完成操作。

三、删除单元格、行、列和表格

删除单元格、行、列或表格,可将插入点定位在相应单元格中,或选择好单元格区域、行、列,然后使用"布局功能区"→"行和列"功能组中的"删除"按钮,在展开的列表中选择相应命令,可删除单元格、行、列或表格。

四、合并与拆分单元格

1. 合并单元格

选择两个或多个连续的单元格,使用"布局功能区"→"合并"功能组中的"合并单元格"按钮,可将选中的单元格合并成一个单元格。

2. 拆分单元格

使用"布局功能区"→"合并"功能组中的"拆分单元格"按钮,可将一个单元格拆分成多个单元格。

五、调整行高和列宽

使用鼠标直接拖动行或列的表格线,可以快速、直观地调整行高或列宽。在"布局功能区"→"单元格大小"功能组中可以精确地设置行高和列宽,使用"分布行"按钮⊞可以平均分配选中行的行高,使用"分布列"按钮⊞可以平均分配选中列的列宽。

【知识拓展】

一、"表格属性"对话框

使用"表格工具"动态选项卡的"布局功能区"→"表"功能组中的"属性"按钮打开"表格属性"对话框,在"表格属性"对话框中可以设置表格的尺寸、对齐方式、文字环绕等,也可以在相应的选项卡中设置行高、列宽、单元格宽度及单元格中的垂直对齐方式等,如图 4-70 所示。

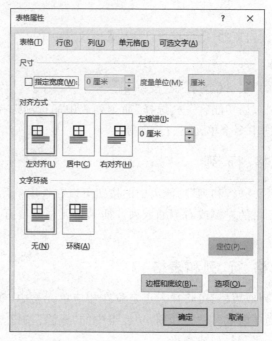

图 4-70 "表格属性"对话框

二、标题行重复

如果创建的表格超过了一页,Word 会自动拆分表格。默认情况下只有第一页的表格有标题行。若想使分成多页的表格在每一页都显示标题行,可先选中表格的标题行,然后单击"布局功能区"→"数据"功能组中的"重复标题行"按钮,就可以在后续页表格中自动添加标题行,如图 4-71 所示。

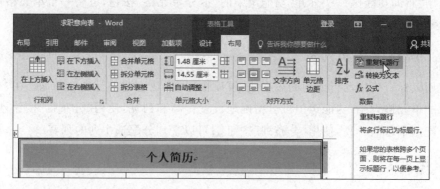

图 4-71 重复标题行

三、表格的数据排序

在 Word 2016 中,可以对表格中的数据按指定的关键字进行排序。使用"布局功能区"→"数据"功能组中的"排序"按钮打开"排序"对话框,最多可以设置三个关键字,排序的类型可以按笔画、数字、拼音、日期，排序的方式有升序和降序，如图 4-72 所示。

图 4-72 "排序"对话框

四、表格与文本的转换

将表格转换成文本。选中需要转换成文本的表格，单击"布局功能区"→"数据"功能组中的"转换为文本"按钮，打开"表格转换成文本"对话框，选择一种文字分隔符，单击"确定"按钮，即可将表格转换为文本。

将文本转换成表格。选中需要转换成表格的文本，选择"插入"选项卡，选择"表格"→"文本转换成表格"命令，打开"将文字转换成表格"对话框，选择一种文字分隔位置，单击"确定"按钮，即可将文本转换为表格，如图 4-73 所示。

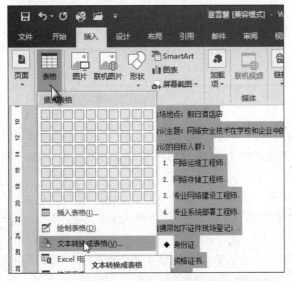 

图 4-73 文本和表格的相互转换

五、自动套用表格样式

自动套用表格样式可以快速格式化表格。Word 2016 自带丰富的表格样式,将光标定位在要设置样式的表格内,在"表格工具"→"设计功能区"→"表格样式"功能组中单击选择某一样式即可将该样式应用于表格,如图 4-74 所示。

图 4-74　表格样式

【技能拓展】

表格中函数的应用

某企业每季度都要统计产品月销售情况表,并计算每季度产品月销售总额和月平均销售额,现以 2016 年第三季度产品销售情况为例,制作产品销售统计表,如图 4-75 所示。

2016 年第三季度产品销售统计表

年月 产品	2016 年 7 月	2016 年 8 月	2016 年 9 月	平均值
产品 A	1000	2000	1800	1600.0
产品 B	1200	2400	1500	1700.0
产品 C	1500	2100	900	1500.0
总和	3700.0	6500.0	4200.0	4800.0

图 4-75　产品销售统计表

操作 1:单击"插入功能区"→"表格"按钮,在下拉列表中选择"插入表格"选项,在"插入表格"对话框中设置"行数"为 5,"列数"为 5,单击"确定"按钮,创建一个 5 行 5 列的表格。

操作 2:选中整个表格,在"表格工具"选项卡的"布局"功能区中单击"单元格大小"功能组右下角的对话框启动按钮,打开"表格属性"对话框,设置单元格"高度"值为 1.5cm、"宽度"值为 3cm。

操作 3:将插入点移动到第一列第一个单元格,在"表格工具"选项卡的"设计"功能区的"边框"功能组中单击 边框 ▼ 按钮,在下拉列表中选择"斜下框线"选项 。

操作4：选中整个表格，在"表格工具"选项卡中选择"设计"功能区，在"边框"功能组中设置"边框样式"为 ————，在"边框"下拉列表中选择"外侧框线"选项，将表格外框线设置为"双线"。

操作5：在单元格中输入内容，并将对齐方式设置为"水平居中"。

操作6：将插入点定位在"2016年7月"的"总和"单元格内，单击"布局功能区"→"公式"按钮 *fx*，在"公式"对话框的"公式"编辑框中输入＝SUM（ABOVE），单击"确定"按钮，计算出"2016年7月"销售额总和，保留一位小数，用同样方法计算出其他月份产品销售额总和。

操作7：将插入点定位在"产品A"的"平均值"单元格内，单击"布局"功能区中"数据"功能组的按钮 *fx*，在"公式"对话框的"公式"编辑框中输入＝AVERAGE（LEFT），在"编号格式"框中输入0.0，单击"确定"按钮，计算出"产品A"季度月销售平均值，保留一位小数，同样方法计算出其他产品本季度月销售平均值。

任务6　图文混合排版

【任务情景】

小王完成了"求职意向表"的制作后，他想为它制作一个图文并茂的精美封面，他又该如何实现呢？

【任务分析】

Word 2016具有强大的图文混排功能，本任务通过图文混排的相关操作，如艺术字、图片、文本框的插入和设置操作，完成图4-76所示的效果。

图4-76　求职简历封面

本任务主要包括如下内容。

(1) 艺术字的插入与设置。

(2) 文本框的插入与设置。

(3) 图片的插入与设置。

【任务实施】

启动 Word 2016,新建一个空白文档。

一、艺术字的插入与设置

操作 1:在"插入"选项卡的"文本"功能组中选择"艺术字"命令,在样式列表中选择"艺术字样式",打开"请在此放置您的文字"文本框,直接改写为"求职简历",如图 4-77 所示。

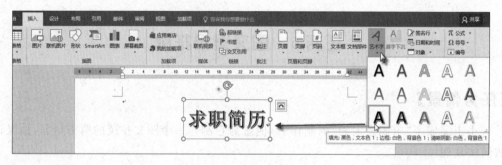

图 4-77 插入艺术字

操作 2:选中艺术字"求职简历",在"开始"选项卡的"字体"功能组中设置艺术字字体为"隶书"、字号为"72"、字形为"加粗",如图 4-78 所示。

图 4-78 设置艺术字字体、字形、字号

操作3：选中艺术字"求职简历"，在"绘图工具"→"格式"选项卡的"形状样式"功能组中选择"形状效果"→"棱台"→"三维选项"命令，打开"设置形状格式"对话框，设置艺术字的三维格式，如图4-79所示。

图 4-79　设置艺术字三维格式

操作4：选中艺术字"求职简历"，在"绘图工具"→"格式"选项卡的"形状样式"功能组中选择"形状填充"→"无填充颜色"命令，设置艺术字无填充颜色；选择"形状轮廓"→"无轮廓"命令，设置艺术字无轮廓，如图4-80所示。

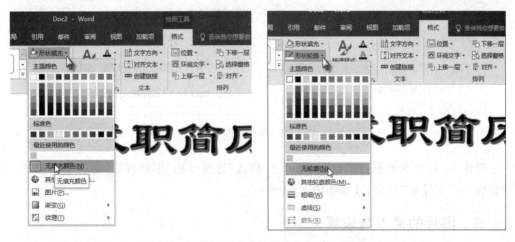

图 4-80　设置艺术字的无填充颜色、无轮廓

二、文本框的插入与设置

操作1：在"插入"选项卡的"文本"功能组中选择"文本框"→"编辑文本框"命令，鼠标指针变为十形状，在文档中用拖动方法绘制一个矩形；在文本框中输入文字，并将文字设置字体为"仿宋"、字号为"一号"，如图4-81所示。

图4-81　插入文本框

操作2：在"开始"选项卡的"段落"功能组中选择"项目符号"命令，在弹出的下拉列表中选择项目符号➢，为文本框添加项目符号➢，如图4-82所示。

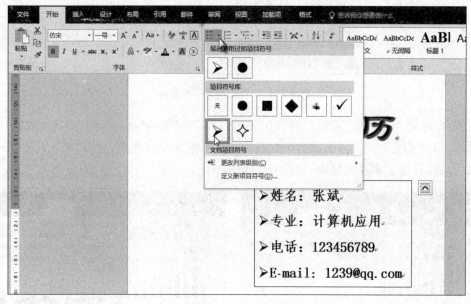

图4-82　添加项目符号

操作3：选中文本框，在"绘图工具"→"格式"选项卡的"形状样式"功能组中选择"形状轮廓"→"无轮廓"命令，效果如图4-83所示。

三、图片的插入与设置

操作1：在文档中选择"插入"→"图片"命令，打开"插入图片"对话框，打开图片所在文件夹，单击选择图片，单击"插入"按钮，完成图片插入，如图4-84所示。

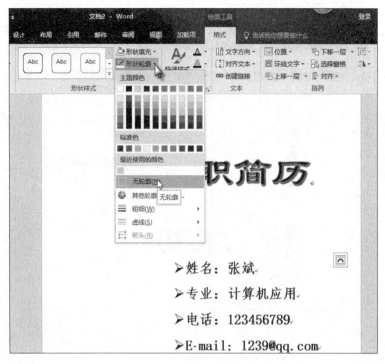

图 4-83　去除文本框轮廓

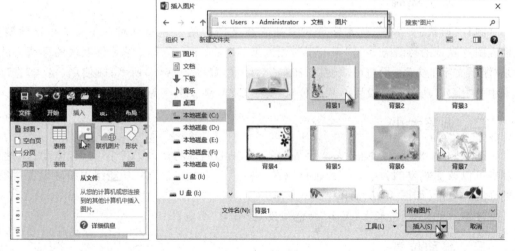

图 4-84　插入图片

操作 2：选中图片，在"绘图工具"→"格式"选项卡的"排列"功能组中选择"环绕文字"→"衬于文字下方"命令，如图 4-85 所示。

操作 3：选择图片，调整图片大小，使图片覆盖整个页面，同时调整艺术字、文本框位置，直到满意为止，最后保存文档。

图 4-85 设置图片版式

【知识链接】

一、文字环绕

图片、形状、文本框、艺术字等对象插入在文档中的位置有两种：嵌入型和浮动型。插入图片默认的环绕方式是"嵌入型"，插入形状、文本框、艺术字等对象默认的环绕方式是"浮于文字上方"。用户可以使用"布局"对话框，如图 4-86(a)所示；或使用"格式"选项卡中的"排列"功能组来设置对象的位置、文字环绕、叠放次序等，如图 4-86(b)所示。

二、调整大小

选中图片、形状、文本框、艺术字等对象，对象的四周将出现八个控制点，拖动这些控制点可以改变对象的大小。用户也可以在"格式"选项卡的"大小"功能组中精确设置对象的高度和宽度，如图 4-87 所示。

注意：文本框、艺术字"大小"功能组没有"裁剪"功能。

三、移动位置

将鼠标指针指在图片、形状、文本框或艺术字等操作对象上，当鼠标指针变成✣形状时，按住鼠标左键拖动对象到合适位置松开鼠标左键即可。小范围移动对象时，可在选中对象后，使用键盘上的方向键将对象移动到合适位置。

四、旋转操作

选中图片、形状、文本框或艺术字等操作对象，将鼠标指针指向旋转控制点，按住鼠标

(a) "布局"对话框

(b) "排列"功能组

图 4-86 布局和排列

图 4-87 "大小"功能组

左键,当鼠标指针变成形状时,移动鼠标即可旋转对象。用户也可以在"布局"对话框"大小"功能组中设置精确的旋转角度。

五、删除操作

选中图片、形状、文本框或艺术字等操作对象,按 Delete 键或 BackSpace 键即可删除选中的对象。

【技能拓展】

插 入 公 式

Word 2016 提供了插入公式的功能,既可以插入 Word 内置的公式,如勾股定理:$a^2+b^2=c^2$,也允许用户插入新公式。

操作1：将光标移到要插入公式的位置，在"插入"选项卡的"符号"功能组中单击"π 公式"按钮，打开"公式工具"→"设计"动态功能选项卡。

操作2：在"公式工具"→"设计"动态功能选项卡中单击 π 按钮，在弹出的下拉列表中选择"勾股定理"公式，如图4-88所示。

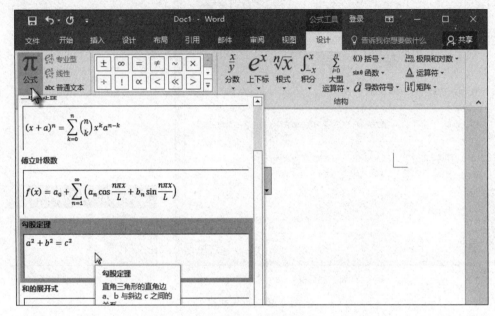

图4-88　插入公式

注意：用户还可以利用"公式工具"→"设计"动态选项卡中的"符号"功能组和"结构"功能组自己创建复杂的公式。

综合实训

【实训任务】

一、格式化文档

（1）打开文档：打开文档"源文件.docx"。

（2）页面设置：纸张大小为A4；页边距为自定义边距，左3cm，右3cm，上2.8cm，下2.8cm；装订线为0.8cm。

（3）将标题设为黑体、三号、粗体、居中、蓝色，段前、段后间距为1行；正文中第一段首字下沉4行，文字格式为楷体、距正文0.5cm。

（4）正文第二段首行缩进2个字符，1.5倍行距，分为两栏，加分隔线。

（5）正文第三段（春、夏、秋、冬）设为1.5倍行距，添加项目符号。

(6) 正文"1.奇松"下方文本框中的文字方向设为"竖排"段落行距设为1.5倍。

(7) 在正文"2.怪石"下方正文段插入"中国黄山——怪石.jpg",将其环绕方式设为"紧密型环绕",并且在其正文三行正下显示该图片。

(8) 正文"3.云海"下方正文段填充黄色底纹,图案样式为"20%"的杂点,并加上边框为方框、线型为虚线、颜色为淡蓝色、宽为3磅。

(9) 保存文档:保存文档"黄山天下第一奇山.docx"。

二、表格操作

(1) 新建表格文档"销售表.docx",输入标题,插入7×7表格,在表格中输入文字和基础数据。

(2) 对照图4-89编辑表格,标题设为"标题2"居中,表内表格文字为宋体、加粗、四号、居中。

(3) 表格外框线改为1.5磅双实线、红色,内框线改为1磅单实线、黑色,斜线表头。

(4) 对照图4-89添加单元格底纹。

××公司　销售表

季度 种类	第一季度	第二季度	第三季度	第四季度	合计	平均
洗衣机	400	1000	560	740	2700.00	675.00
冷气机	250	480	860	670	2260.00	565.00
电话机	220	610	540	830	2200.00	550.00
电视机	500	390	490	560	1940.00	485.00
合计	1370.00	2480.00	2450.00	2800.00		
平均	342.50	620.00	612.50	700.00		

图4-89　样表

(5) 用公式计算合计、平均值,保留两位小数。

【实训准备】

样文(见图4-90)文档及相关素材文件等。

【注意事项】

遵守计算机操作安全规范,保持机位清洁卫生。

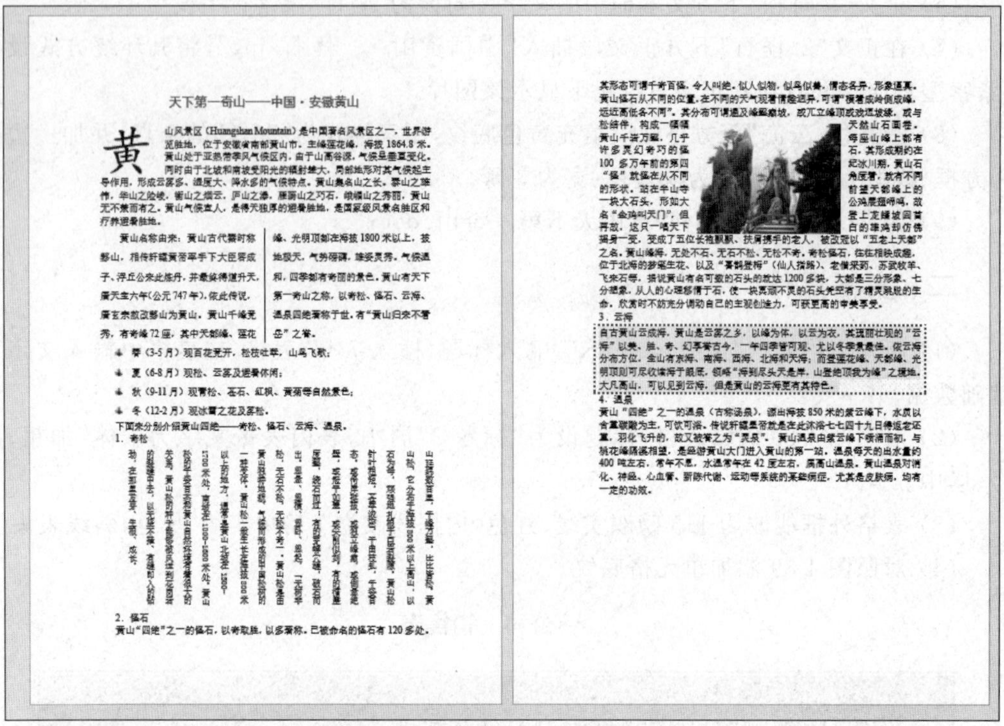

天下第一奇山——中国·安徽黄山

黄山风景区(Huangshan Mountain)是中国著名风景区之一，世界游览胜地，位于安徽省南部黄山市。主峰莲花峰，海拔1864.8米。黄山处于亚热带季风气候区内，由于山高谷深，气候呈垂直变化。同时由于北坡和南坡受阳光的辐射差大，局部地形对其气候起主导作用，形成云雾多、湿度大、降水多的气候特点。黄山集名山之长。泰山之雄伟，华山之险峻，衡山之烟云，庐山之瀑，雁荡山之巧石，峨嵋山之秀丽，黄山无不兼而有之。黄山气候宜人，是得天独厚的避暑胜地，是国家级风景名胜区和疗养避暑胜地。

黄山名称由来：黄山古代曾时称黟山，相传轩辕黄帝率手下大臣容成子、浮丘公来此炼丹，并最终得道升天，唐天宝六年(公元747年)，依此传说，唐玄宗敕改黟山为黄山。黄山千峰竞秀，有奇峰72座，其中天都峰、莲花峰、光明顶都在海拔1800米以上，拔地极天，气势磅礴，雄姿灵秀。气候温和，四季都有奇丽的景色。黄山有天下第一奇山之称，以奇松、怪石、云海、温泉四绝著称于世，有“黄山归来不看岳”之誉。

- 春(3-5月)观百花竞开，松枝吐翠，山鸟飞歌；
- 夏(6-8月)观松、云雾及避暑休闲；
- 秋(9-11月)观青松、苍石、红枫、黄菊等自然景色；
- 冬(12-2月)观冰雪之花及雾松。

下面来分别介绍黄山四绝——奇松、怪石、云海、温泉。

1. 奇松

2. 怪石

黄山“四绝”之一的怪石，以奇取胜，以多著称。已被命名的怪石有120多处。

其形态可谓千奇百怪，令人叫绝。似人似物，似鸟似兽，情态各异，形象逼真。黄山怪石从不同的位置，在不同的天气观看情趣迥异，可谓“横看成岭侧成峰，远近高低各不同”。其分布可谓遍及峰壑巅坡，或兀立峰顶或戏逗坡缘，或与松结伴，构成一幅幅天然山石画卷。黄山千岩万壑，几乎每座山峰上都有许多灵幻奇巧的怪石，其形成期约在100多万年前的第四纪冰川期。黄山石“怪”就怪在从不同角度看，就有不同的形状。站在半山寺前望天都峰上的一块大石头，形如大公鸡展翅啼鸣，故名“金鸡叫天门”，但登上龙蟠坡回首再放，这只一唱天下白的雄鸡却仿佛摇身一变，变成了五位长袍飘飘、扶肩携手的老人，被改冠以“五老上天都”之名。黄山峰海，无处不石、无石不松、无松不奇，奇松怪石，往往相映成趣，位于北海的梦笔生花、以及“喜鹊登梅”(仙人指路)、老僧采药、苏武牧羊、飞来石等。据说黄山有名可数的石头就达1200多块，大都是三分形象、七分想象，从人的心理移情于石，使一块块冥顽不灵的石头凭空有了精灵飘逸的生命。欣赏时不妨充分调动自己的主观创造力，可获更高的审美享受。

3. 云海

自古黄山云成海，黄山是云雾之乡，以峰为体，以云为衣，其瑰丽壮观的“云海”以美、胜、奇、幻享誉古今，一年四季皆可观，尤以冬季景最佳。依云海分布方位，全山有东海、南海、西海、北海和天海；而登莲花峰、天都峰、光明顶则可尽收诸海于眼底，领略“海到尽头天是岸，山登绝顶我为峰”之境地。大凡高山，可以见到云海，但是黄山的云海更有其特色。

4. 温泉

黄山“四绝”之一的温泉(古称汤泉)，源出海拔850米的紫云峰下，水质以含重碳酸为主，可饮可浴。传说轩辕黄帝就是在此沐浴七七四十九日得返老还童，羽化飞升的，故又被誉之为“灵泉”。黄山温泉由紫云峰下喷涌而出，与桃花峰隔溪相望，是经游黄山大门进入黄山的第一站。温泉每天的出水量约400吨左右，常年不息，水温常年在42度左右，属高山温泉。黄山温泉对消化、神经、心血管、新陈代谢、运动等系统的某些病症，尤其是皮肤病，均有一定的功效。

图4-90 样文

习 题

一、选择题

1. Word 2016默认的文档保存格式为________。

   A. .doc　　B. .pdf　　C. .docx　　D. .xlsx

2. 正确退出Word 2016的键盘操作应按________快捷键。

   A. Shift+F4　　B. Alt+F4　　C. Ctrl+F4　　D. Ctrl+Esc

3. 在Word 2016中，如果用户要绘制图形，则一般都要切换到“________视图”以便确定图形的大小和位置。

   A. 页面　　B. 大纲　　C. 草稿　　D. Web版式

4. Word 2016第一次保存文件时，将出现“________”对话框。

   A. 保存　　B. 打开　　C. 另存为　　D. 新建

5. Word的查找和替换功能很强，不属于其中之一的是________。

   A. 能够查找和替换带格式或样式的文本

   B. 能够查找图形对象

   C. 能够用通配字符进行快速、复杂的查找和替换

D. 能够查找和替换文本中的格式

6. 在 Word 2016 窗口的文本工作区,鼠标指针形状为＿＿＿＿；当鼠标指针指向功能区时,指针的形状将变为＿＿＿＿。
   A. ▯   B. ⌛   C. I   D. ✥

7. Word 2016 中的文本替换功能所在的选项卡是＿＿＿＿。
   A. 文件   B. 开始   C. 插入   D. 页面布局

8. 在软件中,下列操作中能够切换"插入和改写"两种编辑状态的是＿＿＿＿。
   A. 按 Ctrl+I 快捷键
   B. 按 Shift+I 快捷键
   C. 单击状态栏中的"插入"或"改写"
   D. 单击状态栏中的"修订"

9. 在 Word 文档中,删除插入点右边的文字内容应按＿＿＿＿键。
   A. Backspace   B. Delete   C. Insert   D. Tab

10. 在 Word 2016 窗口中,如果双击某行文字左端的空白处(此时鼠标指针将变为空心头状),可选＿＿＿＿。
    A. 一行   B. 多行   C. 一段   D. 一页

11. 通常在输入标题时,要让标题居中,可以＿＿＿＿。
    A. 用空格键来调整
    B. 用 Tab 键来调整
    C. 选择"工具栏"中的"居中"按钮来自动定位
    D. 用鼠标定位来调整

12. 在 Word 2016 中,"段落"格式设置中不包括设置＿＿＿＿。
    A. 首行缩进   B. 对齐方式   C. 段间距   D. 字符间距

13. 在 Word 2016 中,如果使用了项目符号或编号,则项目符号或编号在＿＿＿＿时会自动出现。
    A. 每次按 Enter 键
    B. 一行文字输入完毕按 Enter 键
    C. 按 Tab 键
    D. 文字输入超过右边界

14. 在 Word 编辑窗口中,要将光标移到文档尾可用＿＿＿＿。
    A. Ctrl+End   B. End   C. Ctrl+Home   D. Home

15. 当工具栏中的"剪切"和"复制"按钮颜色黯淡,不能使用时,表示＿＿＿＿。
    A. 此时只能从"编辑"菜单中调用"剪切"和"复制"命令
    B. 在文档中没有选定任何内容
    C. 剪贴板已经有了要剪切或复制的内容
    D. 选定的内容太长,剪贴板放不下

16. 要把相邻的两个段落合并为一段,应执行的操作是＿＿＿＿。
    A. 将插入点定位于前段末尾,单击"撤销"工具按钮
    B. 将插入点定位于前段末尾,按退格键
    C. 将插入点定位于后段开头,按 Delete 键

D. 删除两个段落之间的段落标记

17. 打印预览中显示的文档外观与_____的外观完全相同。
    A. 普通视图显示   B. 页面视图显示
    C. 实际打印输出   D. 大纲视图显示

18. 关于编辑页眉页脚，下列叙述不正确的是_____。
    A. 文档内容和页眉页脚可在同一窗口编辑
    B. 文档内容和页眉页脚一起打印
    C. 编辑页眉页脚时不能编辑文档内容
    D. 页眉页脚中也可以进行格式设置和插入剪贴画

19. 中文输入法的启动和关闭是用_____快捷键。
    A. Ctrl+Shift   B. Ctrl+Alt   C. Ctrl+Space   D. Alt+Space

20. 在 Word 文档中，插入表格操作时，正确的是_____。
    A. 可以调整每列的宽度，但不能调整高度
    B. 可以调整每行和列的宽度和高度，但不能随意修改表格线
    C. 不能画斜线
    D. 以上都不对

21. 在文档中设置了页眉和页脚后，页眉和页脚只能在_____才能看到。
    A. 普通视图方式下   B. 大纲视图方式下
    C. 页面视图方式下   D. 页面视图方式下或打印预览中

22. Word 中，以下对表格操作的叙述，错误的是_____。
    A. 在表格的单元格中，除了可以输入文字、数字，还可以插入图片
    B. 表格的每一行中各单元格的宽度可以不同
    C. 表格的每一行中各单元格的高度可以不同
    D. 表格的表头单元格可以绘制斜线

二、填空题

1. Word 2016 文档的默认扩展名是_____，启动 Word 2016 时系统创建空白文档，系统显示的文件名为_____，文件名位于_____。

2. Word 2016 程序中的视图方式有_____、_____、_____、_____、_____，其中_____视图是 Word 2016 的默认视图。

3. Word 2016 窗口某些功能区的右下角带有 标记的按钮，称为_____按钮。单击该按钮，将会弹出一个_____或_____。

4. 文本编辑位置一般是通过_____位置来指明的。

5. 在输入文本时，按 Enter 键后产生_____符，按 Shift+Enter 快捷键产生_____符。

6. 编辑文档基本操作包括移动、剪切、复制、粘贴和删除，无论如何，都是遵循先_____后_____的原则。

7. 如果要在表格中删除一行，则光标应定位在_____。

8. 在 Word 中可以在文档每页打印一个图形或文字作为页面背景，这种特殊的效果

称为_____。

9. 在 Word 2016 中,字符统计功能位于_____选项卡下。

10. 在 Word 2016 中插入分页符的快捷键是_____。

三、思考与操作

1. Word 2016 中,选择文本有哪几种方法?各适合什么情况?

2. Word 2016 中,自动定时保存功能与保存文档有何异同?

3. Word 2016 中,创建表格有哪几种方式?

4. 简述将当前 Word 文档中的"计算机硬件"文字全部改成 computer hardware 的操作步骤。

5. 项目符号与编号能否相互转换?如果能,如何转换?

6. 在 Word 表格中,如何隐藏表格虚框?

7. 用 Word 创建表格时,如果内容有多页,如何在每页第一行重复显示表格标题?

8. 在 Word 中,如何实现逆序打印文本?

单元 5

Excel 2016 电子表格处理软件应用

Excel 2016 是 Microsoft Office 2016 中的一个常用办公组件,具有表格编辑、公式计算、数据处理和图表分析等功能,广泛应用于管理、财务、金融等各个领域。Excel 2016 与上一代的 Excel 2013 相比,不仅在外观和操作上有了很大的变化和提高,在功能上也有较大的改进和完善。Excel 2016 提供了更加丰富的 Office 主题,增加 Tell Me 功能、预测工作表功能等,使办公效率有了很大的提高。

本单元将学习 Excel 电子表格的基本操作、格式设置、数据处理、数据分析等内容。了解 Excel 工作窗口的组成及基本操作。理解工作簿、工作表、单元格、活动单元格、单元格区域等基本概念。掌握建立工作簿,编辑、美化工作表,在工作表中使用公式与函数,使用图表处理工作表数据及数据管理。

任务 1　工作表的编辑与数据输入

【任务情景】

老师将学生进行分组,布置任务,分工协作,制作一张本小组学生情况登记表。具体要求如图 5-1 所示。

【任务分析】

在学习 Excel 2016 的过程中,首先要熟悉 Excel 2016 的基本操作,如工作簿、工作表和单元格的基本操作,在单元格中输入各种类型的数据等。要实现上述任务,必须做好以下工作。

(1) 创建工作簿。
(2) 输入数据。
(3) 重命名工作表。

	A	B	C	D	E	F
1	第1小组学生情况登记表					
2	学号	姓名	性别	出生日期	身份证号码	专业
3	001	王洋洋	男	1998/6/20	340102199806201234	计算机应用
4	002	宋飞星	男	1997/12/1	340111199712015634	计算机应用
5	003	周萌	女	1998/8/1	340111199808012331	计算机应用
6	004	高少静	女	1998/1/20	340113199801204451	计算机应用
7	005	陈鹏	男	1998/4/23	340111199804234012	计算机应用
8	006	胡嘉惠	女	1997/10/25	340103199710251105	计算机应用
9	007	闫文静	女	1998/6/1	340111199806011521	计算机应用
10	008	魏军帅	男	1998/1/15	340111199801151526	计算机应用
11	009	王乐	男	1997/11/6	340113199711062142	计算机应用
12	010	宁波	男	1998/7/8	340114199807084322	计算机应用
13	011	陈莹	女	1998/2/5	340111199802052051	计算机应用
14	012	高飞	男	1997/9/1	340112199709011024	计算机应用

图 5-1　第 1 小组学生情况登记表

（4）保存工作簿。

【任务实施】

一、创建工作簿

操作 1：执行"开始"→"所有程序"→Excel 2016 命令，即可启动 Excel 2016。

操作 2：启动 Excel 2016 后，在打开的界面中单击右侧的"空白工作簿"选项，如图 5-2 所示。

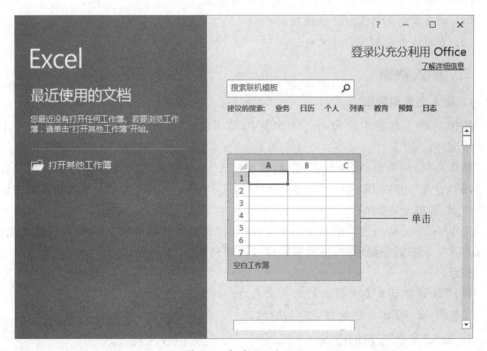

图 5-2　启动 Excel 2016

操作 3：系统自动创建一个名为"工作簿 1"的工作簿，如图 5-3 所示。

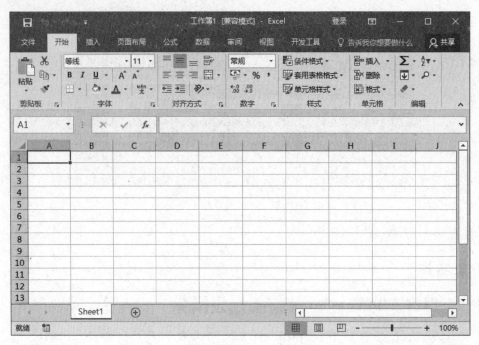

图 5-3　空白工作簿

提示：启动 Excel 2016 还有另外两种常用方法。
(1) 双击桌面上的 Excel 快捷图标。
(2) 直接双击任何 Excel 文件。

二、输入数据

1. 输入文本型数据

操作 1：在工作簿 1 的 Sheet1 工作表中，单击选中 A1 单元格，在其中输入"第 1 小组学生情况登记表"。

操作 2：分别单击 A2～F2 单元格，依次输入"学号""姓名""性别""出生日期""身份证号码""专业"，并在 B3:B14 单元格区域中输入学生姓名，在 C3:C14 单元格区域中输入学生性别，如图 5-1 所示。

操作 3：单元格列宽容纳不下文本字符串，将鼠标指针移到到 E 列的右边框线上，待鼠标指针呈双向箭头显示时，拖动鼠标即可改变列宽。

提示：
(1) Excel 默认文本型数据的对齐方式为左对齐。
(2) 按 Alt＋Enter 快捷键，可以换行。

2. 输入"专业"字段的内容

操作 1：在 F3 单元格中输入"计算机应用"。

操作 2：将鼠标移到单元格的右下角，当鼠标指针变成十字形时，按住鼠标左键向下拖动到单元格 F14。可复制"计算机应用"至 F14，如图 5-1 所示。

3. 输入"学号"字段的内容

操作1：将输入法切换到"英文状态"，在单元格 A3 中输入一个单引号"'"，在单引号后输入 001，则在 A3 单元格中显示 001。

操作2：使用同样的方法，在单元格 A4 中输入 002。

操作3：选中单元格区域 A3：A4，将鼠标指针移动到单元格 A4 的右下角，此时鼠标指针变成十字形状，如图 5-4 所示。

操作4：按住鼠标左键不放，向下拖动到 A14，释放鼠标，即可完成数字编号的填充，如图 5-1 所示。

图 5-4 选中连续编号

提示：如果输入以数字 0 开头的数字串，Excel 将自动省略 0。

4. 输入"身份证号码"字段的内容

操作1：将输入法切换到"英文状态"，在单元格 E3 中输入一个单引号"'"，在单引号后输入身份证号码。

操作2：按下 Enter 键，此时身份证号码就完整地显示出来了。使用同样的方法，录入其他学生的身份证号码，如图 5-1 所示。

提示：当输入较长的数字时，在单元格中显示为科学计数法。

5. 输入"出生日期"字段的内容

操作：在 D3 单元格中输入 1998/6/20，依次单击 D4 至 D14 单元格，分别输入每个学生的出生日期，如图 5-1 所示。

提示：

（1）Excel 默认日期和时间数据类型的对齐方式为右对齐。

（2）在使用 Excel 输入日期时，一般使用"/"或"-"分隔日期的年、月、日。输入时间时，可以使用"："（英文半角状态的冒号）将时、分、秒隔开。

（3）当单元格填满"＃＃＃"符号时，表示该列没有足够的宽度。需调整列宽。

三、重命名工作表

操作：双击 Sheet1，输入"小组学生情况登记表"，并按 Enter 键确认。

提示：右击要重命名的工作表标签，在弹出的快捷菜单中选择"重命名"命令进入编辑状态，输入工作表的新名称并按 Enter 键确认。

四、保存工作簿

操作1：单击快速访问工具栏中的"保存"按钮，或选择"文件"选项卡，在打开的列表中选择"另存为"选项，在右侧的"另存为"区域单击"浏览"按钮，如图 5-5 所示。

操作2：弹出"另存为"对话框，在保存位置下拉列表框中选择文件保存位置，在"保存类型"下拉列表框中选择保存文件的类型，在"文件名"下拉列表框中输入文件名"小组学生情况简明登记表"，单击"保存"按钮，如图 5-6 所示。

提示：若将文档保存为 Excel 2003 兼容的格式，则在"保存类型"中选择"Excel 97-2003 工作簿（*.xls）"选项。

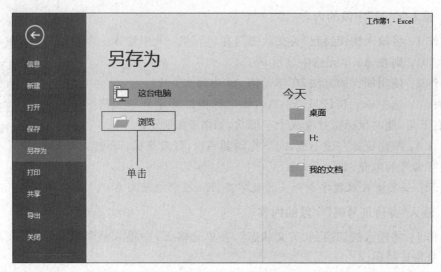

图 5-5 "另存为"窗口

图 5-6 "另存为"对话框

【知识链接】

一、Excel 2016 的基本概念

在使用 Excel 2016 时,经常会遇到工作簿、工作表、单元格、活动单元格之类的名称,因此下面对 Excel 2016 的一些基本概念进行介绍。

1. 工作簿

工作簿是 Excel 用来储存和处理数据的文件,其扩展名是.xlsx,其中可以包含一个或多个工作表。当启动 Excel 2016 时,选择"空白工作簿"时,打开一个名为"工作簿1"的空白工作簿。当然,可以在保存工作簿时,重新定义一个名字。

2. 工作表

在 Excel 中,每个工作簿像一个大的活页夹,工作表就是其中一张张的活页纸。工作表是工作簿的重要组成部分,又称为电子表格。工作表由排列在一起的行和列构成。列的编号为 A~XFD,行的编号为 1~1048576。默认情况下,每张工作表都有相应的工作标签,如 Sheet1、Sheet2、Sheet3 等。

3. 单元格

工作表中行列交汇处的区域称为单元格,是存储数据的基本单位,它可以存放文字、数字、公式和声音等信息。单元格由它们所在列和行的标识来命名,列标识位于行标识之前,如单元格 A5 表示第 A 列与第 5 行的交叉点上的单元格。

4. 活动单元格

当前选择的单元格称为当前活动单元格。若该单元格中有内容,则会将该单元格中的内容显示在编辑栏中。在 Excel 2016 中,当选择某个单元格后,在编辑栏左边的名称框中,将显示该单元格的名称。

5. 单元格区域

单元格区域是指多个单元格的集合,它是由许多个单元格组合而成的一个范围。单元格区域可分为连续单元格区域和不连续单元格区域。要表示一个连续的单元格区域,可以用该区域左上角和右下角单元格表示,中间用冒号(:)分隔,例如,A1:C5 表示从单元格 A1 到单元格 C5 整个区域。表示不连续单元格区域,则用","分隔,例如,A1,C5 表示 A1 和 C5 两个单元格。

二、Excel 2016 操作界面

Excel 2016 的窗口主要由标题栏、功能区、工作区、编辑栏、快速访问工具栏、Tell Me 文本框、状态栏、视图栏和文件选项卡等部分组成,如图 5-7 所示。

【知识拓展】

一、工作表的基本操作

1. 新建工作表

在打开的 Excel 文件中,单击"新工作表"按钮,如图 5-8 所示,即可创建一个新工作表。

除了上述方法外,还有 3 种创建工作表的方法。

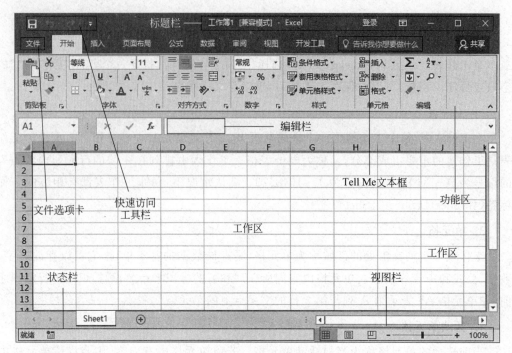

图 5-7　Excel 2016 操作界面

（1）右击工作表标签,在弹出的快捷菜单中选择"插入"命令,根据提示插入新工作表。

（2）单击"开始"选项卡下"单元格"组中的"插入"下拉按钮,在弹出的菜单列表中选择"插入工作表"命令,创建新工作表。

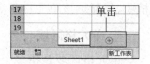

图 5-8　创建工作表

（3）按 Shift+F11 快捷键,可以创建新工作表。

2. 选择工作表

要选定多个相邻工作表时,单击第一个工作表的标签,按住 Shift 键,再单击最后一个工作表标签。

要选定不相邻工作表时,单击第一个工作表的标签,按住 Ctrl 键,再分别单击要选定的工作表标签。

要选定所有工作表时,右击工作表标签,在弹出的快捷菜单中选择"选定全部工作表"命令。

3. 移动或复制工作表

（1）在工作簿内移动或复制工作表。拖动要移动的工作表标签,当小三角箭头到达新位置后,释放鼠标左键。按住 Ctrl 键的同时拖动工作表标签,到达新位置时,先释放鼠标左键,再松开 Ctrl 键,即可复制工作表。

（2）在工作簿之间移动或复制工作表。右击要移动或复制的工作表标签,在弹出的快捷菜单中选择"移动或复制"命令，出现"移动或复制工作表"对话框。在"工作簿"下拉列表框中选择用于接收工作表的工作簿名。在"下列选定工作表之前"列表框中，选择要移动或复制的工作表要放在选定工作簿中的哪个工作表之前。要复制工作表，请选中"建立副本"复选框，否则只是移动工作表。单击"确定"按钮，如图 5-9 所示。

4．删除工作表

右击要删除的工作表标签，在弹出的快捷菜单中选择"删除"命令，即可将工作表删除。

图 5-9　"移动或复制工作表"对话框

二、快速填充表格数据

1．通过填充柄填充数据

填充柄是指选择单元格后，将鼠标光标移至单元格的右下角，鼠标光标的形状变成十字形状。默认情况下，使用填充柄填充时，可以复制单元格的数据。

当选择一个数据区域后，拖动填充柄，可根据数据的类型和规律进行自动填充或复制。一般情况下，拖动到目标位置后，可单击旁边的"自动填充选项"按钮，选择填充的方式，如图 5-10 所示。

2．通过对话框填充序列数据

在 Excel 2016 中，对于等差序列、等比序列、日期等有规律的数据，还可以通过"序列"对话框来填充。

输入起始的数据并选择目标单元格，单击"开始"选项卡下"编辑"组中的"填充"按钮，在弹出的下拉菜单中选择"序列"命令。打开"序列"对话框进行设置，如图 5-11 所示。

图 5-10　"自动填充选项"按钮　　图 5-11　"序列"对话框

【技能拓展】

一、使用 Microsoft Office 助手 Tell Me

Tell Me 是全新的 Microsoft Office 助手,用户可以在"告诉我您想要做什么……"文本框中输入需要得到的帮助,如图 5-12 所示。Tell Me 能够引导至相关命令,利用带有"必应"支持的智能查找功能检查资料,如输入"单元格"关键字,在下拉菜单中即会出现"设置单元格格式""单元格样式""格式""字体设置"等,另外也可以获取有关单元格的帮助和智能查找等。

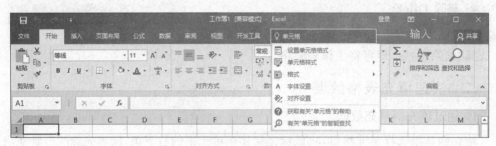

图 5-12　Tell Me 对话框

二、设置数据有效性

操作 1:打开"小组学生情况简明登记表"工作簿,选择单元格 C3:C14,切换到功能区的"数据"选项卡,在"数据工具"组中单击"数据验证"按钮 。

操作 2:打开"数据验证"对话框,在"设置"选项组的"允许"下拉列表框中选择"序列"选项,然后在"来源"文本框中输入"男,女",单击"确定"按钮,如图 5-13 所示。

操作 3:分别为每位学生选择相应的性别。

图 5-13　设置数据有效性

任务 2　工作表的美化和打印

【任务情景】

小组学生情况登记表的数据已经正确输入了，接下来老师要求每小组对工作表进行美化。如修饰标题、设置单元格对齐方式、添加边框和底纹、设置工作表样式等，使工作表更美观、实用。效果如图 5-14 所示。

	A	B	C	D	E	F
1	第1小组学生情况登记表					
2	学号	姓名	性别	出生日期	身份证号码	专业
3	001	王洋洋	男	1998年6月20日	340102199806201234	计算机应用
4	002	宋飞星	男	1997年12月1日	340111199712015634	计算机应用
5	003	周萌	女	1998年8月1日	340111199808012331	计算机应用
6	004	高少静	女	1998年1月20日	340113199801204451	计算机应用
7	005	陈鹏	男	1998年4月23日	340111199804234012	计算机应用
8	006	胡嘉惠	女	1997年10月25日	340103199710251105	计算机应用
9	007	闫文静	女	1998年6月1日	340111199806011521	计算机应用
10	008	魏军帅	男	1998年1月15日	340111199801151526	计算机应用
11	009	王乐	男	1997年11月6日	340113199711062142	计算机应用
12	010	宁波	男	1998年7月8日	340114199807084322	计算机应用
13	011	陈莹	女	1998年2月5日	340111199802052051	计算机应用
14	012	高飞	男	1997年9月1日	340112199709011024	计算机应用

图 5-14　美化工作表效果图

【任务分析】

美化工作表就是根据需要对工作表的单元格数据设置不同的格式，为工作表添加对象、添加边框和底纹效果等。达到布局合理、结构规范。要实现上述任务，必须做好以下工作。

（1）设置表格标题栏的格式。
（2）设置表格内容的字体、字号。
（3）设置单元格对齐方式。
（4）调整行高和列宽。
（5）设置表格的边框和底纹。
（6）打印工作表。

【任务实施】

一、设置表格标题栏的格式

操作 1：选择单元格区域 A1:F1。

操作 2：切换到功能区中的"开始"选项卡，在"对齐方式"组中单击"合并后居中"按钮。

操作 3：在"开始"选项卡下的"字体"选项组中将标题字体设置为"黑体"，字号设置为 20，字体颜色设置为"蓝色"。效果如图 5-14 所示。

二、设置表格内容的字体、字号

操作 1：选择单元格区域 A2:F2。在"开始"选项卡下的"字体"选项组中将字体设置为"华文中宋"，字号设置为 12。

操作 2：选择单元格区域 A3:F14。在"开始"选项卡下的"字体"选项组中将字体设置为"宋体"，字号设置为 11。效果如图 5-14 所示。

三、设置单元格对齐方式

操作 1：选择单元格区域 A2:F14。

操作 2：右击所选单元格区域，在弹出的菜单中选择"设置单元格格式"。

操作 3：弹出"设置单元格格式"对话框，选择"对齐"选项卡，在"文本对齐方式"区域下的"水平对齐"下拉列表框中选择"居中"，在"垂直对齐"下拉列表框中选择"居中"，如图 5-15 所示。效果如图 5-14 所示。

图 5-15　设置"对齐"选项卡

四、设置行高和列宽

操作 1：将鼠标移动到第 2 行的行号上，当光标变成 ➡ 形状时单击，按住鼠标左键并向下拖动至 14 行，即可选中第 2 行至第 14 行。

操作2：切换到功能区的"开始"选项卡，在"单元格"组中单击"格式"按钮，在弹出的菜单列表中，选择"行高"，如图5-16所示。

操作3：打开"行高"对话框，输入20，单击"确定"按钮，如图5-17所示。

图5-16 "行高"窗口

图5-17 "行高"对话框

操作4：使用鼠标调整列宽。

五、设置表格的边框和底纹

操作1：选择单元格区域A2:F14。

操作2：在"设置单元格格式"对话框中选择"边框"选项卡，首先在"颜色"下拉列表中选择"蓝色"，然后选择线条样式为粗实线，再单击"外边框"按钮，选择线条样式为细实线，然后单击"内部"按钮，如图5-18所示，效果如图5-14所示。

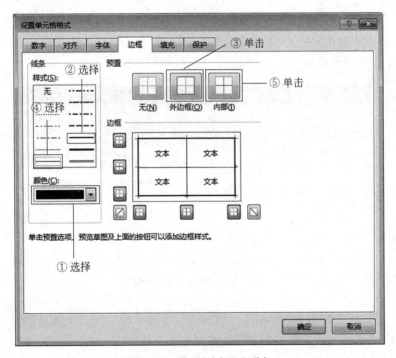

图5-18 设置"边框"选项卡

操作3：选择单元格区域 A1:F1，在"设置单元格格式"对话框中，选择"填充"选项卡，在"背景色"中选择"浅粉色"，如图 5-19 所示，效果如图 5-14 所示。

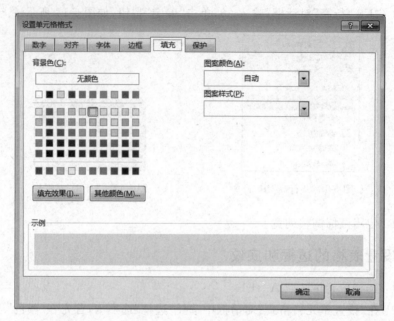

图 5-19　设置"填充"选项卡

六、打印工作表

操作1：切换到功能区的"页面布局"选项卡，在"页面设置"组中单击右下角的"页面设置"按钮，如图 5-20 所示。

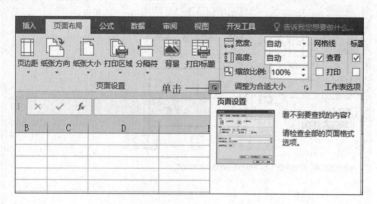

图 5-20　"页面设置"按钮

操作2：打开"页面设置"对话框。在"页面"选项卡的"方向"中选择"纵向"，在"纸张大小"下拉框中选择 A4，如图 5-21 所示。

操作3：在"页边距"选项卡中设置上、下、左、右四个页边距。

操作4：在"页眉/页脚"选项卡中单击"自定义页脚"按钮，弹出"页脚"对话框。在左

图 5-21 "页面设置"对话框

边文本框中插入"日期",单击"确定"按钮,如图 5-22 所示。

图 5-22 "页脚"对话框

操作 5:在"工作表"选项卡中设置打印区域等,单击"确定"按钮。

操作 6:切换到功能区的"文件"选项卡,选择"打印"选项,在右侧即可显示出工作表打印的预览效果。调整后,单击"打印"按钮,如图 5-23 所示。

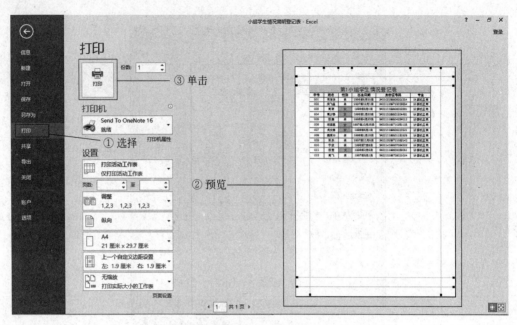

图 5-23　打印界面

【知识链接】

单元格的基本操作

1. 选择单元格

（1）单击某一个单元格，即可将其选中。

（2）单击要选择的单元格区域内的第一个单元格，拖动鼠标至选择区域内的最后一个单元格，释放鼠标左键后即可选择连续单元格区域。

（3）按住 Ctrl 键的同时单击要选择的单元格区域，即可选择不连续的单元格区域。

（4）单击行号和列标的左上角交叉处的"选定全部"按钮 ，即可选定整个工作表。或按 Ctrl＋A 快捷键也可以选择整个表格。

2. 插入与删除单元格

（1）插入单元格。选择目标单元格，切换到功能区中的"开始"选项卡，在"单元格"组中单击"插入"下的箭头，在弹出的菜单中选择"插入单元格"命令，打开"插入"对话框，在打开的对话框中设置插入单元格的位置，如图 5-24 所示。

提示：如果要插入多个单元格，则需要选择与要插入的单元格数量相同的单元格。

（2）删除单元格。选中将要删除的单元格，切换到功能区中的"开始"选项卡，在"单元格"组中单击"删除"下的箭头，在弹出的菜单中选择"删除单元格"命令，打开"删除"对话框，在打开的对话框中设置删除单元格的位置，如图 5-25 所示。

图 5-24 "插入"对话框

图 5-25 "删除"对话框

3. 合并与拆分单元格

（1）合并单元格。合并单元格是指将两个或多个选定的相邻单元格合并成一个单元格。单击"开始"选项卡下的"对齐方式"组中的"合并后居中"按钮的下拉箭头 ，即可合并单元格。

（2）拆分单元格。拆分单元格是合并单元格的逆向操作，如果多个单元格进行过合并，现在需要将合并的单元格拆分开，则可以单击"合并后居中"按钮的下拉箭头，选择"取消单元格合并"命令。

【知识拓展】

设置单元格数据类型

选择一个单元格或单元格区域，右击，在弹出的下拉列表中选择"设置单元格格式"，弹出"设置单元格格式"对话框，选择"数字"选项卡，在"分类"列表框中列出了各种数字格式，如图 5-26 所示。Excel 2016 提供了多种数字格式，如常规、数值、货币、日期、分数、文本、自定义等。

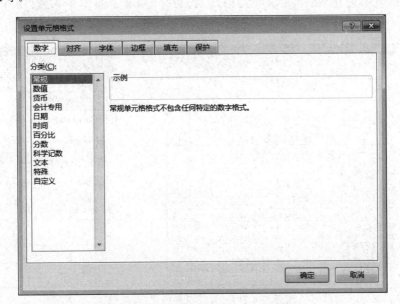
图 5-26 "设置单元格格式"对话框

1. 数值格式

数值格式主要用于设置小数点位数，用数值表示金额时，还可以使用千位分隔符表示。

2. 货币格式

货币格式主要用于设置货币的形式，包括货币类型和小数位数。

3. 日期格式

在单元格输入日期时，系统会以默认的日期和时间格式显示，也可以通过设置单元格格式输入多种不同类型的日期和时间格式。如选择图5-1中的D3:D14，在"日期"选项中的"类型"列表中选择"2012年3月14日"格式，单击"确定"按钮。效果如图5-14所示。

4. 分数格式

Excel中输入分数后会自动变成日期格式数据。要想显示为分数，可以先应用分数格式，再输入相应的数值。

5. 文本格式

文本格式包含字母、数字和符号等。在文本单元格格式中数字作为文本处理，单元格显示的内容与输入的内容完全一致。如输入001，默认情况下显示为1，若设置为文本格式，则显示为001。

【技能拓展】

一、设置条件格式

操作1：选择单元格区域C3:C14。

操作2：切换到功能区中的"开始"选项卡，在"样式"组中单击"条件格式"下拉按钮，在弹出的菜单中选择"突出显示单元格规则"命令，从其子菜单中选择"等于"命令，如图5-27所示。

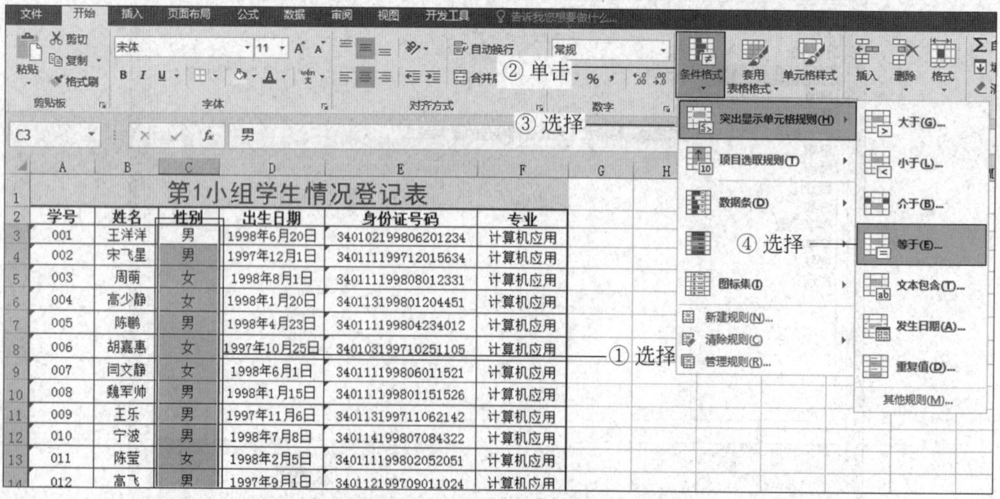

图5-27 打开"设置条件格式"对话框

操作3：打开"等于"对话框,在"为等于以下值的单元格设置格式"文本框中输入"女",在"设置为"下拉列表框中选择"浅红填充色深红色文本",单击"确定"按钮,如图5-28所示,效果如图5-14所示。

图5-28 "等于"对话框

提示：单击"开始"选项卡下的"样式"组中的"条件格式"下拉按钮,在弹出的菜单中选择"清除规则",可清除选择区域的规则或整个工作表的规则。

二、套用表格格式

根据不同的主题颜色和边框样式,Excel提供了60种表格格式,用户可以直接套用这些预设的表格格式,快速应用于所选的单元格区域。

操作1：选择单元格区域A2:F14。

操作2：切换到功能区中"开始"选项卡,在"样式"组中单击"套用表格格式"下拉按钮,在弹出的菜单中选择"表样式浅色20"样式,如图5-29所示。

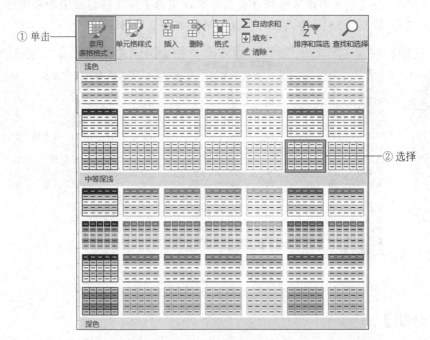

图5-29 "套用表格格式"窗口

操作3：单击样式,则会弹出"套用表格式"对话框,单击"确定"按钮即可套用一种样式,效果如图5-30所示。

	A	B	C	D	E	F
1	第1小组学生情况登记表					
2	学号	姓名	性别	出生日期	身份证号码	专业
3	001	王洋洋	男	1998年6月20日	340102199806201234	计算机应用
4	002	宋飞星	男	1997年12月1日	340111199712015634	计算机应用
5	003	周萌	女	1998年8月1日	340111199808012331	计算机应用
6	004	高少静	女	1998年1月20日	340131199801204451	计算机应用
7	005	陈鹏	男	1998年4月23日	340111199804234012	计算机应用
8	006	胡嘉惠	女	1997年10月25日	340103199710251105	计算机应用
9	007	闫文静	女	1998年6月1日	340111199806011521	计算机应用
10	008	魏军帅	男	1998年1月15日	340111199801151526	计算机应用
11	009	王乐	男	1997年11月6日	340113199711062142	计算机应用
12	010	宁波	男	1998年7月8日	340114199807084322	计算机应用
13	011	陈莹	女	1998年2月5日	340111199802052051	计算机应用
14	012	高飞	男	1997年9月1日	340112199709011024	计算机应用

图 5-30 套用格式的效果图

任务3 使用公式和函数计算数据

【任务情景】

每组制作"小组期末考试成绩统计表",计算该组每个学生的总成绩和平均分,统计各学科的最高分、最低分、不及格人数等信息。结果如图 5-31 所示。

	A	B	C	D	E	F	G	H	I	J	K
1	小组期末考试成绩统计表										
2	学号	姓名	性别	语文	数学	英语	计算机基础	总成绩	平均分	等级	排名
3	001	王洋洋	男	80	93	85	90	348	87.0	优	2
4	002	宋飞星	男	85	59	83	81	308	77.0	良	6
5	003	周萌	女	53	78	53	82	266	66.5	及格	11
6	004	高少静	女	90	78	82	86	336	84.0	良	3
7	005	陈鹏	男	58	55	60	48	221	55.3	不及格	12
8	006	胡嘉惠	女	85	90	89	95	359	89.8	优	1
9	007	闫文静	女	79	78	74	90	321	80.3	良	5
10	008	魏军帅	男	78	60	66	72	276	69.0	及格	9
11	009	王乐	男	68	54	75	79	276	69.0	及格	9
12	010	宁波	男	84	80	77	82	323	80.8	良	4
13	011	陈莹	女	79	62	91	64	296	74.0	良	7
14	012	高飞	男	57	75	78	80	290	72.5	良	8
15		最高分		90	93	89	95				
16		最低分		53	54	53	48				
17		不及格人数		3	3	1	1				

图 5-31 效果图

【任务分析】

对于大量的数据,如果逐个计算、处理,会浪费大量的人力和时间,灵活使用公式和函数可以大大提高数据分析的能力和效率。要实现上述任务,必须做好以下工作。

(1) 复制数据。

(2)计算总成绩。

(3)计算平均分。

(4)统计各学科最高分、最低分。

(5)统计各学科不及格人数。

【任务实施】

一、复制数据

操作1:新建工作表,命名为"小组期末考试成绩统计表"。

操作2:选择"小组学生情况登记表"中的A2:C14单元格区域,右击选择"复制"命令。

操作3:选择"小组期末考试成绩统计表"工作表,选择A2单元格。

操作4:切换到功能区的"开始"选项卡,在"剪贴板"组中单击"粘贴"按钮的向下箭头,在弹出的菜单中选择"粘贴数值",如图5-32所示。这样仅复制单元格的内容,而不复制单元格的格式。

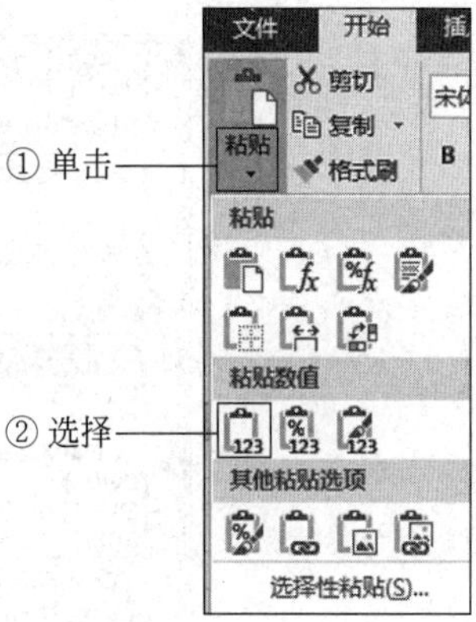

图5-32 "粘贴"窗口

二、计算总成绩

操作1:在单元格H2中输入"总成绩"。选择单元格H3。

操作2:切换到功能区的"开始"选项卡,在"编辑"组中单击"自动求和"按钮右侧的向下箭头 Σ自动求和 ,在弹出的菜单中选择"求和" Σ 求和(S)。在G3单元格中出现=SUM(D3:G3)。

操作3:检查出现的数据区域是不是需要求和的单元格区域。按下Enter键确认,得到计算结果。

操作4:使用填充柄功能复制公式到H14,效果如图5-31所示。

三、计算平均分

操作1:在单元格I2中输入"总成绩"。在单元格I3(或编辑栏)中输入公式=AVERAGE(D3:G3),按下Enter键。即可计算平均成绩。

操作2:使用填充柄填充至I14。

操作3:在"设置单元格格式"对话框中,设置小数位数为1,效果如图5-31所示。

四、统计各学科最高分、最低分

操作1:在B15单元格中输入"最高分",选择单元格D15。

操作2:切换到功能区的"公式"选项卡,在"函数库"组中单击"自动求和"下拉按钮,在弹出的菜单中选择"最大值",即可在D15单元格中显示计算公式=MAX(D3:D12),按下 Enter 键得到计算结果。

操作 3：将公式复制到 E15、F15、G15 单元格中，效果如图 5-31 所示。

提示：使用 MIN 函数计算各学科最低分，方法同计算各学科最高分。

五、统计各学科不及格人数

操作 1：在 B17 单元格中输入"不及格人数"，选择单元格 D17。

操作 2：单击编辑栏中的"插入函数"按钮 f_x 。

操作 3：打开"插入函数"对话框，在"或选择类别"下拉列表中选择"统计"，从"选择函数"列表框中选择 COUNTIF 函数，单击"确定"按钮，如图 5-33 所示。

图 5-33　"插入函数"对话框

操作 4：打开"函数参数"对话框，在 Range 框中输入单元格区域 D3：D14，在 Criteria 框中输入＜60，单击"确定"按钮，如图 5-34 所示。

图 5-34　"函数参数"对话框

操作 5：选择 D17，使用填充柄填充至 G17。效果如图 5-31 所示。

提示：count 函数是计算指定范围中的数字项的个数。counta 函数是计算指定范围中非空值的单元格个数。

【知识链接】

一、公式

公式由一系列单元格的引用、函数以及运算符等组成，是对数据进行计算和分析的等式。在 Excel 中利用公式可以对数据进行加、减、乘、除或比较等运算。公式可以引用同一工作表中的其他单元格、同一工作簿中不同工作表的单元格，或其他工作簿中工作表中的单元格。

1. 公式的结构

Excel 公式必须以等号"＝"开头，后面紧接着运算数和运算符，运算数可以是常数、单元格或区域的引用、单元格名称和函数等。

2. 公式中的运算符

在输入的公式中，各个参与运算的数字和单元格引用都由代表各种运算方式的符号连接而成，这些符号称为运算符。常用的运算符有四种：算术运算符、比较运算符、文本运算符和引用运算符。

常用的算术运算符：加号（＋）、减号（－）、乘号（＊）、除号（／）、求余（％）和乘方（^）。

常用的比较运算符：等号（＝）、大于号（＞）、小于号（＜）、小于等于（＜＝）、大于等于（＞＝）和不等于（＜＞）。

常用的文本运算符：连接符（&），该符号用于将两个或多个字符串连接起来。

常用的引用运算符：区域运算符（：）、联合运算符（，）、交叉运算符（空格）。

运算符的优先级别从高到低为：引用运算符、负数（－）、求余运算（％）、乘方（^）、乘号（＊）或除号（／）、加号（＋）或减号（－）、文本运算符、比较运算符。其中，先计算括号里的，同级运算按照从左到右的顺序。

二、函数

在 Excel 中将一组特定功能的公式组合在一起，就形成了函数。利用函数可以完成各种复杂数据的处理工作，提高工作效率。

函数的结构为：＝函数名（参数 1，参数 2，…），各部分含义如下。

1. 函数名

函数名即函数的名称，每个函数都有唯一的函数名。如求和函数 SUM()，平均值函数 AVERAGE()等。

2. 参数

参数是函数中用来执行操作或计算的值。参数的多少根据所选函数而定，按参数的数量和使用方式区分，函数有不带参数、只有一个参数、参数数量固定、参数数量不固定和具有可选参数之分。当函数名后面不带任何参数时,必须带一组空括号。参数的类型有常量、数组、单元格引用、逻辑值、错误值或嵌套函数等。

3. 函数的类型

Excel 的函数库中提供了多种函数,在"插入函数"对话框中可以查找到,按函数的功能,可以将其分为以下类型。

(1) 文本函数:用来处理公式中的文本字符串,如 TEXT 函数、LOWER 函数等。

(2) 逻辑函数:用来测试是否满足某个条件,并判断逻辑值,如 IF 函数。

(3) 日期和时间函数:用来分析或操作公式中与日期和时间有关的值,如 DAY 函数等。

(4) 数学及三角函数:用来进行数学和三角方面的计算,如 ABS 函数。

(5) 财务函数:用来进行有关财务方面的计算,如 PMT 函数等。

(6) 统计函数:用来对一定范围内的数据进行统计分析,如 MAX 函数、COUNTIF 函数等。

(7) 查看和引用函数:用来查找列表或表格中的指定值,如 VLOOKUP 函数。

(8) 其他函数:工程函数、信息函数等,也包括一些用于加载宏创建的函数。

【知识拓展】

单元格引用就是单元格的地址的引用。单元格引用的作用是标识工作表上的单元格或单元格区域,并指明公式中所用的数据在工作表中的位置。单元格的引用通常分为相对引用、绝对引用和混合引用。

1. 相对引用

相对引用是指单元格的引用会随公式所在单元格的位置的变更而改变。当复制公式时,被粘贴公式中的引用将被更新,并指向与当前公式位置相对应的单元格。默认情况下,Excel 公式使用的是相对引用。如单元格 F3 中的公式是=C3+D3+E3,将单元格 F3 中的公式复制到单元格 F4,单元格 F4 的公式则会变成=C4+D4+E4。

2. 绝对引用

绝对引用是指在复制公式时,无论如何改变公式的位置,其引用单元格的地址都不会改变。绝对引用的表示形式是在单元格的行号和列标前加入符号＄。如单元格 F3 中的公式是=＄C＄3+＄D＄3+＄E＄3,将单元格 F3 中的公式复制到单元格 F4,单元格 F4 的公式仍是=＄C＄3+＄D＄3+＄E＄3。

3. 混合引用

混合引用是指相对引用与绝对引用同时存在于一个单元格的地址引用中。如果公式所在单元格的位置改变,相对引用部分会改变,而绝对引用部分不变。如单元格 F3 中的公式是=＄C3+D＄3+E3,将单元格 F3 中的公式复制到单元格 F4,单元格 F4 的公式则是=＄C4+D＄3+E4。

【技能拓展】

一、使用 IF 嵌套函数计算考试成绩等级

操作1：选中要计算等级的单元格J3,输入＝IF(I3＞＝80,"优",IF(I3＞＝70,"良",IF(I3＞＝60,"及格","不及格")))。

操作2：按下 Enter 键。拖动 J3 单元格右下角的填充柄,分别计算出其他学生的成绩等级。效果如图 5-31 所示。

二、使用 RANK 函数排序

操作1：在 K3 单元格中输入公式＝RANK(H3,＄H＄3：＄H＄22)。

操作2：按下 Enter 键。拖动 K3 单元格右下角的填充柄,分别计算出其他学生的排名。效果如图 5-31 所示。

任务4　电子表格的数据管理

【任务情景】

将本小组学生的总成绩进行排序,筛选出所有科目考试成绩都在 85 分以上的学生,并汇总该组男生、女生的平均分。

【任务分析】

在面对包含成千上万条数据信息的表格时,经常会显得无所适从。如何快速查找、筛选出所需信息,对特定数据进行比较、汇总等,也是 Excel 使用中的一大难点。要实现上述任务,必须做好以下工作。

(1) 数据的排序。

(2) 数据的筛选。

(3) 数据的分类汇总。

【任务实施】

一、数据的排序

操作1：打开"小组期末考试成绩统计表",选择总成绩所在 H 列的任意一个单元格(如 H4)。

操作2：切换到功能区的"数据"选项卡,在"排序和筛选"组中单击"降序"按钮,即可按照总成绩由高到低的顺序显示数据,如图 5-35 所示。

图 5-35 按总成绩降序排序

二、数据的筛选

操作1：单击数据区域的任意一个单元格（如 B4）。

操作2：在"数据"选项卡下的"排序和筛选"组中单击"筛选"按钮，在表格中的每个标题右侧将显示一个向下箭头，如图 5-36 所示。

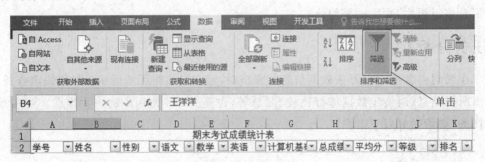

图 5-36 "筛选"窗口

操作3：单击"语文"右侧的向下箭头，从下拉菜单中选择"数字筛选"下的"介于"选项，如图 5-37 所示。

操作4：出现"自定义自动筛选方式"对话框，在"大于或等于"右侧的文本框中输入85，在"小于或等于"右侧的文本框中输入100。选中"与"单选按钮，单击"确定"按钮，如图 5-38 所示。

操作5：按照同样的方法，筛选出"数学""英语""计算机基础"大于等于 85 分的学生。筛选结果如图 5-39 所示。

提示：再次单击"数据"选项卡下"排序和筛选"组中的"筛选"按钮，即可退出筛选。

图 5-37　筛选"语文"条件

图 5-38　"自定义自动筛选方式"对话框

图 5-39　显示筛选后的结果

三、数据的分类汇总

操作1：对"性别"进行降序排序。

操作2：单击数据区域的任意一个单元格（如 B4）。

操作3：切换到功能区的"数据"选项卡，在"分级显示"组中单击"分类汇总"按钮。

操作4：出现"分类汇总"对话框，在"分类字段"列表框中选择"性别"，在"汇总方式"列表框中选择"平均值"，在"选定汇总项"列表框中选择"总成绩"，如图5-40所示。

操作5：单击"确定"按钮，即可得到分类汇总结果，如图5-41所示。

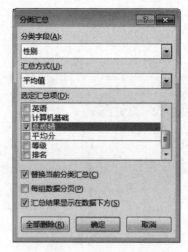

图 5-40 "分类汇总"对话框

	A	B	C	D	E	F	G	H	I
1	小组期末考试成绩统计表								
2	学号	姓名	性别	语文	数学	英语	计算机基础	总成绩	平均分
3	006	胡嘉惠	女	85	90	89	95	359	89.8
4	004	高少静	女	90	78	82	86	336	84.0
5	007	闫文静	女	79	78	74	90	321	80.3
6	011	陈莹	女	79	62	91	64	296	74.0
7	003	周萌	女	53	78	53	82	266	66.5
8			女 平均值						78.9
9	001	王洋洋	男	80	93	85	90	348	87.0
10	010	宁波	男	84	80	77	82	323	80.8
11	002	宋飞星	男	85	59	83	81	308	77.0
12	012	高飞	男	57	75	78	80	290	72.5
13	008	魏军帅	男	78	60	66	72	276	69.0
14	009	王乐	男	68	54	75	79	276	69.0
15	005	陈鹏	男	58	55	60	48	221	55.3
16			男 平均值						72.9
17			总计平均值						75.4

图 5-41 分类汇总的效果图

【知识链接】

一、排序

在 Excel 中对数据进行排序是指按照一定的规则对工作表中的数据进行排列,以进一步处理和分析这些数据。排序主要有三种方式:单条件排序、多条件排序和自定义排序。

1. 单条件排序

单条件排序可以根据一行或一列的数据对整个数据表按照升序或降序的方法进行排序。

2. 多条件排序

多条件排序是指对选定的数据区域按照两个以上的关键字进行按行或按列排序。

3. 自定义排序

自定义排序是指对选定的数据区域按用户定义的顺序进行排序。

二、筛选

数据筛选是指只显示符合用户设置条件的数据信息，同时隐藏不符合条件的数据信息的过程。使用数据筛选可以快速显示选定数据信息，从而提高工作效率。Excel 提供了多种筛选数据的方法，包括自动筛选、高级筛选和自定义筛选。

自动筛选是指按单一条件进行的数据筛选，从而显示符合条件的数据行。使用自动筛选时，对于某些特殊的条件，可以使用自定义自动筛选对数据进行筛选。如果要对字段设置多个复杂的筛选条件，可以使用 Excel 提供的高级筛选功能。设置完自动筛选后，再次单击筛选按钮，可以取消筛选。

三、分类汇总

分类汇总是指根据指定的类别将数据以指定的方式进行统计，使其结构更清晰，便于用户查找数据。简单分类汇总用于对数据清单中的某一列排序，然后进行分类汇总。高级分类汇总主要用于对数据清单中的某一列进行两种方式的汇总。相对简单分类汇总而言，其汇总的结果更加清晰，更便于用户分析数据。

对数据进行分类汇总后，再次打开"分类汇总"对话框，单击"全部删除"按钮，即可取消分类汇总。

【知识拓展】

一、高级筛选

高级筛选是指根据条件区域设置筛选条件而进行的筛选，且筛选结果可显示在原数据表格中，也可以在新的位置显示筛选结果。使用高级筛选之前应先建立一个条件区域，用来指定筛选的数据必须满足的条件。在条件区域中要求包含作为筛选条件的字段名，字段名下面必须有两个空行，一行用来输入筛选条件，另一行作为空行用来把条件区域和数据区域分开。

构造筛选条件是条件检索的基础，筛选条件可以使用通配符？和＊。若筛选条件较多时，在条件区域的同一行中输入多重条件，条件之间是"与"的关系。将条件放在不同的行中，条件之间是"或"的关系。具体操作只需在"高级筛选"对话框中指定"列表区域""条件区域""复制到"的正确位置即可。

二、嵌套分类汇总

嵌套分类汇总是对数据清单中两列或者两列以上的数据信息同时进行汇总。在创建嵌套分类汇总前，需要对多次汇总的分类字段排序，由于排序字段不只一个，因此属于多条件排序。

对数据进行分类汇总后，在数据区域左侧会显示一些层次分明的分级显示按钮，单击这些按钮可以隐藏相应的汇总数据。

【技能拓展】

多条件排序是指对选定的数据区域按照两个以上的排序关键字排序的方法。下面以"班级期末考试成绩统计表"的"总成绩"降序排列,总分相同的按"语文"降序排列为例,操作步骤如下。

操作1:单击数据区域的任意一个单元格。

操作2:单击"数据"选项卡下"排序和筛选"组中的"排序"按钮。

操作3:打开"排序"对话框,在"主要关键字"下拉列表框中选择"总成绩",将"排序依据"设置为"数值",将"次序"设置为"降序"。

操作4:单击"添加条件"按钮,将"次要关键字"设置为"语文",将"排序依据"设置为"数值",将"次序"设置为"降序",如图5-42所示。

操作5:单击"确定"按钮,即可看到排序的结果。

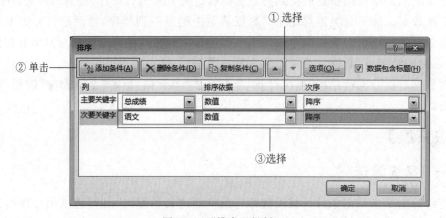

图5-42 "排序"对话框

任务5 使用图表和数据透析图表分析数据

【任务情景】

老师问:表格中的数据信息量很大,往往看得人眼晕头大,有没有办法让这些数据更加直观地显示出来呢?学生回答:可以通过图表将数据用图形表示出来,这样看起来就更加直观、更容易理解。老师布置任务:创建学生成绩图表,图表创建完成后,可以通过设置图表格式来美化图表。下面为班级期末考试成绩表创建透视表和透视图。

【任务分析】

为了使数据更加直观,可以将数据以图表的形式展示出来,因为利用图表可以很容易发现数据间的对比或联系。Excel 另一个分析数据的利器就是数据透视图表,它具有很强的交互性,可以把输入的数据进行不同的搭配,获得不同的显示以及统计结果。要实现上述任务,必须做好以下工作。

(1) 创建图表。
(2) 编辑与美化图表。
(3) 创建数据透视表。
(4) 创建数据透视图。

【任务实施】

一、创建图表

操作 1:选择 B2:B14,按住 Ctrl 键同时选择 D2:G14 单元格区域。

操作 2:切换到功能区的"插入"选项卡,在"图表"组中的右下角单击"查看所有图表"按钮 。

操作 3:打开"插入图表"对话框,切换到"所有图表"选项卡,选择"簇状柱形图",单击"确定"按钮,如图 5-43 所示。

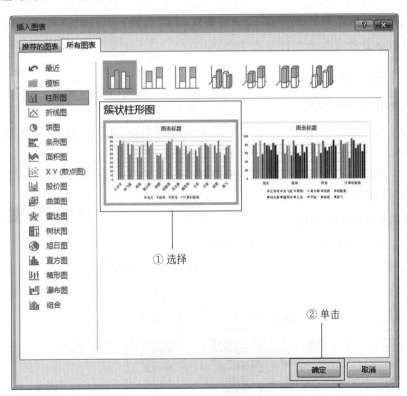

图 5-43 "插入图表"对话框

操作 4:返回工作表,即可看到插入图表后的效果,如图 5-44 所示。

提示:Excel 2016 提供了"图表推荐"功能,当用户选择了要创建图表的单元格区域

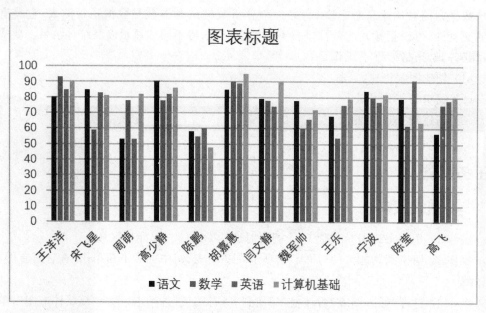

图 5-44 创建的图表

后,单击"插入"选项卡下"图表"组中的"推荐的图表"按钮,系统将自动对这些数据进行分析,并智能判断出最适合的几种图表类型。

二、编辑与美化图表

1. 调整图表大小、位置

操作1:在当前工作表中,单击图表区并按住鼠标左键进行拖动,即可移动图表的位置。

操作2:将鼠标移动到图表的浅蓝色边框的控制点上,当鼠标形状变为双向箭头时拖动即可调整图表的大小。

2. 添加并修饰图表标题

操作1:单击图表将其选中,单击左侧的"图表元素"按钮,在弹出的菜单中选中"图表标题"复选框,再单击该复选框右侧的箭头,选择一种放置标题的方式"图表上方",如图 5-45 所示。

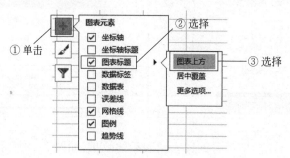

图 5-45 选择"图表标题"

操作2：在文本框中输入标题"学生期末考试成绩表"。

操作3：右击标题，在弹出的菜单中选择"设置图表标题格式"命令。

操作4：打开"设置图表标题格式"窗格，单击"标题选项"按钮，在"填充"中选中"渐变填充"单选框，即可修饰标题，如图5-46所示。

提示：可以为标题设置填充、边框颜色、样式、阴影、三维格式以及对齐方式等。

3. 添加图例

操作：单击图表将其选中，切换到功能区的"图表工具"下的"设计"选项卡，在"图表布局"组中单击"添加图表元素"按钮，在弹出的菜单中选择"图例"命令，再选择一种放置的方式"底部"，即可添加图例，如图5-47所示。

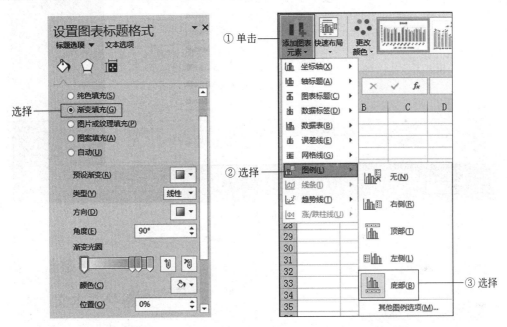

图5-46 "设置图表标题格式"窗格　　　　图5-47 添加图例

三、创建数据透视表

操作1：切换到功能区的"插入"选项卡，在"表格"组中单击"数据透视表"按钮。

操作2：弹出"创建数据透视表"对话框，在"请选择要分析的数据"区域单击选中"选择一个表或区域"单选框，在"表/区域"文本框中设置数据透视表的数据源，单击其后的按钮，用鼠标拖拽选择A2:I14单元格区域即可。在"选择放置数据透视表的位置"区域选择"新工作表"单选框，单击"确定"按钮，如图5-48所示。

操作3：弹出数据透视表的编辑界面，将"性别"字段拖到筛选器，"姓名"拖到"行"区域中，"总成绩"拖到"值"区域中，即可创建数据透视表，如图5-49所示。

四、创建数据透视图

操作1：选定数据透视表中的任意一个单元格。

图 5-48 "创建数据透视表"对话框

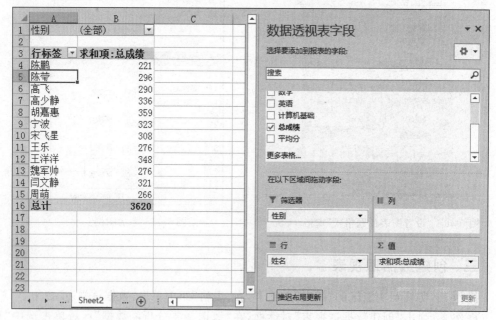

图 5-49 创建数据透视表

操作 2：切换到功能区的"数据透视表工具"中的"分析"选项卡，在"工具"组中单击"数据透视图"按钮。

操作 3：出现"插入图表"对话框，从左侧列表框中选择图表类型"柱形图"，从右侧列表框中选择子类型"簇状柱形图"，如图 5-50 所示。

操作 4：单击"确定"按钮，即可插入图表，如图 5-51 所示。

操作 5：在"数据透视图筛选窗格"中，在"性别"下拉列表框内选中"女"，单击"确定"按钮，即可看到数据透视图中筛选出的数据，如图 5-52 所示。

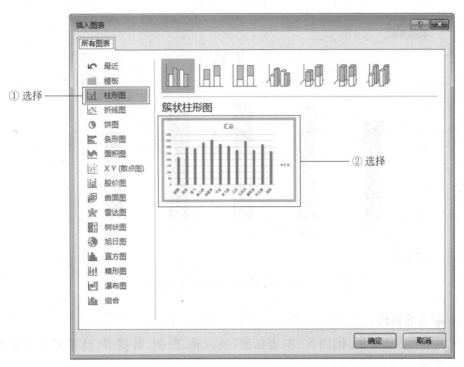

图 5-50 "插入图表"对话框

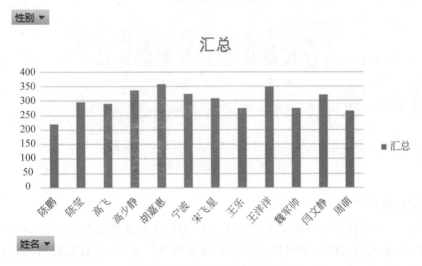

图 5-51 创建好的数据透视图

【知识链接】

一、图表

图表是数据直观的表现形式,可以更清晰地显示数据的差异和走势,以及数据之间的关系,帮助用户进行数据分析、辅助决策。

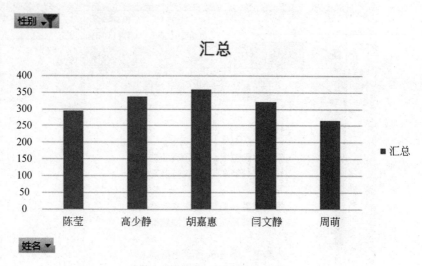

图 5-52 筛选后的数据透视图

1. 图表的结构

图表主要由图表区、绘图区、图表标题、坐标轴、图例、数据表、数据标签等组成，如图 5-53 所示。

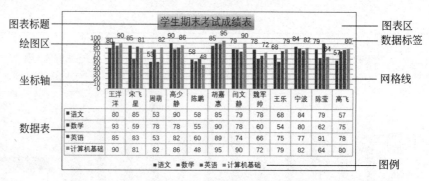

图 5-53 图表的结构图

2. 图表的类型

为满足对数据处理的不同需求，Excel 2016 提供了多种图表类型，其中常见的图表类型有柱形图、折线图、饼图、条形图、面积图、散点图等。此外，还有股价图、曲面图、雷达图、树状图、旭日图、直方图、箱形图、瀑布图等。

二、数据透视表和数据透视图

数据透视表是一种对大量数据快速汇总和建立交叉列表的交互式动态的表格，可以进行某些计算，如求和与计数等。之所以称为数据透视表，是因为可以动态地改变它们的版面布置，以便按照不同的方式分析数据。

数据透视图是数据透视表的图形表达方式，其图表类型和与前面介绍的一般图表类型类似。数据透视图是一种交互式的图表。用户可以直接在图表中进行选择和设置，以决定所要显示的数据和方式。

【知识拓展】

迷 你 图

迷你图是一种可直接在 Excel 工作表单元格中插入的微型图表，可以对单元格中的数据进行最直观的表示。迷你图常用于显示一系列数值的变化趋势，或突出显示最大值和最小值。当工作表单元格行或列中呈现的数据很难一目了然地发现其规律时，用户可以通过在数据旁边插入迷你图来对这些数据进行分析。

与 Excel 工作表上的图表不同，迷你图并非对象，故不能像图表一样在工作表中随意移动。迷你图具有以下优点。

（1）可以直观清晰地看出数据的分布形态。

（2）可减小工作表的空间占用大小。

（3）待数据变化时，可快速查看迷你图的相应变化。

（4）可使用填充输入快速创建迷你图。

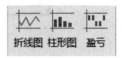

迷你图分为折线图、柱形图和盈亏三种，如图 5-54 所示。用户可根据自身的实际需求来选择合适的迷你图类型。

图 5-54　迷你图类型

【技能拓展】

一、创建迷你图

操作1：打开"小组学生情况简明登记表"工作簿，选择"小组期末考试成绩统计表"工作表中的 L3 单元格。

操作2：切换到功能区的"插入"选项卡，在"迷你图"组中单击"折线图"按钮。

操作3：弹出"创建迷你图"对话框，在"数据范围"文本框中选择引用数据单元格区域 D3:G3，在"位置范围"文本框中选择插入迷你折线图目标位置单元格，单击"确定"按钮，如图 5-55 所示。

操作4：在单元格中创建迷你折线图，使用填充柄功能复制公式到 L14，如图 5-56 所示。

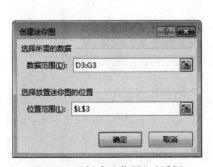

图 5-55　"创建迷你图"对话框

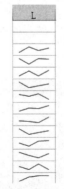

图 5-56　迷你折线图

二、设置图表样式和布局

操作 1：单击图表中的图表区。

操作 2：切换到功能区的"图表工具"下的"设计"选项卡，在"图表样式"组中选择图表的颜色搭配方案"样式 4"，如图 5-57 所示。

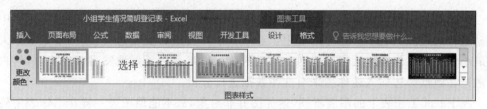

图 5-57　设置图表样式

操作 3：在"图表工具"下的"设计"选项卡的"图表布局"组中单击"快速布局"按钮，在弹出的下拉菜单中选择图表的布局类型"布局 5"，如图 5-58 所示。选择图表样式和布局后，即可得到最终的效果，如图 5-59 所示。

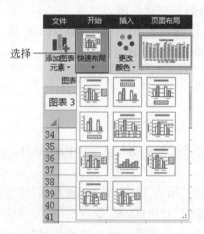

图 5-58　设置图表布局

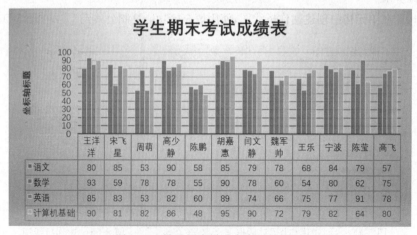

图 5-59　设置图表样式和布局效果图

综合实训

【实训任务】

根据操作要求,完成工作簿操作任务和 Excel 数据操作任务。

一、工作簿操作任务

(1) 打开 Excel 工作簿:打开"员工信息登记表.xlsx"和"员工工资表.xlsx"。

(2) 插入和删除工作表行列:因为"田秋秋"离职了,在"员工信息登记表.xlsx"的"员工信息登记表"中删除表格的第 20 行。在"员工工资表.xlsx"的"员工工资表"中,第 D 列前插入一列。并将"员工信息登记表"中的 E 列复制到"员工工资表"中插入的列。

(3) 输入编号:在"员工信息登记表.xlsx"的"员工信息登记表"中,使用填充柄输入"员工编号"列的内容 09001~09020。

(4) 设置单元格格式:在"员工信息登记表.xlsx"的"员工信息登记表"中,设置 A1:H1 单元格区域合并后居中;设置表格标题"员工信息登记表"为黑体,20 号字;调整标题行的行高为 30。设置 F 列的"入职时间"为"2012 年 3 月 14 日"格式。在"员工工资表.xlsx"中,选择"员工工资表",设置表格内数字添加货币符号(人民币符号),小数位数 2 位,并调整好列宽。

(5) 设置表格边框和底纹:在"员工信息登记表.xlsx"的"员工信息登记表"中为表格设置粗实线的外边框,细实线的内边框(除表格标题)。为 A2:A22 单元格区域添加"黄色"底纹。

(6) 页面设置:在"员工工资表.xlsx"的"员工工资表"中,设置打印纸张为 A4;方向为横向;页边距上、下、左、右设置为 2.1cm;页眉设置为"2016 年 1 月工资表",靠左放置。

二、Excel 数据操作任务

(1) 公式(函数)应用:在"员工工资表.xlsx"的"员工工资表"中,计算"应发工资"(应发工资为前三项的和)和"实发工资"(实发工资＝应发工资－社保);计算"实发工资"的平均值、最大值和最小值;利用 COUNTIF 函数计算实发工资大于等于 5000 元的人数;利用 IF 函数计算"绩效奖金"(基本工资大于等于 6000 元,奖金为 3000 元;基本工资大于等于 4000 元,小于 6000 元,奖金为 2000 元;基本工资小于 4000 元,奖金为 1000 元)。

(2) 工作表复制和重命名:在"员工信息登记表.xlsx"中,复制工作表 1 个,将复制的工作表命名为"员工信息筛选表"。在"员工工资表.xlsx"中,复制工作表 3 个,分别命名为"员工工资排序表""员工工资分类汇总表""员工工资数据透视表"。

(3) 数据排序：在"员工工资表.xlsx"中，选择"员工工资排序表"，对数据按"实发工资"由高到低进行排序。

(4) 数据筛选：在"员工信息登记表.xlsx"中，选择"员工信息筛选表"工作表，筛选出所在部门为"研发部"的员工信息。

(5) 分类汇总：在"员工工资表.xlsx"中，选择"员工工资分类汇总表"，将表格中的数据按所在部门进行分类汇总，汇总项是"实发工资"，汇总方式为"平均值"。

(6) 建立图表：在"员工工资表.xlsx"中，选择"员工工资表"，选择"姓名""实发工资"两列建立图表，图表的标题为"员工实发工资图"，图表类型为"三维簇状柱形图"，需要"图例"。

(7) 数据透视表：在"员工工资表.xlsx"中，选择"员工工资数据透视表"，选择 L2 单元格，建立数据透视表，数据透视表筛选项为"所在部门"，行标签为"姓名"，列标签为"性别"，数值项为"实发工资"，数值汇总方式为"求和"。

(8) 保存 Excel 工作簿：保存"员工信息登记表.xlsx"和"员工工资表.xlsx"。

【实训准备】

Excel 文档"员工信息登记表.xlsx"和"员工工资表.xlsx"，如图 5-60 和图 5-61 所示。

	A	B	C	D	E	F	G	H
1	员工信息登记表							
2	编号	姓名	性别	出生日期	所在部门	入职时间	职务	联系方式
3		陈青花	女	1983-8-28	市场部	2005-2-2	部门经理	13339038897
4		张天华	男	1972-7-15	研发部	2000-4-13	部门经理	18755322301
5		李斌	男	1980-11-1	研发部	2004-5-15	项目主管	18955385292
6		高强	男	1985-12-7	研发部	2013-6-11	研发人员	15212264350
7		王宝超	男	1989-5-18	研发部	2014-5-8	研发人员	15955384165
8		李晓云	女	1981-4-30	人事部	2006-1-1	部门经理	13695533745
9		刘伟	男	1988-8-26	人事部	2014-12-1	普通员工	13033036963
10		冯登	男	1975-6-10	测试部	2003-9-1	部门经理	17755353587
11		柳菲	女	1990-8-30	测试部	2015-3-8	测试人员	15385538731
12		王霜	女	1987-3-2	测试部	2011-5-6	测试人员	18256577724
13		任敏	女	1992-10-4	市场部	2015-7-6	销售人员	18855364473
14		蔡峰	男	1986-1-23	市场部	2009-12-1	销售人员	13856914676
15		范楠楠	女	1993-7-12	人事部	2016-2-1	普通员工	13565753303
16		谢飞	男	1979-9-23	研发部	2007-2-1	项目主管	13932145687
17		李丽	女	1990-2-21	研发部	2015-12-1	研发人员	18055365509
18		赵是非	男	1989-1-15	市场部	2013-11-3	销售人员	18155376325
19		黄晓明	男	1981-12-22	技术支持部	2008-10-20	部门经理	13405512507
20		田秋秋	女	1988-9-13	技术支持部	2013-1-1	技术人员	18305534087
21		周勇	男	1984-7-21	技术支持部	2008-9-1	技术人员	18985538721
22		张艳艳	女	1991-10-20	技术支持部	2015-12-1	技术人员	13666160976

图 5-60 员工信息登记表

注意：遵守计算机操作安全规范，保持机位清洁卫生。

	A	B	C	D	E	F	G	H	I	J	K
1				员工工资表							
2	员工编号	姓名	性别	基本工资	住房补贴	午餐补助	应发工资	社保	实发工资	绩效奖金	
3	09001	陈青花	女	6800	458	300		155			
4	09002	张天华	男	7800	510	300		180			
5	09003	李斌	男	6000	385	300		120			
6	09004	高强	男	4200	340	300		87			
7	09005	王宝超	男	3600	312	300		75			
8	09006	李晓云	女	6500	412	300		145			
9	09007	刘伟	男	3600	312	300		75			
10	09008	冯登	男	7200	500	300		165			
11	09009	柳菲	女	2800	295	300		60			
12	09010	王霜	女	4300	340	300		87			
13	09011	任敏	女	2800	295	300		60			
14	09012	蔡峰	男	4800	350	300		92			
15	09013	范楠楠	女	2500	295	300		60			
16	09014	谢飞	男	5800	365	300		105			
17	09015	李丽	女	3000	300	300		75			
18	09016	赵是非	男	3800	312	300		75			
19	09017	黄晓明	男	5500	365	300		105			
20	09018	周勇	男	5000	355	300		95			
21	09019	张艳艳	女	2800	295	300		60			
22							平均值				
23							最大值				
24							最小值				
25							实发工资大于等于5000元的人数				

图 5-61　员工工资表

习　　题

一、选择题

1. 默认情况下，Excel 2016 在新建的空白工作簿中包含_____个工作表。
   A. 1　　　　　　　B. 2　　　　　　　C. 3　　　　　　　D. 4

2. 一个 Excel 工作表中第 3 行第 4 列的单元格地址是_____。
   A. 4B　　　　　　B. 4C　　　　　　C. C4　　　　　　D. B5

3. 表示从单元格 A1 到单元格 C5 整个区域的表达式为_____。
   A. A1,C5　　　　　B. A1:C5　　　　　C. A1;C5　　　　　D. A1!C5

4. 在 Excel 中输入以数字 0 开头的数字串，将自动省略 0，要保持输入的内容不变，可以先输入_____。
   A. ,　　　　　　　B. ;　　　　　　　C. :　　　　　　　D. '

5. 使用单元格地址 ＄A＄1 可以引用工作表第 A 列第 1 行的单元格，这称为对单元格的_____。
   A. 相对引用　　　　B. 混合引用　　　　C. 绝对引用　　　　D. 三维地址

6. _____是显示一个数据系列中各项的大小与各项总和的比例。
   A. 柱形图　　　　　B. 条形图　　　　　C. 折线图　　　　　D. 饼图

7. 一个单元格的内容是 9,单击该单元格,编辑栏中不可能出现的是_____。
   A. 9   B. 5+4
   C. =5+4   D. =SUM(A1:A3)
8. 统计出单元格区域中满足条件的单元数目的函数是_____。
   A. COUNT   B. COUNTA   C. COUNTIF   D. MAX
9. 在单元格中出现#N/A 的错误信息,表示_____。
   A. 输入单元格中的数值太长,单元格容纳不下
   B. 除数使用了指向空白单元格或者零值
   C. 在函数和公式中没有可用的数值可以引用
   D. 使用了不正确的区域运算或者不正确的单元格引用
10. 在 Excel 2016 中,创建数据透视表,需要使用功能区的_____选项卡。
    A. 开始   B. 数据   C. 插入   D. 视图

二、填空题

1. Excel 2016 工作簿文件的默认扩展名为_____。
2. 如果在单元格中输入的数据较多,在换行处按_____键,可以实现换行。
3. 在 Excel 工作表中,数值型数据的默认对齐方式是_____。
4. 在 Excel 2016 中调整行高列宽,则需要使用"开始"选项卡中的_____按钮。
5. 在 Excel 中向某一单元格输入公式或函数时应以_____开头。
6. 在单元格中输入公式=14−5*10%4/2,计算结果为_____。
7. 在 Excel 2016 中,进行分类汇总操作之前,必须对数据清单中的分类字段进行_____操作。
8. 若 J5 单元格中的公式为=＄H＄5+I5,将公式填充到 J6 单元格,则单元格 J6 的公式为_____。
9. 高级筛选中,在条件区域中将两个条件放在不同的行,那么这两个条件是_____关系。
10. 迷你图是工作表_____中的一个微型图表。

三、思考与操作

新建空白工作簿,按图 5-62 所示,输入数据。Sheet1 表格重命名为"商品销售统计表"。对表格格式和数据格式的设置要求如下。

(1) 设置 A1:H1 单元格区域合并后居中;设置表格标题"商品销售统计表",设置字体为"华文琥珀",字号为 20,表格中的数据全部设置为宋体,字号为 12。调整标题行的行高为 28。

(2) 设置表格的格式:表格设置对齐方式,水平对齐为"靠左",垂直对齐为"居中"。表格设置粗实线的外边框,虚线的内边框(除表格标题)。

(3) 为"类别""饮料"的商品设置条件格式。

(4) 选择"产品名称""销售量"两列建立图表,图表的标题为"商品销售量",图表类型为"折线图"。

	A	B	C	D	E	F	G	H
1	商品销售统计表							
2	产品ID	产品名称	供应商	类别	单位数量	单价	销售量	销售额
3	0001	牛奶	佳佳乐	饮料	每箱24瓶	¥19.00	17	
4	0002	饼干	正一	点心	每箱30盒	¥17.45	29	
5	0003	花生	康堡	点心	每箱30包	¥10.00	3	
6	0004	汽水	佳佳乐	饮料	每箱12瓶	¥4.50	20	
7	0005	巧克力	小当	点心	每箱30盒	¥14.00	76	
8	0006	牛肉干	小当	点心	每箱30包	¥43.90	49	
9	0007	糖果	正一	点心	每箱30盒	¥9.20	25	
10	0008	白奶酪	康堡	日用品	每箱12瓶	¥32.00	9	
11	0009	番茄酱	佳佳乐	调味品	每箱12瓶	¥10.00	13	
12	0010	味精	康堡	调味品	每箱30包	¥5.50	39	
13						总和		

图 5-62　商品销售统计表

（5）计算每个商品的"销售额"（销售额＝单价×销售量）。计算所有商品的销售量总和、销售额总和。

（6）对数据按"销售额"由高到低进行排序。

（7）筛选出供应商为"康堡"的商品。

（8）将表格中的数据按类别进行分类汇总，汇总项是"销售量""销售额"，汇总方式为"求和"。

（9）在新的工作表中建立数据透视表，数据透视表筛选项为"类别"，行标签为"产品名称"，列标签为"供应商"，数值项为"销售额"，数值汇总方式为"求和"。根据数据透视表创建数据透视图，图表类型"簇状柱形图"。并将新的工作表命名为"商品销售数据透视表"。

（10）保存工作簿，命名为"销售统计.xlsx"。

单元 6 多媒体软件应用

随着信息化技术的发展、智能手机的普及，原本专业的多媒体设备已经进入寻常百姓的生活中，文本、图像、音频、视频等多媒体信息随手拈来。同学们在日常的学习生活中，拍摄了许多精彩的瞬间、片段，通过多媒体软件的加工、处理，制作成电子相册和视频短片发布在个人博客或 QQ 空间里，可以和亲朋好友一起分享生活中的乐趣。

本单元主要学习如何获取文本、图像、音频、视频等素材，然后通过多媒体软件的处理，制作出精美的电子相册或视频短片。

任务 1 获取多媒体素材

【任务情景】

巢湖是大湖名城——合肥的内辖湖，是中国五大淡水湖之一，江、湖、山、泉并存，以水见长，湖光、温泉、山色是"巢湖风景三绝"。为了让更多的人了解巢湖，王辉同学想制作一个有关巢湖的风光短片，这需要搜集一些有关"巢湖"的文字、图像、音频等资料。怎样才能找到需要的素材呢？你能帮帮他吗？

【任务分析】

为了便于后期使用，建议利用互联网进行搜索来获取需要的文字、图像、音频等多种媒体资源。针对不同的媒体信息，需要采用不同的获取方式。本任务可以分解为以下步骤。

（1）文字获取。

（2）图像获取。

（3）音视频获取。

【任务实施】

一、文字获取

操作1：打开 Microsoft Edge 浏览器，在地址栏中输入网址 www.baidu.com，打开搜索网站"百度"。

操作2：在搜索栏中输入"描写巢湖的诗句"，如图 6-1 所示，百度一共搜索到 124000 条与此相关的信息。

图 6-1　百度搜索页面

操作3：打开第一个链接，按住鼠标左键不放拖动，选中所需文字，右击，在弹出的快捷菜单中选择复制（或按 Ctrl＋C 快捷键），如图 6-2 所示，将所选文字复制到剪贴板上。

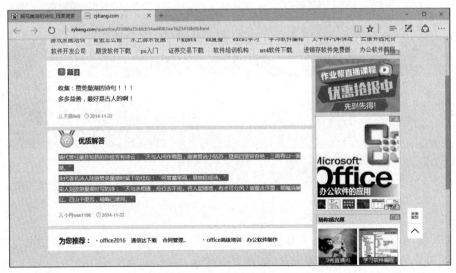

图 6-2　复制网页中的文字

操作 4：打开 Word 2016，按 Ctrl＋V 快捷键粘贴，将其粘贴到 Word 文档中，如图 6-3 所示，保存文件命名为"描写巢湖的诗句"。

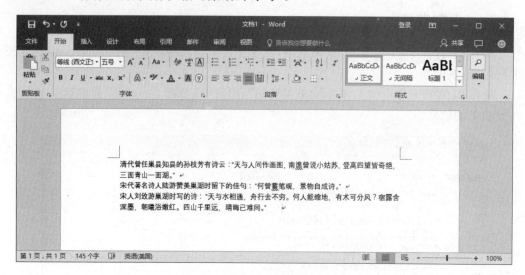

图 6-3　将文字粘贴到 Word 中

二、图像获取

操作 1：单击百度页面中的"图片"选项，搜索有关巢湖的图片资料，如图 6-4 所示。

图 6-4　搜索"巢湖"图片

操作 2：单击选中的图像，在新选项卡中打开图像的大图，右击，在弹出的快捷菜单中选择"将图片另存为"，保存图像信息，如图 6-5 所示。

图 6-5　保存图片

操作3：在打开的保存图片对话框中，设置保存位置为"图片库"，保存类型为JPG，文件名为"风景1"，如图6-6所示。

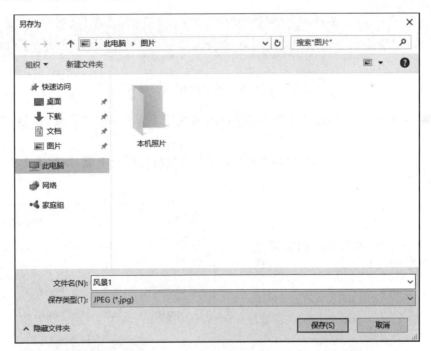

图 6-6　保存图片对话框

重复操作2、操作3，获取8张关于巢湖的图片，文件名依次为"风景2"～"风景8"，以供后期编辑使用。

三、音频获取

操作1：安装百度音乐客户端，在搜索框中输入"天空之城"，搜索吉他曲，如图6-7所示。

图6-7 在百度音乐中搜索"天空之城"

操作2：在要下载的音乐上右击，在弹出的快捷菜单中单击"下载"按钮，如图6-8所示。

操作3：进入"下载歌曲"界面，单击"立即下载"按钮，确认下载，如图6-9所示，系统自动完成下载。

图6-8 下载音乐

图6-9 百度音乐下载界面

操作4：下载完成后，进入"歌曲下载"界面，查看已下载歌曲，在歌曲上右击，单击"打开文件所在目录"即可查找歌曲，如图6-10所示。

图6-10 下载完成

【知识链接】

一、文本文件格式

文本文件是一种由若干行字符构成的计算机文件。通常，通过在文本文件最后一行结尾处放置文件结束标记来指明文件的结束。

文本文件有多种不同的格式类型。

1. TXT 格式

TXT 表示一种文本文件。一般用 Windows 的记事本编辑的文件都是 TXT 格式的文件。

2. DOCX 格式

微软的 DOCX 格式是一种专属格式，可容纳更多文字格式、脚本语言及复原等信息。

3. WPS 格式

WPS 是金山软件公司开发的一种办公软件，它集编辑与打印为一体，具有丰富的全屏幕编辑功能，而且还提供了各种控制输出格式及打印功能，使打印出的文稿既美观又规范，基本上能满足各界文字工作者编辑、打印各种文件的需求。

4. RTF 格式

RTF 是写字板的默认文档之一，Word、WPS Office、Excel 等都可以打开 RTF 格式的文件，它的打开速度快。RTF 是一种非常流行的文件结构，而且是一种无损害的格式。

二、图像文件格式

图像文件格式是记录和存储影像信息的格式。对数字图像进行存储、处理、传播，必须采用一定的图像格式，也就是把图像的像素按照一定的方式进行组织和存储，把图像数据存储成文件就得到图像文件。图像文件在计算机中的存储格式有 BMP、JPG/JPEG、PNG、TIFF、GIF 等。

1. BMP 格式

Windows 位图可以用任何颜色深度（从黑白到 24 位颜色）存储单个光栅图像。Windows 位图文件格式与其他 Microsoft Windows 程序兼容。BMP 文件适用于 Windows 中的墙纸。

2. JPG/JPEG 格式

JPEG 图片以 24 位颜色存储单个光栅图像。JPEG 是与平台无关的格式，支持最高级别的压缩，这种压缩是有损耗的。

3. PNG 格式

PNG 图片以任何颜色深度存储单个光栅图像。PNG 是与平台无关的格式。支持 Alpha 通道透明度。PNG 支持交错，它受最新的 Web 浏览器支持。作为 Internet 文件格式，与 JPEG 的有损耗压缩相比，PNG 提供的压缩量较少。

4. TIFF 格式

TIFF 格式的特点是图像格式复杂、存储信息多，它存储的图像细微层次的信息非常多，图像的质量也得以提高，非常有利于原稿的复制。很多地方将 TIFF 格式用于印刷。

5. GIF 格式

GIF 图片以 8 位颜色或 256 色存储单个光栅图像数据或多个光栅图像数据。GIF 广泛支持 Internet 标准。支持无损耗压缩和透明度。动画 GIF 很流行，易于使用许多 GIF 动画程序创建。很多 QQ 表情都是 GIF 格式的。

【知识拓展】

一、多媒体

多媒体是多种媒体的集合，一般包括文本、声音、图像和视频等多种媒体形式。在计算机系统中，多媒体是指组合两种或两种以上媒体的一种人机交互式信息交流和传播媒体。使用的媒体包括文字、图片、照片、声音、动画和影片，以及程序所提供的互动功能。

二、多媒体技术

由于多媒体系统需要将不同的媒体数据表示成统一的结构码流,然后对其进行变换、重组和分析处理,以进行进一步的存储、传送、输出和交互控制。所以,多媒体的传统关键技术主要集中在数据压缩技术、大规模集成电路(VLSI)制造技术、大容量的光盘存储器(CD-ROM)、实时多任务操作系统。

三、多媒体计算机系统

多媒体计算机系统是指支持多媒体数据,并使数据之间建立逻辑连接,进而集成为一个具有交互性、实时性、多样性的计算机系统。一般意义上的多媒体计算机是指具有多媒体处理功能的个人计算机,简称 MPC(Multimedia Personal Computer)。

【技能拓展】

通常在网上搜索的网页信息可以直接采用复制的方式获取,但也有的网站为了保护版权,不提供直接复制的功能。在遇到这样的问题时,可以利用屏幕复制键(Print Screen 键)将屏幕复制下来或使用 Windows 10 系统的截图工具将需要的图像截下来,先保存为图像文件,再利用 OCR(Optical Character Recognition,光学字符识别)技术,将图片上的文字内容转换为可编辑的文本。

操作 1:百度搜索到不能复制的页面时,选择"开始"→"所有应用"→"Windows 附件"→"截图工具",打开截图工具,选择"新建"→"矩形截图"命令,如图 6-11 所示。

图 6-11 "矩形截图"命令

操作 2:把需要的文字绘制矩形截取下来,会自动保存在截图工具窗口,如图 6-12 所示。

操作 3:选择"文件"→"另存为"命令,在弹出的"保存为"对话框中,修改文件名为 1,保存位置为"任务—素材",文件类型为.JPG,如图 6-13 所示。

操作 4:双击桌面"捷迅 OCR"的图标,进入如图 6-14 所示的欢迎界面。

操作 5:选择"从图片读文件",打开 1.jpg 文件,如图 6-15 所示。

操作 6:单击"纸面解析"按钮,系统会自动识别文字区域,如图 6-16 所示。

操作 7:单击"识别"按钮,系统会识别选中区域的文字信息,如图 6-17 所示。

操作 8:选择"主页"→Word 按钮,将转换后的文字信息保存为 Word 文档,由于文

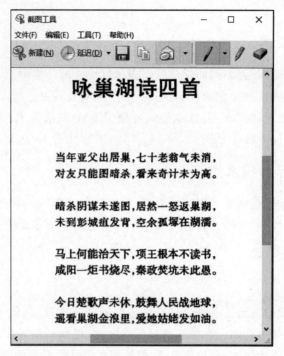

图 6-12 截图工具保存的图片

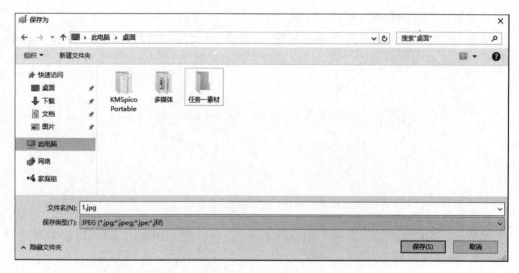

图 6-13 "保存为"对话框

字、版面都太小,需要调整页面设置、字号、段落等设置,结果如图 6-18 所示。

操作 9:逐一修改文字中的错误,得到最终正确的结果,将文件保存为"咏巢湖诗四首",如图 6-19 所示,系统默认的保存类型为 .RTF,可选保存类型为 Word 文档(*.docx)。

图 6-14 捷迅 OCR 界面

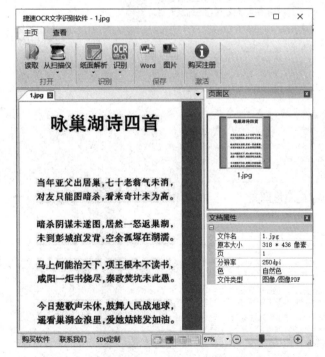

图 6-15 读取图片文件

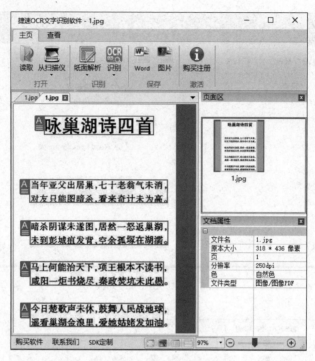

图 6-16　自动识别文字区域

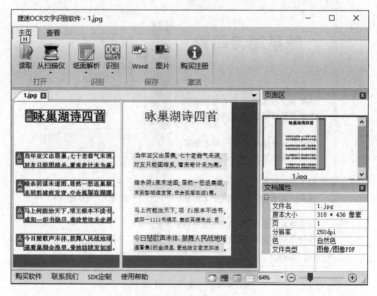

图 6-17　文字识别后的对比

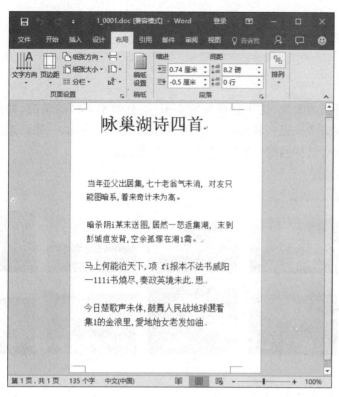

图 6-18　将识别的内容保存到 Word 中

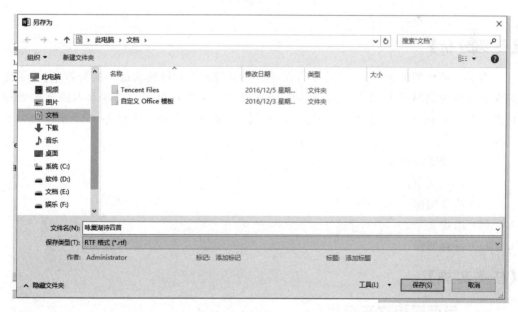

图 6-19　保存为 RTF 格式

任务2　图像文件的加工处理

【任务情景】

从网络中下载的图片,往往存在着大小不一、分辨率不同的情况,如图6-20所示,这给后期的视频编辑带来很多麻烦;有些图片中被添加了一些标志;我们想在图片中添加一些文字说明。面对这些问题,请同学们帮忙想想办法!

图6-20　下载的图片

【任务分析】

为了方便后期的视频编辑,需要将任务1中下载的图片修整为统一的分辨率;为了使画面表达更为清晰明了,可以在画面中添加适当的文字进行烘托。这些基本的图像处理功能,利用Windows 10系统中自带的"画图"软件就可以实现。本任务可以分解为以下步骤。

(1) 用画图板打开图片。
(2) 设置画布。
(3) 调整图像。
(4) 添加文字。
(5) 保存图像。

【任务实施】

一、用画图板打开图片

操作1:选择"开始"→"所有应用"→"附件",找到"画图"单击打开,进入画图的窗口界面,如图 6-21 所示。

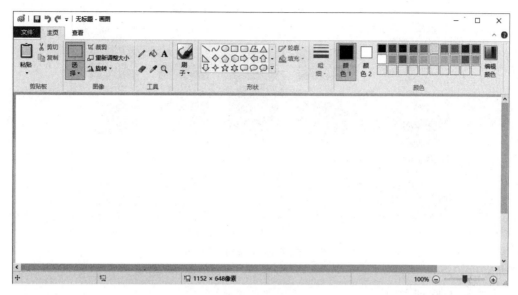

图 6-21 画图的窗口界面

操作 2：单击"画图"按钮,在弹出的菜单中选择"打开"选项,如图 6-22 所示,将图像"风景 1"打开。

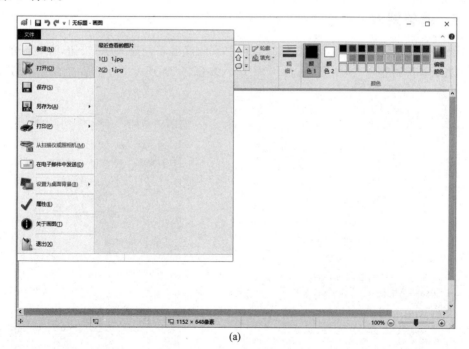

(a)

图 6-22 打开图像"风景 1"

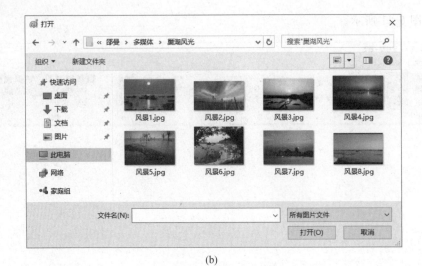

(b)

图 6-22（续）

二、设置画布

操作：单击文件菜单，在弹出的菜单中选择"属性"，如图 6-23 所示，设置画布的大小为 640×480。

三、调整图像

操作：使用矩形选框工具将图像部分选中，单击"重新调整大小"按钮，在打开的对话框中，设置重新调整大小水平、垂直均为 125，如图 6-24 所示，调整后的效果如图 6-25 所示。

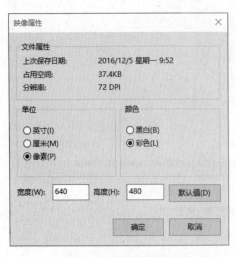

图 6-23 设置图像分辨率

图 6-24 "调整大小和扭曲"对话框

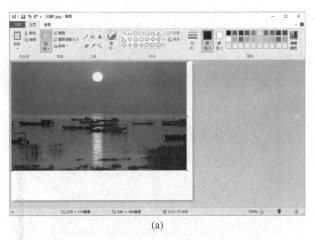

图 6-25　图像大小调整前、后对比

四、添加文字

操作：单击"文字工具"，输入文字"余晖"，设置字体为"华文新魏"，字号为 48，颜色为黄色，效果如图 6-26 所示。

五、保存图像

操作：单击"画图"，选择"另存为"→"JPEG 图片"选项，在"保存为"对话框中输入文件名为"巢湖风光 1"，单击"保存"按钮，如图 6-27 所示。

依照以上操作方法，依次编辑其余的 7 张图片，并分别保存为"巢湖风光 2"～"巢湖风光 8"。

图 6-26　添加文字

(a)

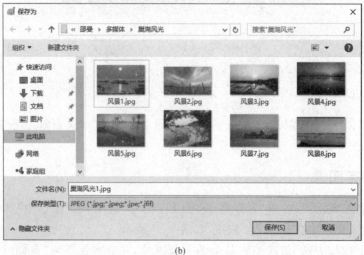

(b)

图 6-27　保存选项及"保存为"对话框

【知识链接】

随着多媒体技术的不断发展,图形和图像在日常生活中无处不见,几乎所见到的事物都离不开图形和图像。通常认为图形就是图像,图像就是图形,指代的是同一事物。在计算机领域,图形和图像是既有区别又密切联系的两个不同的概念。

一、图像

图像由二维排列的像素组成,一般数据量比较大,且无法表示三维空间关系。它除了可以表达真实的照片外,也可以表现复杂绘画的某些细节,具有灵活和富有创造力等特点。

二、图形

图形文件只记录生成图的算法和图上的某些特点,也称为矢量图。在计算机还原时,相邻的点之间用特定的很多段小直线连接就形成曲线,若曲线是一条封闭的图形,则利用着色算法来填充颜色。它的优点是容易进行移动、压缩、旋转和扭曲等变换,主要用于表示线框型的图画、工程制图、美术字等。

【知识拓展】

色彩可用色相、饱和度和明度三个特性来描述。人眼看到的任一彩色都是这三个特性的综合效果,这三个特性即是色彩的三要素,其中色相与光波的波长有直接关系,亮度和饱和度与光波的幅度有关。

一、像素

像素是构成图像的基本元素,它是位图图像的最小单位。

像素有以下三种特性:像素与像素间有相对位置;像素具有颜色能力,可以用位来度量,像素都是正方形的;像素的大小是相对的,它依赖于组成整幅图像总像素的数量多少。

二、分辨率

分辨率(dpi)是指图像单位面积内像素的多少。分辨率越高,图像越清晰。

三、颜色深度

图像中每个像素可显示出的颜色数称为颜色深度。

通常有以下几种颜色深度标准。

(1) 24位真彩色:每个像素所能显示的颜色数为24位,也就是2^{24}种,约有1680万种颜色。

(2) 16位增强色:增强色为16位颜色,每个像素显示的颜色数为2^{16}种,有65536种颜色。

(3) 8位色:每个像素显示的颜色数为2^8种,有256种颜色。

四、色相

色相是色彩的首要特征,是区别各种不同色彩的最准确的标准。事实上任何黑白灰以外的颜色都有色相的属性,而色相也就是由原色、间色和复色构成的。色相是色彩可呈现出来的质地面貌。自然界中各个不同的色相是无限丰富的,如紫红、银灰、橙黄等。

五、饱和度

饱和度可定义为彩度除以明度,与彩度同样表征彩色偏离同亮度灰色的程度。

六、明度

明度是眼睛对光源和物体表面的明暗程度的感觉,主要是由光线强弱决定的一种视觉经验。

【技能拓展】

图像素材除了从网络中获取之外,还可以通过日常的拍摄获取。对于拍摄效果不理想的图像,可以利用修图软件进行美化,比如调整图像的亮度、对比度,旋转图像,添加文字,给图像添加边框效果,将多张图像拼合等。下面以"美图秀秀"为例来进行介绍。

一、美化图像

操作1:双击计算机桌面上的"美图秀秀"软件图标,进入软件的欢迎界面,这里提供了美化图像、人像美容、拼图、批量处理四大功能。选择欢迎界面中的"美化图片",进入美化界面,如图6-28所示。

图6-28 美化图片窗口

操作2：打开素材文件夹中的图片"湿地公园1"，首先单击"旋转"按钮，进入旋转窗口，单击"向左旋转"将图片向左旋转90°，如图6-29所示，最后单击"完成旋转"按钮，完成图片的旋转操作。

图6-29　图片旋转90°前后对比

操作3：调整图片的"亮度"和"色彩饱和度"，达到满意的效果。原图整体亮度偏低，色彩饱和度也较低，增加亮度和色彩饱和度可以使图像更美观，如图6-30所示。为了满足不同用户的要求，软件还提供了一键美化的功能，帮助用户自动调整图像的亮度和饱和度。

图6-30　一键美化的效果

操作4：图像美化好后，单击"保存与分享"按钮将图像保存到原目录中，文件名系统默认为"湿地公园1_副本"，如图6-31所示。

用同样的方法将"湿地公园2"～"湿地公园4"这3张图片都处理好并保存在原目录文件夹中。

图 6-31　保存与分享(1)

二、拼图

操作 1：单击"拼图"按钮，进入拼图界面，在美图秀秀中系统提供了"自由拼图""模板拼图""海报拼图"和"图片拼接"四种拼图方式，选择"模板拼图"。系统提供了很多素材，考虑到 4 张图片都是横向的，选择图 6-32 所示的模板。

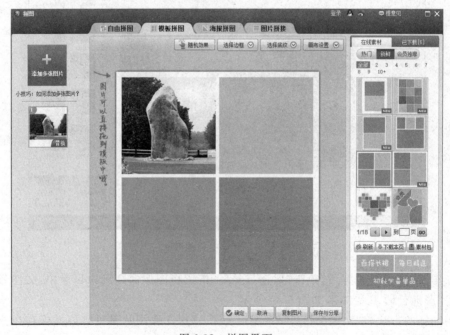

图 6-32　拼图界面

操作2：单击"添加多张图片"按钮，将美化后的4张图片添加进去，但是并没有按想象的位置摆放好，需要后期调整每张图片正确的摆放位置，如图6-33所示。

图6-33　拼图效果

操作3：每一幅图像在各自的框内还可以进行二次调整，如图6-34所示，可以对图像进行旋转、镜像、删除等操作。

操作4：为拼合后的图像添加"边框"和"底纹"，例如选择锯齿状的边框和淡蓝色小花的底纹，如图6-35所示。

图6-34　对图像的二次调整

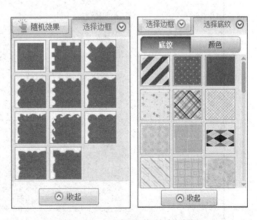

图6-35　边框和底纹的选择

图像拼合之后如图6-36所示。

图 6-36　图像拼合的最终结果

三、添加文字

操作 1：选择"文字"界面，打开"拼合图像"文件，单击"输入文字"按钮，输入"美不胜收　绿树成荫"文字，将文字颜色设置为红色，字体为"隶书"，再加上文字特效中的"荧光"效果，如图 6-37 所示，这样就完成了四张图片的美化和组合。

图 6-37　添加文字效果

操作2：单击"保存与分享"按钮，在弹出的对话框中将其保存到原目录中，并命名为"拼合图像"，如图6-38所示。

图 6-38　保存与分享(2)

四、分享

操作：单击界面右上角的"分享此图片"按钮，如图6-39所示，将处理好的图像分享到 QQ 空间里，和朋友们分享这美好的景色。

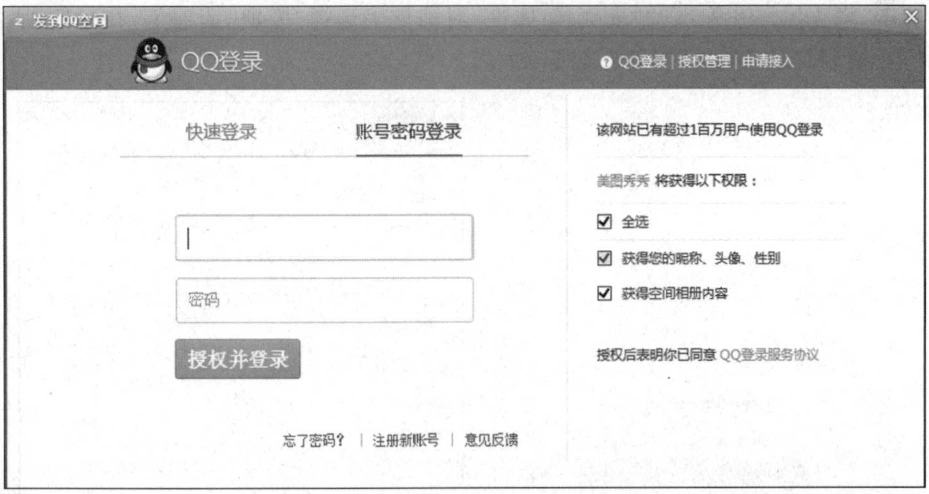

图 6-39　分享到 QQ 空间

任务3 音/视频文件录制和加工处理

【任务情景】

通过任务1的获取、任务2的加工处理,王辉同学已经完成了视频中文字、图像、背景音乐的收集工作,为了使视频更加完美,他决定将赞美巢湖的诗句录制一首,再配上精美的文字,制作一个图文并茂的小视频和大家分享。

【任务分析】

声音的录制直接使用 Windows 10 系统自带的 Windows 语音录音机来实现。Windows 10 自带的"照片"应用只可以剪辑视频,屏幕录像软件 Camtasia Studio 不仅可以对屏幕进行录像,还可以把搜集的素材制作成视频。现以屏幕录像软件 Camtasia Studio 为例来讲解视频的简单制作方法,通过简单的拖放操作,精心筛选的画面,然后添加一些效果、音乐和旁白,一段小视频就粗具规模了。本任务可以分为以下步骤。

(1) 录制声音。
(2) 制作视频。
(3) 保存项目。

【任务实施】

一、录制声音

操作1:调整录音设置。右击"音量控制"小喇叭图标,如图6-40所示,选择"录音设备",双击"麦克风",在弹出的"麦克风 属性"对话框中选择"级别"选项卡,在录制前,将麦克风的音量调到最大值100,如图6-41所示。

图6-40 打开录音设备菜单

图6-41 "麦克风 属性"对话框

操作 2：选择"开始"→"所有应用"→"Windows 语音录音机"，打开录音机软件，如果找不到 Windows 语音录音机，可从应用商店搜索、安装，如图 6-42 所示。

操作 3：按下蓝色的"录音"按钮即可开始录音，单击中间的"停止录音"按钮可停止录音，单击"暂停录音"按钮可暂停录音，单击"添加标记"按钮可在某一时间点添加标记，如图 6-43 所示。

图 6-42　打开"Windows 语音录音机"菜单

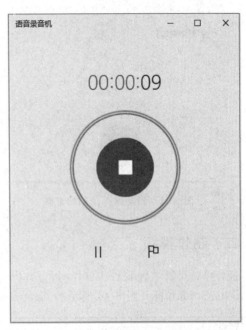

图 6-43　开始录制

注意：录音时不要直接把嘴对着麦克风，否则容易造成爆破音。

操作 4：录音结束时，按下"停止录音"按钮，系统会自动保存录音，右击保存的录音文件，选择"重命名"命令，如图 6-44 所示，输入文件名为"古诗一首赞巢湖"，单击"重命名"按钮，录音格式为.m4a，如图 6-45 所示。

提示：声音素材的获取途径有以下几种。

（1）从网上下载：百度音乐中提供了大量音频文件，可以下载。对于不提供下载接口的音乐，可以在 IE 临时文件夹中找到，在网页上试听后，在文件中找到类型为 WMA 的文件进行复制。

（2）从 CD、VCD、DVD 等素材光盘上获取。

（3）利用录音设备录音：由于使用的录音设备的不同，我们所录制的信号也有所不同。录音机录制的是模拟信号；而录音笔录制的则是数字信号。

（4）利用声音编辑软件录音：按声音的来源不同，它分为两种不同的情况。

① 外录：录制麦克风的声音。

② 内录：录制播放软件中音频文件的声音。

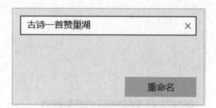

图 6-44　自动保存录制的音频　　　　图 6-45　重命名录音

二、制作视频

操作 1：安装录屏软件 Camtasia Studio，选择"开始"→"所有应用"→TechSmith→Camtasia Studio，打开图 6-46 所示的 Camtasia Studio 窗口。

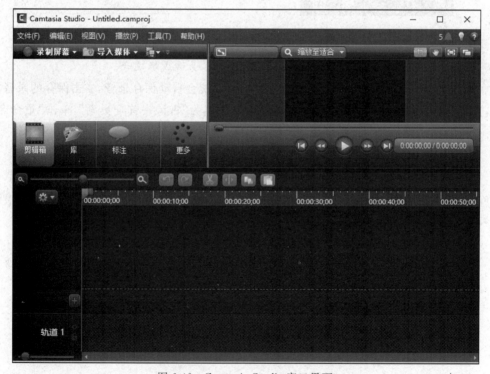

图 6-46　Camtasia Studio 窗口界面

操作2：导入图像、声音素材。选择"导入媒体"，在弹出的"打开"对话框中，如图6-47所示，将"任务3素材"文件夹中的"巢湖风光1"→"巢湖风光8"的图像、"古诗一首赞巢湖""天空之城"两个音频文件以及视频短片"赞巢湖古诗"导入。

图6-47 导入图像、声音、视频素材文件

操作3：编辑电影。将"剪辑箱"中的"巢湖风光1"～"巢湖风光8"的图像文件选中，拖至轨道1上，如图6-48所示。

图6-48 添加图像到轨道1

操作 4：在轨道 1 上可同时选中多张图片，拖动即可移动其位置，鼠标置于某一图片上，会出现双向箭头，拖动即可改变图像播放的时长，如图 6-49 所示。

图 6-49　调整图片播放时长

操作 5：设置视频转场特效。打开"转场"面板，选中"百叶窗"效果，并拖至风景 1 的图像上，为其设置视频转场效果，如图 6-50 所示。依次为"巢湖风光 2"～"巢湖风光 8"设置其他转场效果，使图像产生动态效果。

图 6-50　设置视频转场特效

操作6：制作片头。将添加的图片和音频在时间轴上向后拖移，打开库面板，如图 6-51 所示，选择现代红色流畅光线效果 Theme-Crimson Complex→Animated Title，拖拽添加到轨道 1 的开始处添加片头，如图 6-51 所示。双击片头中的 Enter Title Here，在弹出的"标注"面板的文本框中输入片头文本"巢湖风光"，设置字体为"华文行楷"，大小为 48 号，颜色为白色，位置偏上方中间，如图 6-52 所示。

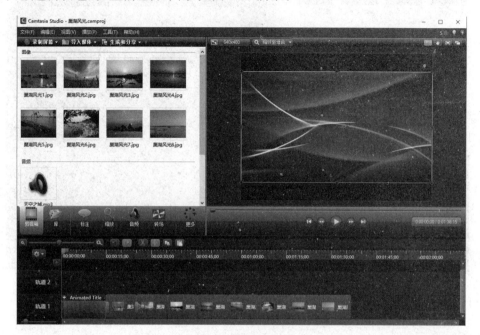

图 6-51　选择添加片头

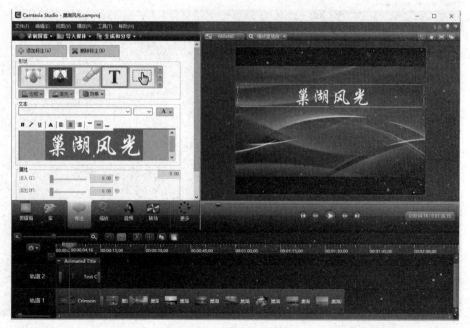

图 6-52　输入片头文字

操作7：制作片尾。将剪辑箱中已经去掉音频的视频短片"赞巢湖古诗"拖拽到轨道1图片"巢湖风景8"的后面作片尾，并调整视频的大小，如图6-53所示。

图6-53 添加短片作片尾

操作8：添加背景音乐。单击轨道1上方的加号 添加轨道2，将剪辑箱中的音频文件"天空之城"拖拽到轨道2的开始处，如图6-54所示。选中轨道2的音频文件，将时间

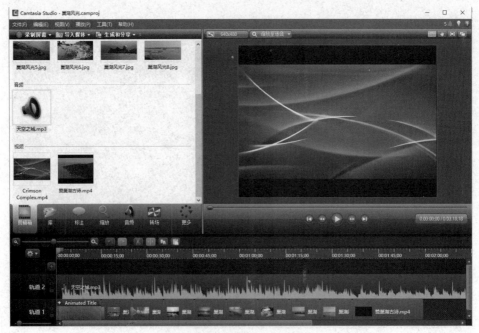

图6-54 添加音频文件

轴的滑块移动到轨道 1 的最后,单击"分割工具"，将音频分割,选中后面的音频,按 Delete 键删除多余的音乐,如图 6-55 所示。

图 6-55　处理音频文件

操作 9：添加片尾古诗的配音。单击轨道 2 上方的加号添加轨道 3,将剪辑箱中的录音文件"古诗一首赞巢湖"拖拽到轨道 3,根据片尾短片内容调整录音文件的位置,使字幕和声音同步,按住 Ctrl 键的同时滑动鼠标滚轴可放大或缩小轨道上的文件,进行精细调整,如图 6-56 所示。

图 6-56　添加片尾配音文件

操作 10：选择文件菜单中的"生成和共享"命令，将制作好的视频导出，生成可以直接播放的视频文件。在打开的"生成向导"对话框中，选择"自定义生成设置"，如图 6-57 所示，单击"下一步"按钮，选择"MP4 格式"，设置相应选项，单击"下一步"按钮，直至输入所保存电影的文件名为"巢湖风光小视频"，选择保存电影的位置"任务 3 作品"，单击"完成"按钮，如图 6-58 所示，系统自动渲染项目生成视频文件。

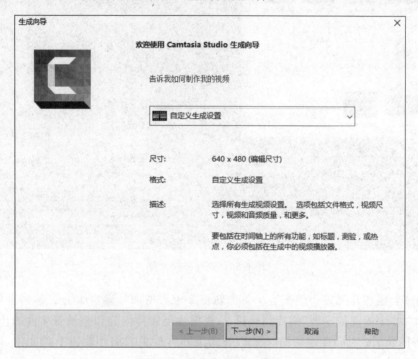

图 6-57 "生成向导"对话框

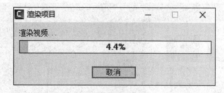

图 6-58 "渲染项目"对话框

三、保存项目

操作：将项目的源文件也保存到"任务 3 作品"中，文件名为"巢湖风光小视频"，如图 6-59 所示，便于今后修改完善。

【知识链接】

一、音频文件格式

数字音频的编码方式就是数字音频格式，我们使用的不同的数字音频设备一般都对

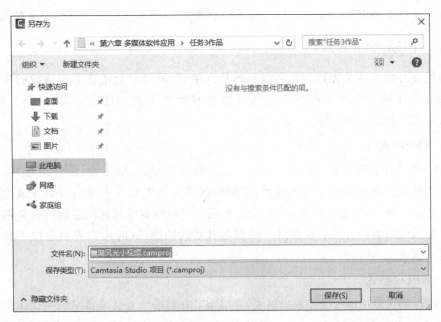

图 6-59　保存项目文件

应着不同的音频文件格式。音频文件的格式有 WAV 格式、MIDI 格式、MP3 格式、WMA 格式、CDA 格式等。

1. WAV 格式：波形文件

WAV 格式是微软公司开发的一种声音文件格式，也叫波形声音文件，是最早的数字音频格式，被 Windows 平台及其应用程序广泛支持。支持多种音频位数、采样频率和声道，但是对存储空间需求太大不便于交流和传播。

2. MIDI 格式：乐器数字接口

MIDI 是数字音乐/电子合成乐器的统一国际标准，可以模拟多种乐器的声音。

3. MP3 格式：MPEG 压缩文件

MP3 全称是 MPEG-1 Audio Layer 3，能够以高音质、低采样率对数字音频文件进行压缩。

4. WMA 格式

WMA 格式是微软力推的一种音频格式。WMA 格式是以减少数据流量，但保持音质的方法来达到更高的压缩率目的，其压缩率一般可以达到 1∶18，生成的文件大小只有相应 MP3 文件的一半。

5. CDA 格式：CD 音乐格式

CD 存储采用了音轨的形式，又叫"红皮书"格式，记录的是波形流，是一种近似无损的格式。

6. M4A 格式

M4A 是 MPEG-4 音频标准的文件的扩展名。在 MPEG-4 标准中提到，普通的

MPEG-4 文件扩展名是.mp4。目前，几乎所有支持 MPEG-4 音频的软件都支持.m4a。

二、视频文件格式

视频文件的格式是视频制作后保存的基本格式，可以分为适合本地播放的本地影像视频和适合在网络中播放的网络流媒体影像视频两大类。常用格式有 AVI、MPEG、MOV、WMV、FLV、MP4 等。

1. AVI 格式

AVI 格式是音频视频交错格式，其优点是兼容性好、调用方便、图像质量好，可以跨多个平台使用。缺点是体积过于庞大，更加糟糕的是压缩标准不统一。最普遍的现象是我们在播放一些 AVI 格式的视频时，常会出现由于视频编码问题而造成的视频不能播放或存在播放时只有声音没有图像等一些莫名其妙的问题，这时用户需要通过下载相应的解码器来解决。

2. MPEG 格式

MPEG 格式是运动图像专家组格式，它采用了有损压缩方法减少运动图像中的冗余信息（其最大压缩比可达到 200∶1）。目前 MPEG 格式有三个压缩标准，分别是 MPEG-1、MPEG-2 和 MPEG-4。

3. MOV 格式

MOV 格式是美国 Apple 公司开发的一种视频格式，默认的播放器是苹果的 QuickTime Player。具有较高的压缩比率和较完美的视频清晰度等特点，但是其最大的特点还是跨平台性，即不仅能支持 Mac OS，同样也能支持 Windows 系列。

4. WMV 格式

WMV 格式是微软推出的一种采用独立编码方式并且可以直接在网上实时观看视频节目的文件压缩格式。WMV 格式的主要优点包括本地或网络回放、可扩充的媒体类型、环境独立性以及扩展性等，在 PC 上不用安装播放器就能读取。

5. FLV 格式

FLV 格式是 Adobe 公司主推的网络流媒体视频格式，支持流媒体播放，需要转码才能在编辑软件中编辑。

6. MP4 格式

MP4 是一套用于音频、视频信息的压缩编码标准，MP4 格式的主要用途在于网上流媒体、光盘、语音发送（视频电话），以及电视广播。

【知识拓展】

常用的影视术语

（1）场景：一个场景也可以称为一个镜头，它是视频作品的基本元素。大多数情况下它是摄像机一次拍摄的一小段内容。

(2) 字幕：以文字形式显示电视、电影、舞台作品里面的对话等非影像内容，也泛指影视作品后期加工的文字。其实字幕并不只是文字，图形、照片、标记都可以作为字幕放在视频作品中。字幕可以像台标一样静止在屏幕的一角，也可以做成节目结束后滚动的工作人员名单，还可以是 MTV 上的歌词。

(3) 转场效果：它是指两个场景之间，采用一定的技巧如划像、叠变、卷页等，实现场景或情节之间的平滑过渡，或达到丰富画面吸引观众的效果。两个场景之间如果直接连起来，许多情况会感觉有些突兀。这时使用一个转场效果在两个场景进行过渡就会显得自然很多。最简单的转场就是淡入淡出效果，再专业一点还能让后面的画面以 3D 方式飞进来等。转场是视频编辑中常用的技巧。

(4) 滤镜：主要用来实现图像的各种特殊效果。通过在场景上使用滤镜，可以调整视频的亮度、色彩、对比度等。

(5) 特殊效果：在视频中经常看到的各种花样，比如图像变形、飞来飞去的窗口等，都是利用视频软件的特殊效果插件制作出来的。

【技能拓展】

Windows 10 系统自带的照片应用不仅可以查看图像文件，还可以打开视频文件并剪辑视频，下面介绍使用 Windows 10 系统自带的照片应用剪辑视频。

操作 1：首先找到制作好的视频文件"巢湖风光小视频"，然后在该文件上右击，在弹出的快捷菜单中选择"打开方式"→"照片"，如图 6-60 所示。

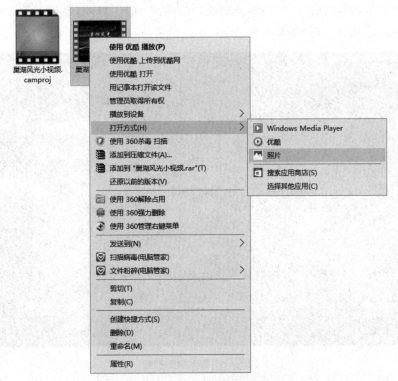

图 6-60　使用照片打开视频文件

操作2：打开视频文件后，单击左下角的"暂停"按钮暂停播放，如图6-61所示。

图6-61 暂停视频播放

操作3：单击右上角的"剪辑"图标，会在视频播放线上的两端出现两个白色圆点，这是用来调整截取视频的时长的（左为开始处，右为结束处）。另外，还有一个蓝色的圆圈是用来标明当前播放位置的，如图6-62所示。

图6-62 剪辑视频按钮

操作4：当拖动两端的两个截取端点时，会实时显示截取时长，设置好截取时长后，可以拖动蓝色的圆圈到开始处，再单击"播放"按钮查看截取效果，如图6-63所示。

图 6-63　拖动截取按钮显示时长

操作5：视频截取好以后，单击右上角的"另存为"按钮保存即可，如图6-64所示。

图 6-64　单击"另存为"按钮保存截取视频

综合实训

【实训任务】

　　黄山是安徽省旅游的标志,利用本单元所学知识,新建文件夹"黄山宣传短片",并建立子文件夹"图片库",根据下列操作要求,搜索"黄山"相关的文字、图片、音频素材,并制作黄山景区宣传短片。

一、搜集素材

　　(1) 搜索文字素材:打开搜索网站"百度",搜索"安徽黄山"简介文字,复制搜索到的文字,并粘贴到 Word 文档中,保存在文件夹"黄山宣传短片"中,命名为"黄山简介.docx"。

　　(2) 搜索图片素材:打开"百度"图片选项,搜索"安徽黄山"相关图片资料,并保存6张图片到文件夹"图片库",分别命名为"黄山1"～"黄山6"。

　　(3) 搜索音乐素材:在百度音乐客户端搜索"黄山恋歌",并保存到本地文件夹"黄山宣传短片"。

二、处理图片

　　利用"画图"软件统一调整图像尺寸为"640×480",添加相应文字,并保存。

三、音视频处理

　　(1) 录制配音:打开"Windows 语音录音机",根据搜集到的文字"黄山简介.docx",录制短片配音"黄山简介.m4a"并保存在文件夹"黄山宣传短片"。

　　(2) 导入素材:打开软件 Camtasia Studio,将整理好的图片"黄山1"～"黄山6"、录制的音频文件"黄山简介.m4a"和搜集的音乐"黄山恋歌"导入"剪辑箱"。

　　(3) 制作片头:在库面板中选择合适的动态效果添加到"轨道1"为片头,并更改文字为"黄山风景区"。

　　(4) 图片效果:分别将6张图片导入"轨道1"片头的后面,给6张图片添加不同的转场效果。

　　(5) 添加字幕和配音:新建"轨道2",将"黄山简介.docx"中的文字添加为字幕在图片中下方,新建"轨道3",添加音乐"黄山简介.m4a"为配音,并根据配音时长调整图片和字幕的时长。

　　(6) 制作片尾:在库面板中选择合适的动态效果添加到"轨道1"图片的后面为片尾,并添加文字"制作人、指导教师"等信息。

　　(7) 添加背景音乐:新建"轨道4",将音乐"黄山恋歌"添加到"轨道4"作为整个短片的背景音乐,根据所有素材的时长调整音乐的时长,并降低音乐音量。

(8) 保存项目：保存制作完成的项目并渲染视频。

【实训准备】

安装"百度音乐客户端"和软件 Camtasia Studio。

【注意事项】

遵守计算机操作安全规范，保持机位清洁卫生。

习 题

一、选择题

1. 多媒体信息不包括_____。
   A. 音频、视频　　　　　　　　B. 动画、影像
   C. 声卡、光盘　　　　　　　　D. 文字、图像
2. 下列属于图像文件格式的是_____。
   A. DOC　　　　B. RM　　　　C. WAV　　　　D. JPEG
3. 下列不属于多媒体输入设备的是_____。
   A. 红外遥感器　　B. 数码相机　　C. 触摸屏　　D. 调制解调器
4. 下列属于多媒体技术发展方向的是_____。
   (1) 高分辨率，提高显示质量；
   (2) 高速度化，缩短处理时间；
   (3) 简单化，便于操作；
   (4) 智能化，提高信息识别能力。
   A. (1)(2)(3)　　　　　　　　B. (1)(2)(4)
   C. (1)(3)(4)　　　　　　　　D. 全部
5. OCR 文字识别软件可以转换为文本的是_____。
   A. TXT 文本　　　　　　　　B. 扫描的图像
   C. 录制的语音　　　　　　　D. 扫描的图像文字
6. _____不是常用的音频文件的后缀。
   A. .wav　　　　B. .mod　　　　C. .mp3　　　　D. .doc
7. _____不是常用的图像文件的后缀。
   A. .gif　　　　B. .bmp　　　　C. .mid　　　　D. .tif
8. _____不属于多媒体动态图像文件格式。
   A. .avi　　　　B. .mpg　　　　C. .swf　　　　D. .bmp
9. 用矢量图描绘图像的特点是_____。
   A. 易于处理　　　　　　　　B. 占用存储空间小
   C. 适用于表现复杂的场景　　D. 方法简单

10. 色彩的三要素不包括_____。
    A. 色度　　　　B. 色调　　　　C. 亮度　　　　D. 饱和度

二、填空题

1. 多媒体计算机系统是指支持多媒体数据,并使数据之间建立逻辑连接,进而集成为一个具有_____、实时性、_____的计算机系统。
2. 一般用 Windows 的记事本编辑的文件都是_____格式的文件。
3. 图形文件只记录生成图的算法和图上的某些特点,也称_____。
4. 按_____键,可以将屏幕内容复制下来。
5. Windows 10 系统中自带的"_____"工具,可以绘制图像。
6. _____是指图像单位面积内像素的多少。
7. 计算机图像分为_____和_____两大类。
8. 一个_____也可以称为一个镜头,它是视频作品的基本元素。
9. _____是指两个场景之间,采用一定的技巧如划像、叠变、卷页等,实现场景或情节之间的平滑过渡。
10. Adobe 公司主推的_____格式是网络流媒体视频格式,支持流媒体播放。

三、思考与操作

1. 什么是扫描识别输入 OCR?
2. 什么是像素?什么是分辨率?
3. 常见的图像、音频、视频文件的格式有哪些?
4. 简述图像文件获取的方法。
5. 制作一幅班级活动的拼合图像,并发布到自己的 QQ 空间里。
6. 根据班级开展的迎新活动,完成一段视频编辑并通过网络与同学们分享。

单元 7

PowerPoint 2016 演示文稿软件应用

PowerPoint 2016 是 Microsoft Office 2016 的重要组件之一,是目前较流行的演示文稿制作软件,利用它可以制作出集文字、图形、图像、表格、声音、视频及动画等元素于一体的演示文稿(简称 PPT)。只要接触到 PowerPoint 2016,就一定会被它简洁直观的界面吸引,除此之外,PowerPoint 2016 提供的新功能,更是值得用户使用的重要因素。

本单元我们来了解 PowerPoint 2016 特点和功能,演示文稿的工作界面;理解演示文稿的基本操作,幻灯片的放映设置;掌握演示文稿对象的编辑,美化幻灯片的方法。

任务1 动手建立实用的演示文稿

【任务情景】

6月5日是世界环境日。面对日益严重的环境污染问题,学校为培养学生的生态保护意识,举办了"保护环境,美化校园"的主题班会活动,活动的任务是让学生收集资料,做一个作品来呼吁人们保护环境。李明同学就想到用 PowerPoint 做一个演示文稿。但是,他还没有能够掌握 PowerPoint 2016 的基本操作。现在就让我们和李明一起动手建立"保护环境,美化校园"的演示文稿。

【任务分析】

要实现上述任务,必须先做好以下工作。
(1)创建 PowerPoint 演示文稿。
(2)保存 PowerPoint 演示文稿。
完成以上的工作后,再熟练编辑演示文稿,步骤如下。
(1)创建空白演示文稿。
(2)新建幻灯片。

(3)添加幻灯片标题和文本。
(4)选择幻灯片。
(5)复制幻灯片。
(6)调整幻灯片顺序。
(7)删除幻灯片。
(8)保存演示文稿。
(9)切换视图效果。

【任务实施】

一、创建空白演示文稿

操作1:安装 Office 2016 软件。

操作2:选择"开始"→"所有程序"→PowerPoint 2016 命令,即可启动 PowerPoint 2016。

操作3:启动 PowerPoint 2016 后,会出现选择模板页面,如图 7-1 所示,选择"空白演示文稿"。

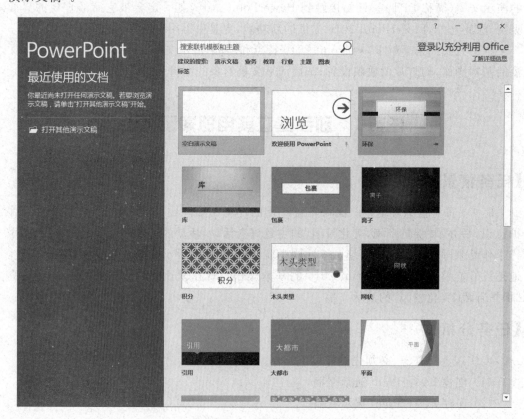

图 7-1 选择模板页面

操作4:启动 PowerPoint 2016 后,会自动创建一个名为"演示文稿1"的空白演示文稿，如图 7-2 所示。

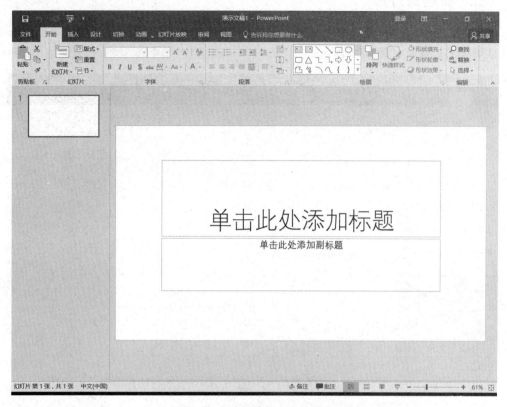

图 7-2　自动创建空白演示文稿

提示：创建空白文档的方法有多种，下面介绍两种常用的创建方法。

方法 1：单击左上角快速访问工具栏中的"新建"按钮，新建一个空白演示文稿，如图 7-3 所示。

图 7-3　利用快速访问工具栏新建空白演示文稿

方法 2：选择"文件"选项卡，选择左侧窗格中的"新建"选项，在中间的"选择模板页面"列表框中单击"空白演示文稿"按钮，单击"创建"按钮，如图 7-1 所示，即可创建一个空白演示文稿。

二、新建幻灯片

操作：单击"开始"选项卡下"幻灯片"组中的"新建幻灯片"按钮，即可快速创建一张默认版式的幻灯片，如图7-4所示。

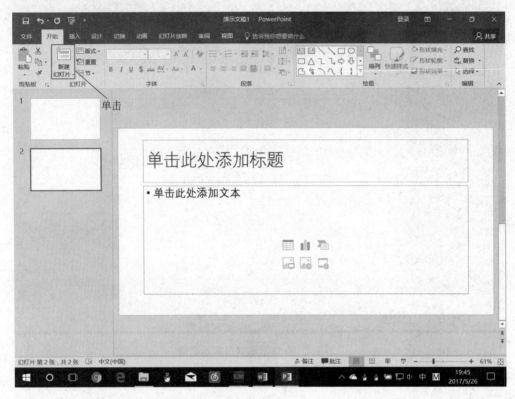

图 7-4　新建幻灯片

提示：若要按一定的版式创建新的幻灯片，可在"开始"选项卡下"幻灯片"组中单击"新建幻灯片"按钮下方的三角按钮，在展开的幻灯片版式列表中选择"标题和内容"版式即可，如图7-5所示。

三、添加幻灯片标题和文本

操作：在"单击此处添加标题"中输入"卷首语"，在"单击此处添加文本"中输入有关文字。

四、选择幻灯片

操作：单击需要选择的幻灯片，即可选中该幻灯片。

提示：

（1）选择所有幻灯片。按 Ctrl+A 快捷键，即可选择全部幻灯片。

（2）选择连续的多张幻灯片。单击需选择的第一张幻灯片，按住 Shift 键不放，单击需连续选择的最后一张幻灯片，这时两张幻灯片之间的所有幻灯片均被选中。

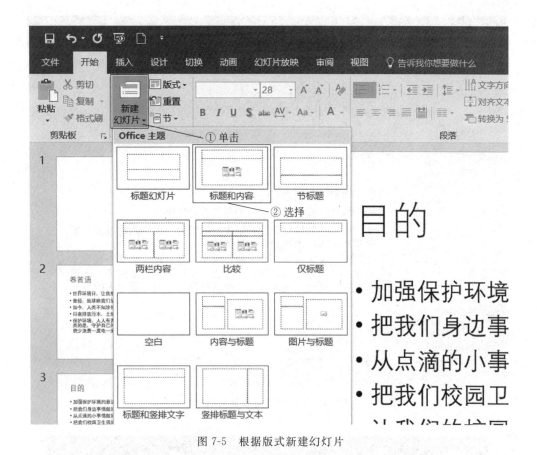

图 7-5　根据版式新建幻灯片

（3）选择不连续的多张幻灯片。单击需选择的第一张幻灯片，按住 Ctrl 键不放，依次单击其他幻灯片，则可将其选中。

五、复制幻灯片

操作：在"幻灯片/大纲"窗格中右击要复制的幻灯片，在弹出的快捷菜单中选择"复制幻灯片"选项，如图 7-6 所示。

此时，在选中幻灯片的下面看到新复制出的幻灯片，并自动变为当前幻灯片。把标题和内容分别改为"目的"及相关文字，如图 7-7 所示。

提示：制作演示文稿的过程中，可能有几张幻灯片的版式和背景等是相同的，只是其中的文本不同而已。这时可以复制幻灯片，然后对复制后的幻灯片进行修改即可。幻灯片的复制方法也不止一种，下面介绍两种常用方法。

（1）利用"复制"按钮复制幻灯片。

操作 1：在"幻灯片/大纲"窗格中选中第 3 张幻灯片，单击"开始"选项卡下"剪贴板"组中的"复制"按钮，如图 7-8 所示。

操作 2：将鼠标置于第 2 张幻灯片的位置，单击"剪贴板"组中的"粘贴"按钮，如图 7-9 所示。

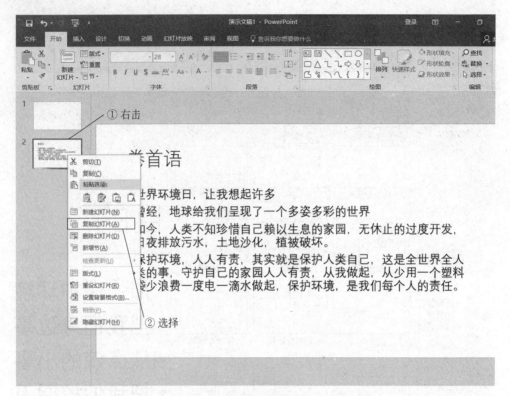

图 7-6 利用快捷菜单复制幻灯片

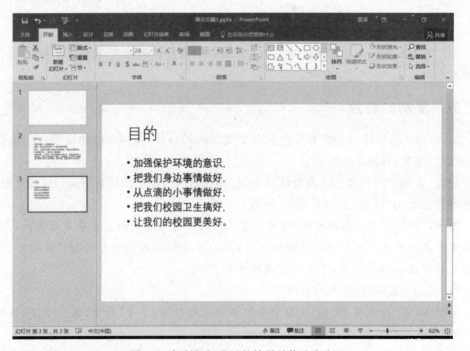

图 7-7 复制幻灯片后的效果并修改内容

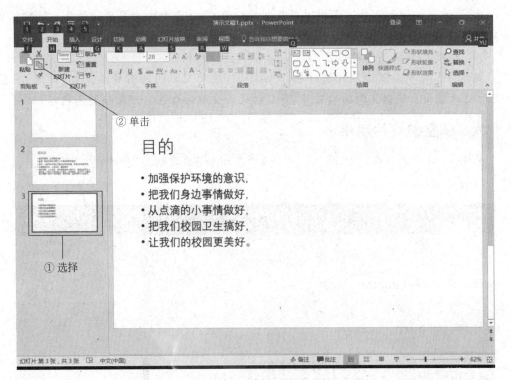

图 7-8　复制幻灯片

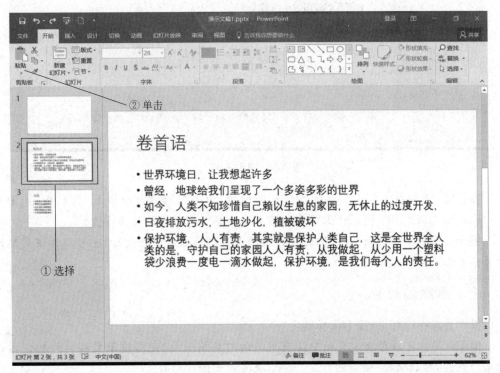

图 7-9　粘贴幻灯片(1)

此时,在第 2 张幻灯片下面出现新复制的幻灯片,并自动变为当前幻灯片。修改标题和内容。

(2)利用 Ctrl 键复制幻灯片。

操作:选择第 4 张幻灯片同时按住 Ctrl 键,拖动至目的地后释放鼠标,此时,在第 4 张幻灯片下面出现新复制的幻灯片,并自动变为当前幻灯片。修改标题和内容。

六、调整幻灯片顺序

操作 1:选中第 4 张幻灯片,单击"开始"选项卡下"剪贴板"组中的"剪切"按钮,如图 7-10 所示。

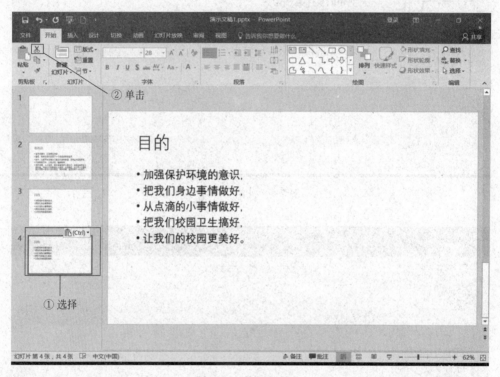

图 7-10 剪切幻灯片

操作 2:将鼠标定位于第 2 张幻灯片的位置,单击"开始"选项卡下"剪贴板"组中的"粘贴"按钮,如图 7-11 所示。即可完成第 3 张和第 4 张幻灯片互换位置。

提示:选择要移动的幻灯片后,鼠标拖动至目标位置后松开鼠标,也可以方便实现幻灯片的移动。

七、删除幻灯片

操作:选择幻灯片,按 Delete 键。

提示:用户可以将演示文稿中没有用的幻灯片删除,以便对演示文稿的管理。右击所选幻灯片,然后选择"删除幻灯片"命令,也可以删除幻灯片。

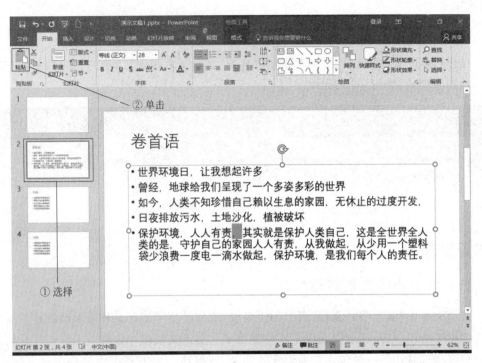

图 7-11　粘贴幻灯片(2)

八、保存演示文稿

操作 1：选择"文件"选项卡，在左侧窗格中选择"保存"选项。

操作 2：弹出"另存为"对话框，选择保存位置，输入文件名，单击"保存"按钮，即可保存演示文稿，如图 7-12 所示。

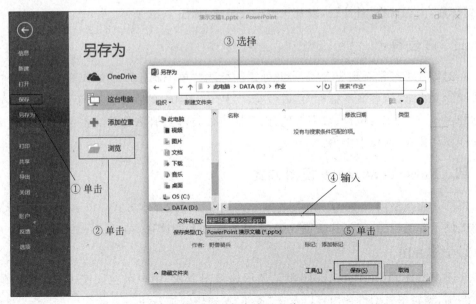

图 7-12　保存演示文稿

九、切换视图效果

操作：通过单击状态栏或"视图"选项卡下"演示文稿视图"组中的相应按钮，可切换不同的视图模式，如图7-13所示。

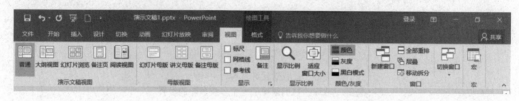

图7-13　演示文稿的视图

【知识链接】

一、认识演示文稿和幻灯片

演示文稿由"演示"和"文稿"两个词语组成，也就是用于演示某种效果而制作的文档，它主要用于会议、产品展示以及教学课件等领域。演示文稿由一张或若干张幻灯片组成。演示文稿和幻灯片是一种包含与被包含的关系，就好比一本书和书中的每一页之间的关系。一本书由不同的页数组成，各种文字和图片都打印到每一页上。演示文稿由幻灯片组成，所有数据包括数字、符号、图片以及图表等都输入幻灯片中。利用PowerPoint 2016可以创建很多个演示文稿，而在演示文稿中又可以根据需要新建多个幻灯片。

二、PowerPoint 2016 界面组成

PowerPoint 2016的工作界面主要由快速访问工具栏、标题栏、功能区、幻灯片编辑区、幻灯片/大纲窗格、备注栏，以及状态栏等组成，如图7-14所示。

三、占位符

在幻灯片中经常看到包含"单击此处添加标题""单击此处添加文本"等文字的带有虚线边缘的文本框，这些文本框称为"占位符"。PowerPoint的占位符共有五种类型：分别是标题占位符、文本占位符、数字占位符、日期占位符和页脚占位符。占位符可以像文本框一样移动位置、改变大小等。

四、PowerPoint 2016 视图方式

视图是指在使用PowerPoint制作演示文稿时窗口的显示方式。PowerPoint 2016为用户提供了普通视图、幻灯片浏览视图、备注页视图和阅读视图四种不同的视图方式。

1. 普通视图

普通视图是PowerPoint 2016默认显示的视图方式，用户可在该模式下调整幻灯片总体结构、编辑单张幻灯片内容以及在"备注"窗格中添加备注。

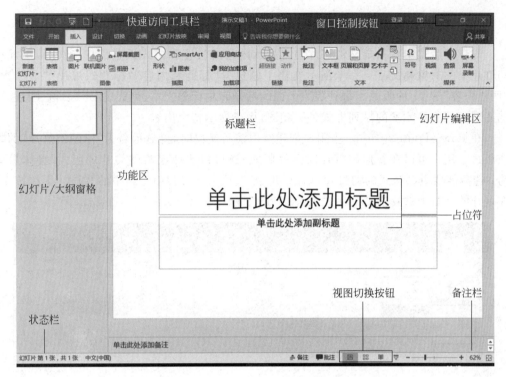

图 7-14　PowerPoint 2016 工作界面

2. 幻灯片浏览视图

幻灯片浏览视图是幻灯片以缩略图的形式显示，从而方便用户浏览所有幻灯片的整体效果，并能重新排列、添加、复制或删除幻灯片，或者改变其版式和配色方案等。

3. 备注页视图

备注页视图以上下结构显示幻灯片和备注页面，主要用于编写备注内容。备注内容通常是对当前幻灯片内容进行扩展，如输入当前幻灯片内容的参考资料、背景资料等，以便在展示演示文稿时进行参考。

4. 阅读视图

阅读视图是 PowerPoint 2016 新增加的视图。是以窗口的形式来查看演示文稿的放映效果。

【知识拓展】

一、PowerPoint 文件格式

文件格式即文件的存储方式，PowerPoint 2016 与以往版本中的文档格式有了很大的变化。PowerPoint 2016 将以 XML 格式保存，其文件扩展名是在以前文件扩展名后添加 x，即为.pptx。

二、幻灯片版式

幻灯片版式本身只定义幻灯片上待显示内容的位置和格式设置信息,通常用于规范幻灯片上的对象和文字。一个演示文稿主题包含"标题和内容""标题幻灯片""节标题""两栏内容"等 11 种版式。每种版式上面的标题和副标题文本、列表、图片、表格、图表、自选图形和视频等元素的排列方式各不相同,用于展示特定内容。

在 PowerPoint 2016 中,当用户创建空白演示文稿时,将显示名为"标题幻灯片"的默认版式。用户可以在新建幻灯片时选择版式,还可以更改已有幻灯片的版式,具体操作为:选择需要更改版式的幻灯片,单击"开始"选项卡下"幻灯片"组中的"版式"下拉按钮,在展开的列表中选择需要的版式,如图 7-15 所示。

图 7-15　更改幻灯片的版式

同样,右击相应幻灯片,在弹出的快捷菜单的"版式"中选择需要的版式。

【技能拓展】

PowerPoint 2016 中内置多种设计模板和主题。利用模板或主题可以方便地创建具有漂亮格式的演示文稿。具体操作方法为:选择"文件"选项卡,选择左侧窗格中的"新建"选项,在中间的"可用模板和主题"列表框中单击"样本模板"或"主题"按钮,在"样本模板"或"主题"列表框中选择合适的模板或主题选项,会弹出预览效果,如图 7-16 所示。

单击"创建"按钮,即可完成演示文稿的创建,如图 7-16 所示。

提示:在制作演示文稿时,选择一个漂亮的主题或模板非常重要,PowerPoint 内置

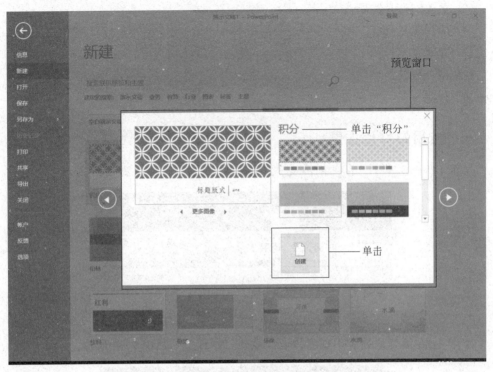

图 7-16 选择模板或主题

的模板和主题是有限的,如果希望从网上下载更多、更精彩的演示文稿模板,可在图 7-16 所示的"新建"界面中间的窗格的"搜索联机模板和主题"项目下选择某个分类,系统会从网上搜索有关该项目的所有模板,并显示,在中间区域选择所需模板,然后单击"下载"按钮,即可下载该模板并利用它创建演示文稿。还可以单独从某些网站下载演示文稿模板或主题,使用时只需用 PowerPoint 打开该模板或主题并将其保存,然后进行编辑操作即可。

任务2　制作统一风格的演示文稿

【任务情景】

李明创建好名为"保护环境　美化校园"的演示文稿,并向其中输入文本,但是总体效果很单调,缺少美观的界面和良好的色彩搭配。需要对幻灯片进行布局设置,让幻灯片上各类元素具有统一的外观风格和效果。

【任务分析】

要实现上述效果,李明需做好以下工作。
(1) 应用幻灯片主题。

(2)更改幻灯片主题。
(3)应用背景样式。
(4)设置背景格式。
(5)设计幻灯片母版。

【任务实施】

一、应用幻灯片主题

操作1：单击"设计"选项卡下"主题"组中的"其他"按钮，如图7-17所示。

图7-17　打开主题

操作2：在展开的列表中选择需要的主题，如"环保"，如图7-18所示。

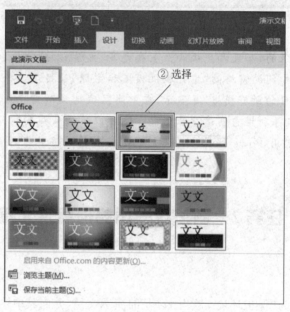

图7-18　从主题列表中选择主题

此时，各幻灯片背景、文本、填充、线条等都将自动应用所选的主题格式，如图7-19所示。

提示：若要将主题应用于选定的幻灯片，可右击选定的主题，在弹出的快捷菜单中选择"应用于选定幻灯片"选项，如图7-20所示。

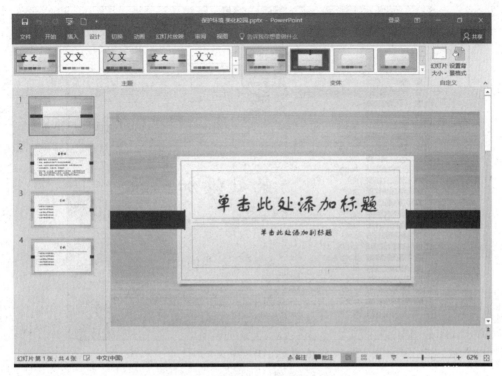

图 7-19　应用幻灯片主题后的效果

图 7-20　主题应用于选定幻灯片

二、更改幻灯片主题

操作 1：单击"设计"选项卡下"变体"组中的下拉箭头，如图 7-21(a)所示，选择"颜色"，在展开的列表中选择"纸张"，如图 7-21(b)所示。

(a) 变体组中的下拉箭头

图 7-21　更改幻灯片主题

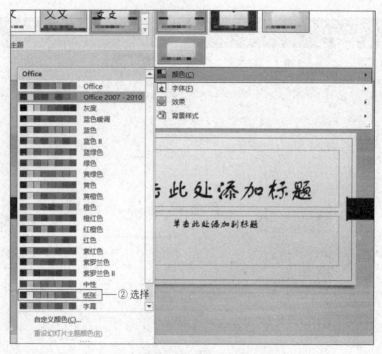

(b) 更改幻灯片主题中的颜色

图 7-21（续）

操作2：单击"设计"选项卡下"变体"组中的下拉箭头，选择"字体"，在展开的列表中选择"微软雅黑"，如图 7-22 所示。

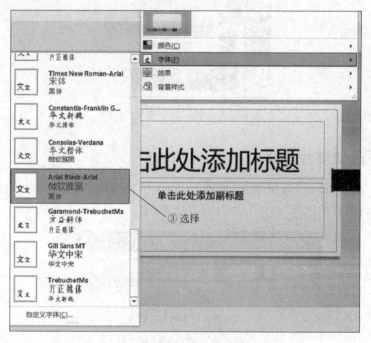

图 7-22　更改幻灯片主题中的字体

操作3：单击"设计"选项卡下"变体"组中的下拉箭头，选择"效果"，在展开的列表中选择"光面"，如图 7-23 所示。

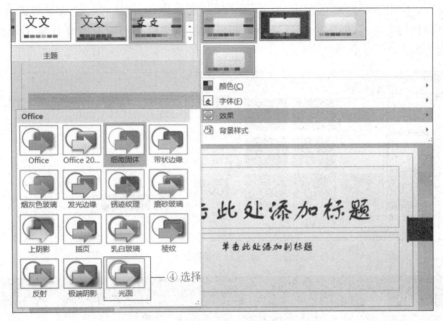

图 7-23　更改幻灯片主题中的效果

操作4：对内置主题颜色、字体及效果进行修改，效果如图 7-24 所示。

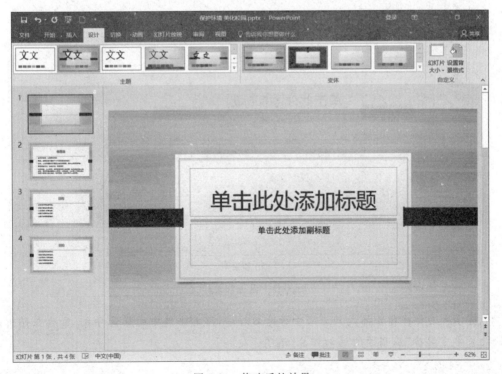

图 7-24　修改后的效果

三、应用背景样式

操作：单击"设计"选项卡下"背景"组中的"背景样式"按钮，展开"背景样式"列表，在列表中选择"样式 5"，如图 7-25（a）所示，即可为演示文稿中的所有幻灯片应用该样式，效果如图 7-25（b）所示。

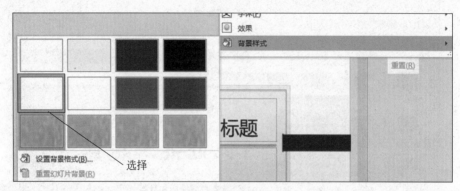

(a) 选择背景样式

(b) 效果图

图 7-25　设置背景样式

提示：若要将背景样式只应用于所选幻灯片，可右击选中的背景样式，然后在弹出的快捷菜单中选择"应用于所选幻灯片"选项。

四、设置背景格式

操作1：单击"设计"选项卡中的"设置背景格式"按钮，展开"背景格式"列表，如图7-26所示。

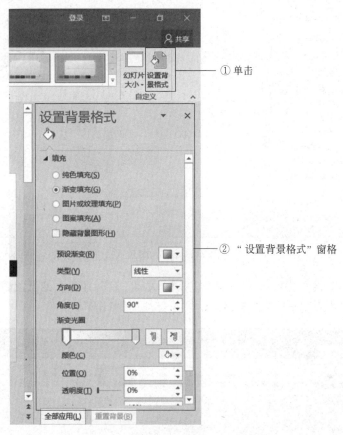

图7-26　打开"设置背景格式"窗格

操作2：在"设置背景格式"窗格中，选中"图片或纹理填充"单选按钮，单击"文件"按钮，如图7-27所示。

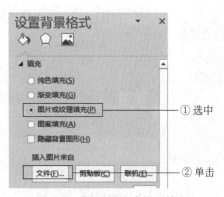

图7-27　设置图片或纹理填充

操作3：在打开的"插入图片"对话框中选择图片，单击"插入"按钮，如图7-28所示。

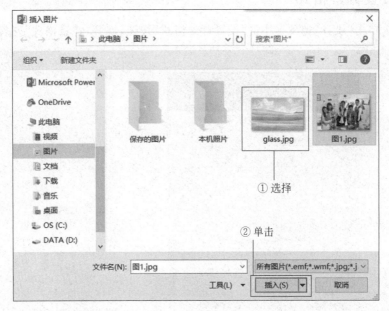

图7-28　插入图片

操作4：回到"设置背景格式"对话框，单击"关闭"按钮，即可看到设置的效果，如图7-29所示。若要将图片应用于所有幻灯片，单击"全部应用"按钮。

图7-29　设置图片背景的效果图

提示：按同样的方法设置纯色填充、渐变填充、图案填充。

五、设计幻灯片母版

操作 1：单击"视图"选项卡下"母版视图"组中的"幻灯片母版"按钮，如图 7-30 所示。

图 7-30　打开幻灯片母版视图

操作 2：在左侧幻灯片版式缩略图中选择第 1 张版式，单击"插入"选项卡下"图像"组中的"图片"按钮，如图 7-31 所示。

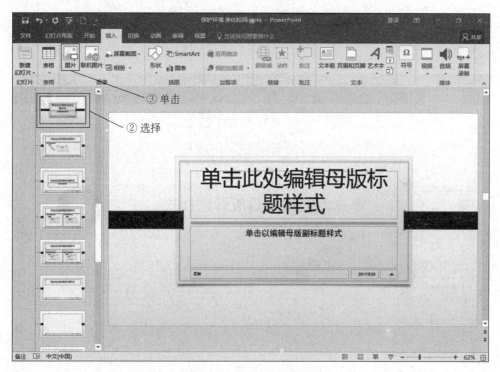

图 7-31　选择幻灯片母版

操作 3：在弹出的"插入图片"对话框中选择要插入的图片，单击"插入"按钮，如图 7-32 所示。

操作 4：此时，图片即可按原始大小和默认位置插入幻灯片母版中，拖动调整图片大小，并放置于幻灯片右上角。切换到"幻灯片母版"选项卡，单击"关闭母版视图"按钮，如图 7-33 所示。

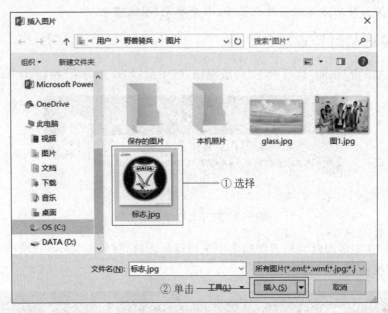

图 7-32 选择并插入图片

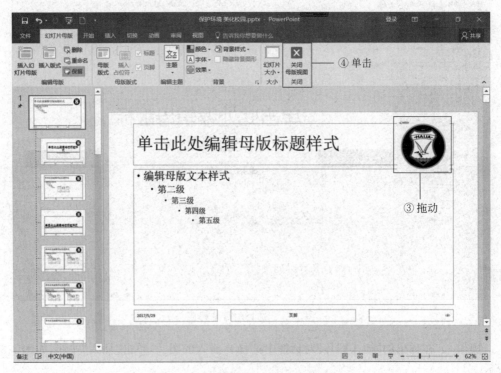

图 7-33 在母版视图中插入图片的效果

提示：在"幻灯片母版"中进行的设置应用于演示文稿中的所有幻灯片；在"母版版式"中进行的设置只应用于使用了该版式的幻灯片。

【知识链接】

一、幻灯片的主题

主题是一组统一的设计元素,包括一组主题颜色(背景颜色、图形填充颜色、图形边框颜色、文字颜色、强调文字颜色、超链接颜色和已访问过的超链接颜色)、一组主题字体(包括标题字体和正文字体)、一组主题效果(包括线条和填充效果)。当用户为演示文稿应用了某主题后,演示文稿中默认的幻灯片背景,以及插入的所有新的图形、表格、图表、艺术字或文字等均会自动与该主题匹配,使用该主题的格式,从而使演示文稿中的幻灯片具有一致而专业的外观。

PowerPoint 2016 提供了大量精美的文档主题,可以根据主题新建演示文稿,也可以创建好演示文稿后再更改其主题,还可以自定义主题的颜色和字体。

二、幻灯片的背景

在 PowerPoint 中,向演示文稿中添加背景是添加一种背景样式。背景样式中通常会显示四种色调,色调颜色与演示文稿的主题颜色息息相关,在更改演示文稿的主题颜色后,这四种色调也将随之发生变化。

更改演示文稿的背景,则应利用"设计"选项卡下"背景"组中的"背景样式"进行背景的设置,当自带的背景样式不能满足个性化需求时,可利用"背景样式"中的"设置背景格式",将渐变、纹理、图案、图片等填充效果作为背景使幻灯片变得美轮美奂。

三、幻灯片的母版

幻灯片母版就是一张特殊的幻灯片,是存储有关应用的设计模板信息的幻灯片,包括字形、占位符大小或位置、背景设计和配色方案。所有的幻灯片都是基于该幻灯片母版而创建的。如果更改了幻灯片母版,则会影响所有基于母版而创建的演示文稿幻灯片,从而大大减轻了重复操作的工作量。

PowerPoint 2016 提供三种类型的母版,分别是幻灯片母版、讲义母版和备注母版。幻灯片母版存储有关演示文稿的主题和幻灯片的所有信息,包括背景、颜色、字体、效果、占位符大小和位置。通常用于对演示文稿中的每张幻灯片进行统一的样式更改。讲义母版用来控制讲义的打印格式。通过讲义母版,可以方便地将多张幻灯片打印在一张纸上。备注母版用来设置备注信息的格式,使备注也能具有统一的外观。

PowerPoint 2016 中自带了一个幻灯片母版,母版与版式的关系:一张幻灯片中可以包括多个母版,而每个母版又可以拥有多个不同的版式。

在 PowerPoint 2016 中单击"视图"选项卡下"母版视图"组中的"幻灯片母版"按钮,进入幻灯片母版视图,如图 7-34 所示。

进入幻灯片母版视图后,用户还可根据需要插入、重命名和删除幻灯片母版和版式母版,以及设置需要在母版中显示的占位符等。

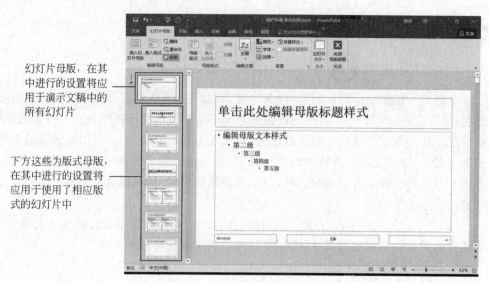

图 7-34 幻灯片母版视图

【知识拓展】

一、模板

演示文稿中的特殊一类,扩展名为.pot。模板记录了对幻灯片母版、版式和主题组合所进行的设置,由于模板所包含的结构构成了已完成演示文稿的样式和页面布局,因此可以在模板的基础上快速创建出外观和风格相似的演示文稿。

二、幻灯片中的色彩搭配

若要理解颜色的使用,可以从颜色盘开始。颜色盘包括 12 种颜色,如图 7-35 所示。

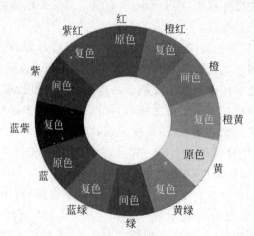

图 7-35 颜色盘

在颜色盘上,12 种颜色被分成三个组。①原色:红、蓝和黄,理论上讲,所有其他颜色都是由这三种颜色混合产生的。②间色：绿、紫和橙，这些颜色通过混合原色形成。③复色：橙红、紫红、蓝紫、蓝绿、黄绿和橙黄。这些颜色通过混合上述六种颜色构成。

根据在颜色盘上的位置，颜色之间存在特定的关系，如图 7-36 所示。

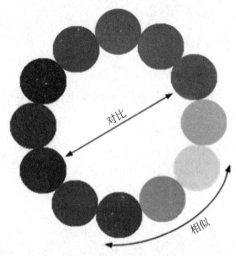

图 7-36　颜色之间的关系

相对位置的颜色称为补色。补色的强烈对比可产生动态效果。例如，背景与文字的搭配（可以用补色形成文字的突出效果），紫色背景绿色文字、黑色背景白色文字、黄色背景紫红色文字，以及红色背景蓝绿色文字。

相邻的颜色称为近似色，每种颜色具有两种（在颜色盘上位于其两侧的）近似色。使用近似色可产生和谐统一的效果，因为两种颜色都包含第三种颜色。如图 7-35 所示，第一种颜色（黄）通过过渡色（黄绿）过渡到第三种颜色（绿）。

因此，原则上讲 PPT 设计中关于颜色的选取，最好不要超过三种色系，否则就会出现杂乱的效果。即使要用多种颜色也要考虑使用相似色。

【技能拓展】

一、自定义新版式

如果找不到适合特定演示文稿的标准版式，可以添加或者自定义新的版式，如新建一个包含"标题""竖排文本"和"媒体"的幻灯片版式。

操作 1：单击"视图"选项卡下"母版视图"组中的"幻灯片母版"按钮，如图 7-37 所示。

操作 2：单击左侧幻灯片版式视图中版式组最后一个幻灯片，在"编辑母版"组中单击"插入版式"，如图 7-38 所示。

操作 3：在"母版版式"组中单击"插入占位符"下拉按钮，选择要插入的对象，如"文字（竖排）"，如图 7-39 所示。

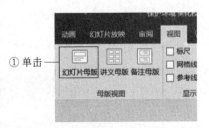

图 7-37　打开幻灯片母版视图

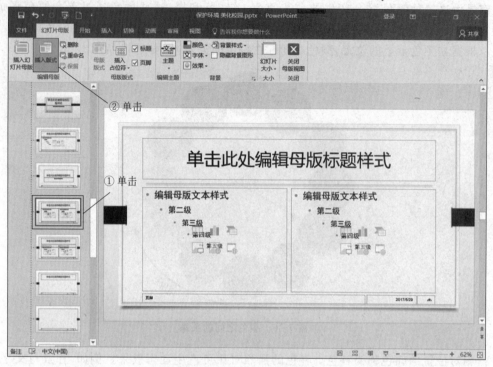

图 7-38 插入版式

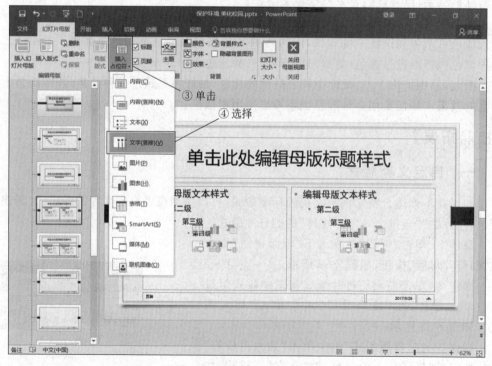

图 7-39 插入"文字"占位符

操作 4：在需要占位符出现的位置上拖动鼠标，即可绘制出指定大小和位置的占位符。用同样的方法，绘制出"媒体"占位符。创建好的自定义版式如图 7-40 所示。

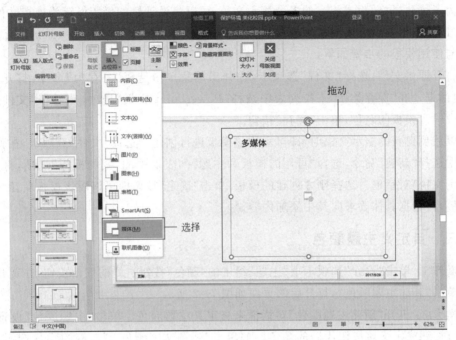

图 7-40　自定义版式

自定义新版式后，就可以在演示文稿中使用该版式。在第 1 张幻灯片后插入一张自定义版式的新幻灯片，如图 7-41 所示。

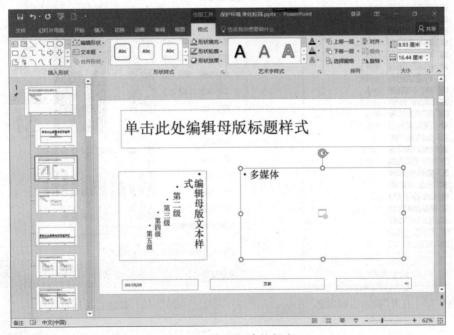

图 7-41　应用新建的版式

二、创建与使用模板

为了创建风格、版式统一的多个演示文稿，可以将设计好的母版保存为模板文件。这样，在以后新建演示文稿时套用模板文件，就可以方便快捷地创建外观一致的演示文稿。创建与使用模板的步骤如下。

打开原始文件，选择"文件"选项卡，在弹出的菜单中选择"另存为"命令，打开"另存为"对话框。在"保存类型"下拉列表中选择"PowerPoint 模板"选项，然后在"文件名"文本框中输入模板的名称，单击"保存"按钮。

以后创建新的演示文稿时，即可套用该模板进行创建。选择"文件"选项卡，在弹出的菜单中选择"新建"命令，选择"可用的模板和主题"列表框中的"我的模板"选项，打开"新建演示文稿"对话框。选择刚才创建的模板，单击"确定"按钮即可以用该模板新建一个演示文稿，再根据具体要求向其中添加内容。

三、自定义主题颜色

操作1：单击"设计"选项卡下"主题"组中的"颜色"按钮右侧的三角按钮，在展开的列表中单击"新建主题颜色"，打开后的页面如图 7-42 所示。

操作2：打开"新建主题颜色"对话框来自定义主题颜色。单击"主题颜色"设置区中的相应按钮来定义该按钮代表的颜色。如单击"强调文字颜色 2"右侧的颜色按钮，在弹出的颜色列表中选择红色，最后在"名称"编辑框中输入自定义颜色的名称，如"美食主题颜色"，单击"保存"按钮，如图 7-43 所示。

图 7-42 打开"新建主题颜色"后

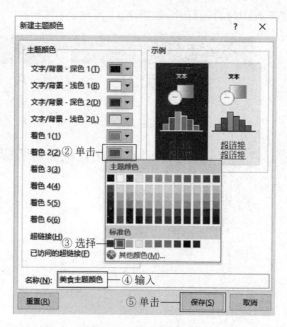

图 7-43 新建主题颜色

操作3：自定义的主题颜色将显示在"颜色"列表的上方，右击该颜色，从弹出的快捷菜单中选择相应的选项，可将该颜色应用于当前幻灯片、所有幻灯片，还可重新编辑或删除该颜色，如图7-44所示。

图7-44　应用自定义的主题颜色

任务3　制作绘声绘色的演示文稿

【任务情景】

李明已为"保护环境　美化校园"的演示文稿添加了主题和背景，但只有文字，看起来不够美观，也缺乏说服力和影响力。因此要在幻灯片中插入一些多媒体元素，如图片、图形、图表、音频、视频等。

【任务分析】

要想实现以上的效果，必须做好下面的工作。
（1）插入艺术字。
（2）设置文本、段落格式。
（3）插入图片。
（4）插入文本框。
（5）插入自选图形。
（6）插入表格和图表。
（7）插入声音。
（8）插入视频。

【任务实施】

一、插入艺术字

操作1：选中第1张幻灯片，在"插入"选项卡的"文本"组中单击"艺术字"下拉按钮；在列表中选择需要的艺术字样式。此时将在幻灯片中插入艺术字框并提示输入文字，单击后输入艺术字内容，如图7-45所示。

操作2：选中艺术字，在"格式"选项卡的"艺术字样式"组中单击"文字效果"下拉按钮，在弹出的下拉菜单中选择"转换"，在弹出的列表中选择"腰鼓"的效果，如图7-46所示。

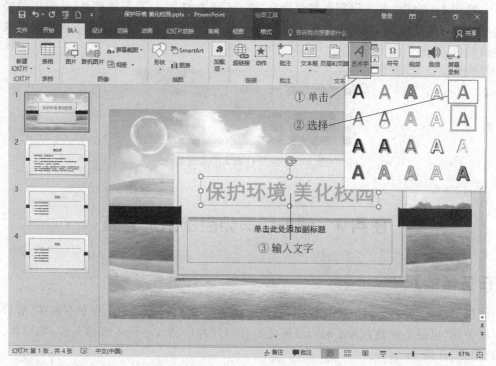

图 7-45 插入艺术字

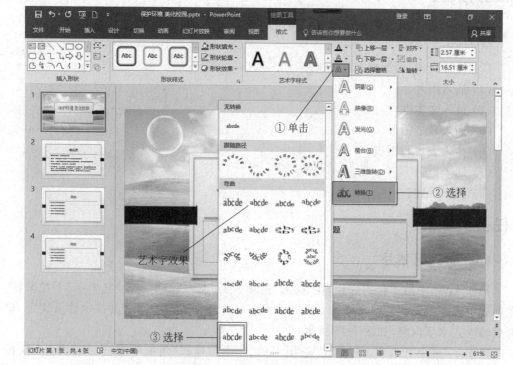

图 7-46 设置艺术字的样式

二、设置文本、段落格式

为了提高幻灯片的观赏性,在输入文本内容后,还要对文字格式进行设置,包括设置字体和文本,其方法与 Word、Excel 相似,可通过"字体"和"段落"组设置实现。

1. 设置文本的字符格式

操作:选择第 3 张幻灯片中的标题"卷首语",在"开始"选项卡的"字体"组中设置字体为"华文行楷",字号为 48,字体颜色为"绿色",字形为加粗,同理将"卷首语"的内容文字设置字体为"楷体",字号为 26,效果如图 7-47 所示。

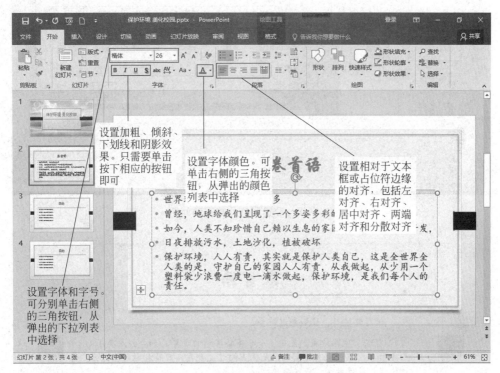

图 7-47　设置文本的字符格式

2. 设置文本的段落格式

操作:选择第 3 张幻灯片内容文字,单击"开始"选项卡的"段落"组右下角的对话框启动器按钮,打开"段落"对话框。在"文本之前"编辑框中输入"0.5 厘米";在"特殊格式"下拉列表中选择"首行缩进"选项,然后设置度量值为 2 厘米;再将"段前"间距值设置为 6 磅;"段后"间距值设置为 8 磅;在"行距"下拉列表中选择"单倍行距"选项,如图 7-48 所示,单击"确定"按钮,效果如图 7-49 所示。

同理,将第 4 张幻灯片的内容文字段落设置为"首行缩进"2 厘米,"行距"1.5 倍。

3. 使用项目符号与编码

操作 1:选中第 4 张幻灯片中内容文字,单击"开始"选项卡下"段落"组中的"项目符号"按钮右侧的三角按钮,在弹出的下拉列表中选择"箭头项目符号",如图 7-50 所示。

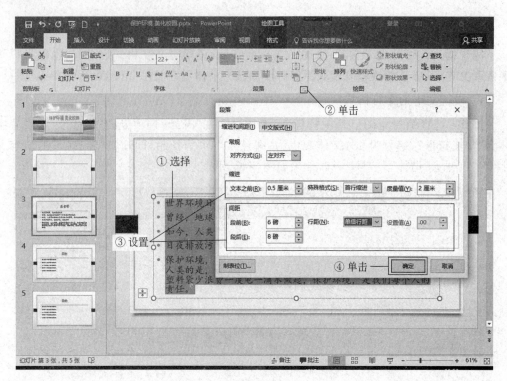

图 7-48 设置段落的缩进和间距

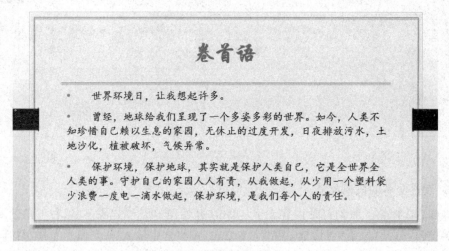

图 7-49 设置后的效果

操作 2：选中第 6 张幻灯片中内容文字，单击"开始"选项卡下"段落"组中的"编号"按钮右侧的三角按钮，在弹出的下拉列表中选择"象形编号"，如图 7-51 所示。

三、插入图片

图片是增强演示文稿吸引力很重要的元素，无论是剪辑管理器自带的图片，还是计算

单元7 PowerPoint 2016演示文稿软件应用 339

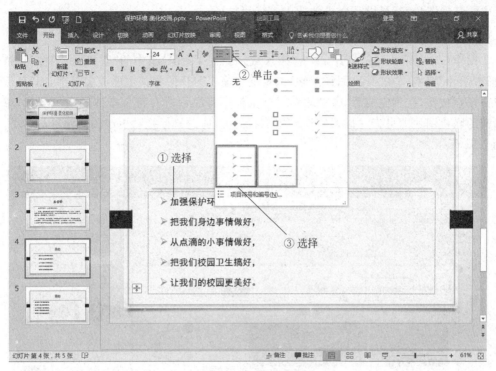

图 7-50 为段落添加项目符号

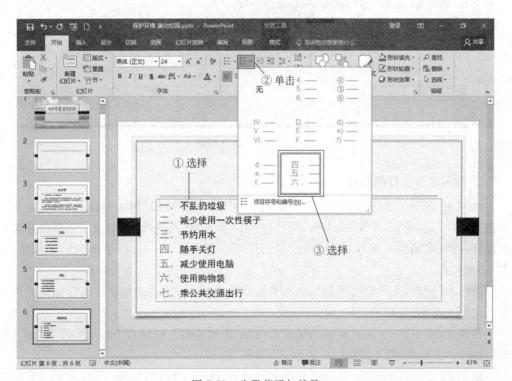

图 7-51 为段落添加编号

机中的其他图片,都可以很轻松地插入幻灯片中。

1. 插入联机图片

操作:选中第 4 张幻灯片,单击"插入"选项卡下"图像"组中的"联机图片"按钮,打开"插入图片"窗格。在"必应图像搜索"编辑框中输入图片的相关主题或关键字,如"环保",单击搜索按钮,搜索完成后,在搜索结果预览框中将显示所有符合条件的联机图片,单击所需的联机图片即可将它插入幻灯片的中心位置,通过鼠标拖动更改图片位置与大小,如图 7-52 所示。

图 7-52　插入联机图片

2. 插入来自文件的图片

操作1:在第 5 张幻灯片后插入一张版式为"仅标题"的幻灯片,标题为"大气污染"。单击"插入"选项卡下"图像"组中的"图片"按钮,弹出"插入图片"对话框,选择图片所在的位置,选择要插入的图片(要选择多张图片可按住 Ctrl 键),最后单击"插入"按钮,如图 7-53 所示。

操作2:此时,图片即可按原始大小和默认位置插入幻灯片中,通过鼠标拖动更改图片位置与大小,效果如图 7-54 所示。

操作3:选中图片,这时面板选项中会出现"图片工具"→"格式"选项卡,单击"图片样式"组中的"其他"按钮,如图 7-55 所示。

操作4:在展开的列表中为三张图片选择三种图片样式,如图 7-56 所示。效果如图 7-57 所示。

图 7-53 插入图片

图 7-54 插入图片后的效果

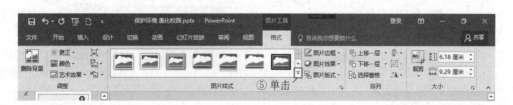

图 7-55 "图片工具 格式"选项卡

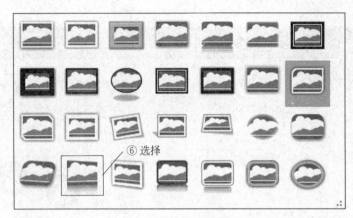

图 7-56 图片样式列表

图 7-57 设置图片样式的效果图

提示：利用"图片工具 格式"选项卡可以对图片执行各种编辑操作，如选择、移动、缩放、复制、旋转、叠放、组合、对齐及裁剪。还可以对图片进行各种美化操作，如删除图片背景，设置图片艺术效果，调整图片颜色，调整图片的亮度和对比度，为图片套用系统内置的图片样式等。

试一试：按照上面的方法，完成"生活垃圾""水污染"两张幻灯片的美化，效果如图 7-58 所示。

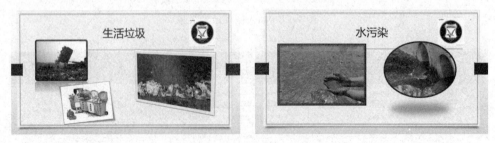

图 7-58 美化后的图片效果

四、插入文本框

操作 1：选中第 7 张幻灯片，在"插入"选项卡的"文本"组中单击"文本框"下拉按钮，在弹出的下拉菜单中选择"横排文本框"选项，如图 7-59 所示。

图 7-59　选择文本框

操作 2：鼠标置于幻灯片任意位置，按住鼠标左键不放向右下方拖动，绘制出一个文本框，在拖出的文本框中输入需要添加的文本内容，并将文字设为"华文彩云"，32 号，红色，效果如图 7-60 所示。

图 7-60　绘制文本框并输入文本

五、插入自选图形

操作 1：在第 5 张幻灯片后，插入一张"仅标题"版式的新幻灯片，标题为"身边的污染"。单击"插入"选项卡下"插图"组中的"形状"按钮，在展开的列表中选择"矩形"下的"圆角矩形"，如图 7-61 所示。

操作 2：将鼠标指标移至幻灯片中准备绘制图形的起始点，按住鼠标左键并拖动，至需要的图形大小时释放鼠标，即可绘制出选择的圆角矩形，如图 7-62 所示。

操作 3：选中圆角矩形，单击"格式"选项卡下"形状样式"组中的"其他"按钮，在弹出的下拉面板中选择"强烈效果—金色，强调颜色，3"；单击"格式"选项卡下"形状样式"组中的"形状轮廓"下拉按钮，在弹出的颜色列表中选择"黄色"；单击"格式"选项卡下"形状样式"组中的"形状效果"下拉按钮，在弹出的下拉列表中选择"阴影"→"右上对角透视"，效果如图 7-63 所示。

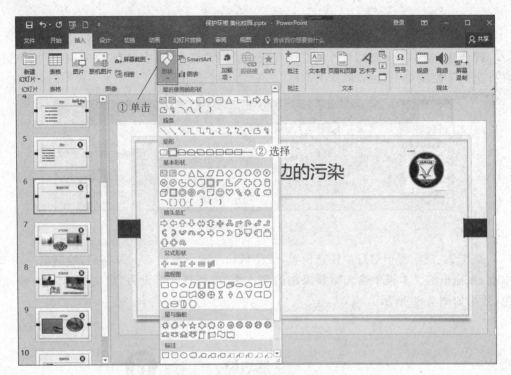

图 7-61　绘制圆角矩形(1)

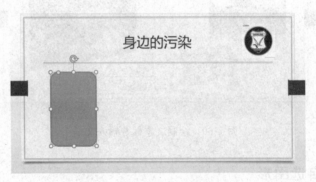

图 7-62　绘制圆角矩形(2)

操作 4：右击圆角矩形，从弹出的快捷菜单中选择"编辑文字"选项，如图 7-64 所示。

操作 5：此时即可在形状中输入文本，如输入"大气污染"，并将文字"大气污染"设为"黑体"，28 号，白色，效果如图 7-65 所示。

操作 6：将修饰好的圆角矩形复制两个，分别将文字改为"生活垃圾""水污染"，并设置好三个圆角矩形的位置，效果如图 7-66 所示。

试一试：在最后 1 张幻灯片后插入一张空白版式的新幻灯片，效果如图 7-67 所示。

操作：单击"插入"选项卡下"插图"组中的"形状"按钮，在展开的列表中选择"星与旗帜"下的"横卷形"。选中绘制好的横卷形，单击"格式"选项卡下"形状样式"组中的

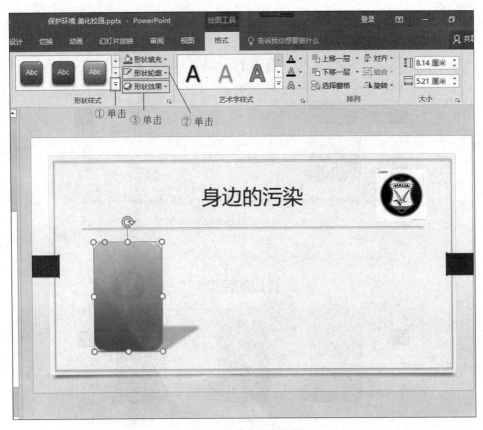

图 7-63 美化圆角矩形

图 7-64 为圆角矩形添加文字

图 7-65 圆角矩形处理后的效果图

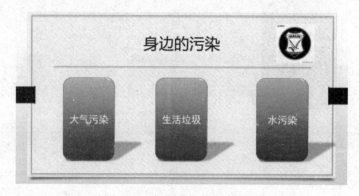

图 7-66 复制形状并修改内容

"其他"按钮,在弹出的下拉面板中选择"浅色1轮廓,彩色填充—绿色,强调颜色6";单击"格式"选项卡下"形状样式"组中的"形状轮廓"下拉按钮,在弹出的颜色列表中选择"黄色";单击"格式"选项卡下"形状样式"组中的"形状效果"下拉按钮,在弹出的下拉列表中选择"映像"→"紧密映像 接触"。最后,添加文字,并将文字格式设为"幼圆",28号,白色,加粗。

图 7-67 绘制及美化"横卷形"

六、插入表格和图表

1. 插入表格

操作 1：在第 7 张幻灯片后，插入一张"仅标题"版式的新幻灯片，标题为"某地 PM2.5 主要来源构成表"。单击"插入"选项卡下"表格"组中的"表格"按钮，在弹出的下拉列表中选择"插入表格"选项，如图 7-68 所示。

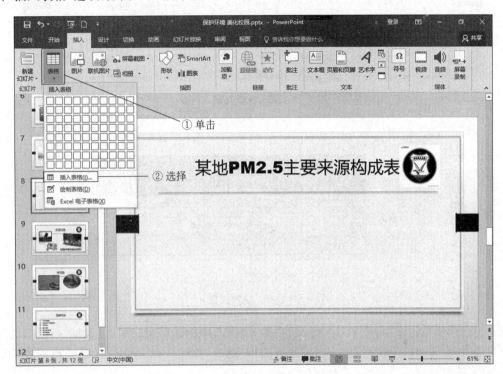

图 7-68　打开"插入表格"对话框

操作 2：打开"插入表格"对话框，在"列数"数值框中输入 6，在"行数"数值框中输入 2，单击"确定"按钮，如图 7-69 所示。

操作 3：此时一个 2 行 6 列的表格插入幻灯片的项目占位符中，然后输入所需文本，并将文字设为黑体、20 号，效果如图 7-70 所示。

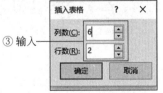

图 7-69　输入表格行、列数

操作 4：在 PowerPoint 中通过"设计"和"布局"选项卡进行美化操作。选中表格，在"表格工具"→"布局"选项卡的"单元格大小"组中的"高度"编辑框中输入 2 厘米，"宽度"编辑框中输入 3.8 厘米。在"表格工具"→"布局"选项卡的"对齐方式"组中单击"居中"和"垂直居中"按钮，如图 7-71 所示。

操作 5：单击"表格工具"→"设计"选项卡下"表格样式"组中的"其他"按钮，在展开的列表中选择"中度样式 2-强调 1"，在"表格工具"→"设计"选项卡下"绘图边框"组中的"笔样式"下拉列表框中选择"——"样式，在"笔画粗细"下拉列表框中选择"1.5 磅"，在"笔颜色"下拉列

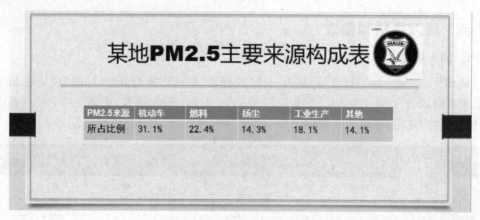

图 7-70　插入表格并输入内容

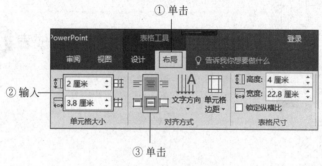

图 7-71　编辑表格

表框中选择橙色。在"表格工具"→"设计"选项卡的"表格样式"组中单击"边框"按钮右侧的下拉箭头,在弹出的下拉列表中选择"所有边框"选项,如图 7-72 所示。最终表格的效果如图 7-73 所示。

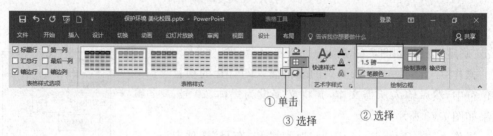

图 7-72　为表格添加边框、应用样式

2. 插入图表

操作 1:单击"插入"选项卡下"插图"组中的"图表"按钮,打开"更改图表类型"对话框。选择"饼图"选项卡,在右侧列表框的"饼图"栏中选择"饼图"选项,单击"确定"按钮,如图 7-74 所示。

操作 2:系统自动启动 Excel 2016,在蓝色框线内的相应单元格中输入表格中的数据,如图 7-75 所示。

单元7 PowerPoint 2016演示文稿软件应用

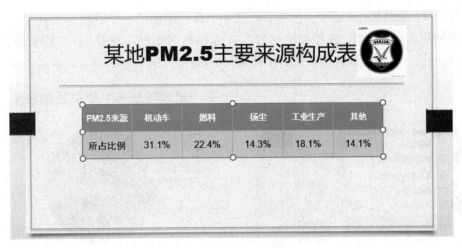

图 7-73 美化后的表格效果

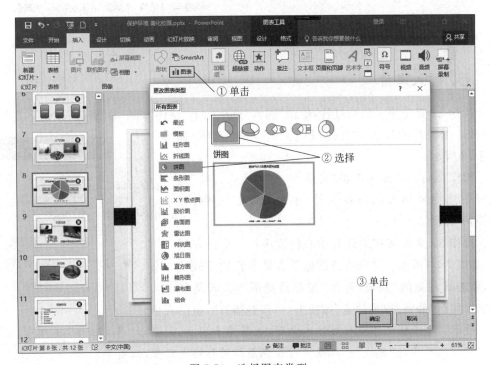

图 7-74 选择图表类型

图 7-75 在 Excel 中输入数据

操作 3：退出 Excel 程序。在当前幻灯片中自动生成了一个饼图。选中图表，右击，在弹出的列表框中选择"添加数据标签"，在弹出的列表框中选择"添加数据标签"，如图 7-76 所示。拖动鼠标调整图表的位置和大小，效果如图 7-77 所示。

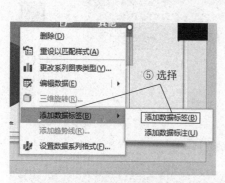

图 7-76 创建并编辑图表

图 7-77 创建的图表效果图

七、插入声音

操作 1：选中第 1 张幻灯片，单击"插入"选项卡下"媒体"组中的"音频"按钮下方的三角按钮，在展开的列表中选择"PC 上的音频"选项，如图 7-78 所示。

操作 2：打开"插入音频"对话框。在"插入音频"对话框中选择要插入的声音文件，单击"插入"按钮，如图 7-79 所示。

操作 3：系统将在幻灯片中心位置添加一个声音图标，如图 7-80 所示。并在声音图标下方显示音频播放控件，单击其左侧的"播放/暂停"按钮预览声音。若将鼠标指针移至"静音/取消静音"按钮上，可调整播放音量的大小。

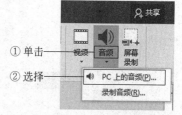

图 7-78 打开"插入音频"对话框

提示：将音频文件插入幻灯片中后，选择声音图标，将显示"音频工具"选项卡，此时可利用该选项卡的"格式"子选项卡对音频图标进行格式设置，如图 7-81 所示。

此外，还可利用"播放"子选项卡预览声音，剪裁声音，设置声音的淡入淡出效果，以及设置放映幻灯片时声音的音量、开始方式和是否循环播放等，如图 7-82 所示。

八、插入视频

操作 1：选中第 2 张幻灯片，在标题中输入"引入"，竖排文本占位符中输入"环保宣传片——拯救我们的家园"。单击媒体占位符中的"插入媒体剪辑"，然后单击"浏览"按钮，或单击"插入"选项卡下"媒体"组中的"视频"按钮下方的三角按钮，在展开的列表中选择"PC 上的视频"选项，如图 7-83 所示。

单元7　PowerPoint 2016演示文稿软件应用

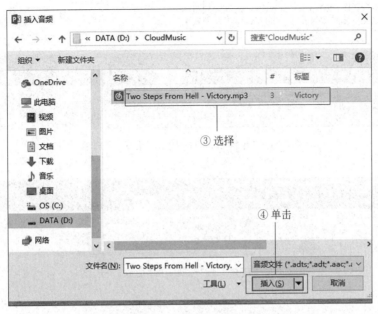

图 7-79　选择音频文件

图 7-80　在幻灯片中插入音频文件

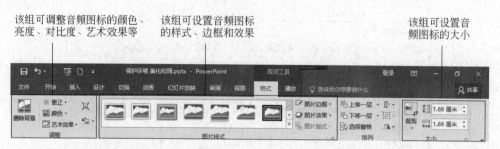

图 7-81 "音频工具"选项卡的"格式"子选项卡

图 7-82 "音频工具"选项卡的"播放"子选项卡

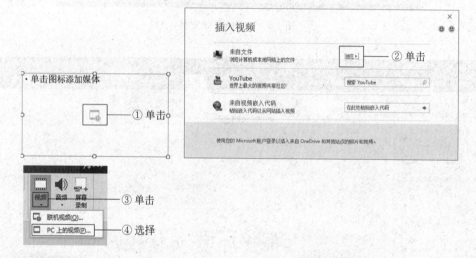

图 7-83 打开"插入视频文件"对话框

操作 2：打开"插入视频文件"对话框。在"插入视频文件"对话框中选择"环保宣传片.mp4"视频文件，单击"插入"按钮，如图 7-84 所示。

操作 3：将视频文件插入幻灯片的中心位置，并在其下方显示视频播放控件，如图 7-85 所示。通过该控件可以预览视频播放效果。

提示：将视频文件插入幻灯片并选中后，可以像编辑音频文件一样，利用"视频工具"选项卡的"格式"子选项卡设置视频亮度、颜色、视觉样式、形状、边框和效果等。此外，可利用"视频工具"选项卡的"播放"子选项卡设置视频的开始播放方式，以及是否循环播放、是否全屏播放、剪裁视频等。

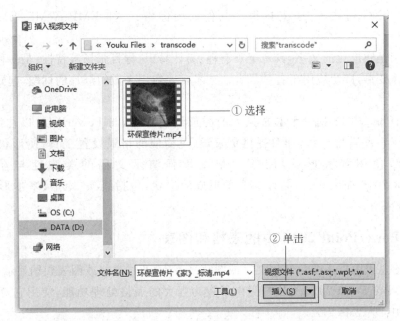

图 7-84 选择视频文件

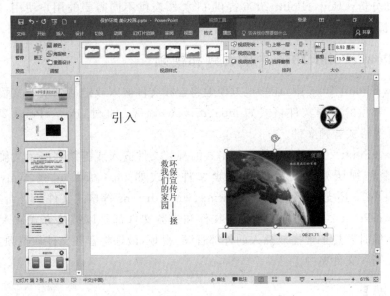

图 7-85 将视频文件插入幻灯片中

【知识链接】

一、PowerPoint 2016 中的图形对象

图形对象主要包括联机图片、艺术字、自选图形等。

PowerPoint 2016 支持的图像类型很多，基本涵盖目前主流的图像格式，如 JPEG、

GIF、BMP、PNG 格式等,还支持很多其他的图像格式,如 EMP、WMF、EMZ、TIF 格式等。

艺术字是图形化的文字,具有美观有趣、易认易识、醒目张扬等特性,是一种极富装饰意味的字体变形,广泛应用于各种场合。艺术字一般用来做幻灯片的标题,起到美观醒目的作用。

PowerPoint 2016 提供了非常强大的图形绘制功能,与 PowerPoint 以往版本相比,不仅增加了一些常用形状,而且提供更直观、更简便的格式设置工具,使形状的效果更漂亮。灵活使用各种形状,能够大幅度增强演示文稿的美观性与互动效果。PowerPoint 2016 提供 9 组,共计 173 个现成的形状,包括线条、矩形、基本形状、箭头、公式、流程图等。

二、PowerPoint 2016 中的表格和图表

有些信息或数据不能单纯用文字或图片来表示,通过表格或图表归纳显示,将达到最佳效果。PowerPoint 2016 为用户提供了较为强大的表格处理功能,使用它可以方便地在幻灯片中插入表格。

图表以图形化的方式表示幻灯片中的数据内容,它具有较好的视觉效果,可以使数据易于比较和分析。PowerPoint 2016 提供 11 类图表供不同需要的用户使用,常用的图表有柱形图、折线图、饼图、条形图、面积图、XY 散点图等。

三、PowerPoint 2016 中的音频和视频

在 PowerPoint 2016 中,能够很方便地将音频文件嵌入或链接到演示文稿,以便在放映时展现。常见的音频文件格式如 mp3、mav、wma 等。此外,PowerPoint 2016 还支持 aif、au、mid 等格式音频文件。

在 PowerPoint 2016 中,支持多种格式的视频文件嵌入或链接到演示文稿,以便在放映时达到最佳视听效果。常见的视频文件格式如 mp4、avi、mpeg、wmv 等,此外,PowerPoint 2016 还支持 asf、asx、wm、wmx、wmd、drv-ms 等格式文件。

在 PowerPoint 2016 中插入的音频文件和视频文件都是以链接方式插入的,因此在放映演示文稿时要想正常播放插入的外部音频、视频,最好将音频文件和视频文件与演示文稿保存在同一文件夹中。

【知识拓展】

一、PowerPoint 2016 中添加项目符号和编号

项目符号在演示文稿中使用的频率非常高,通常用于列表条目,达到清晰美观的效果。编号列表与项目符号列表非常相似,当需要体现文本列表的顺序时,最好使用编号列表。PowerPoint 2016 中项目符号和编号列表分别包含 7 种预设符号,用户还可以自定义项目符号样式。具体操作如下。

操作 1:选择要设置项目符号的文本,单击"开始"选项卡下"段落"组中的"项目符号"

按钮右侧的三角按钮,在弹出的下拉列表中单击"项目符号和编号"按钮,如图7-86所示。

操作2:在弹出的"项目符号和编号"对话框中单击"自定义"按钮,如图7-87所示。

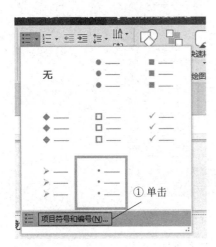

图7-86　单击"项目符号和编号"按钮　　　　图7-87　打开"项目符号和编号"对话框

操作3:在"符号"对话框中选择需要的项目样式,单击"确定"按钮,如图7-88所示。

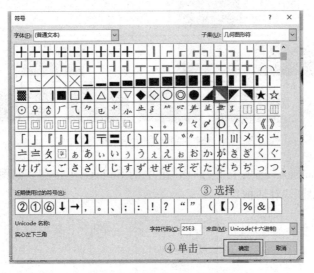

图7-88　插入自定义的项目符号

操作4:回到"项目符号和编号"对话框,此时选中的新项目符号会自动出现在列表中,单击"确定"按钮,如图7-89所示。

二、使用 SmartArt 图形

PowerPoint 2016 提供的 SmartArt 图形类型,包括列表、流程、循环、层次结构、关系、矩阵、棱锥图7类。

尝试利用 SmartArt 工具完成图 7-90 所示的组织结构图。

图 7-89　给幻灯片选择自定义的项目符号

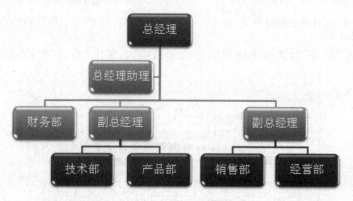

图 7-90　组织结构图

操作 1：单击"插入"选项卡下"插图"组中的 SmartArt 按钮，如图 7-91 所示。打开"选择 SmartArt 图形"对话框。

图 7-91　单击 SmartArt 按钮

操作 2：在对话框左侧选择"层次结构"选项，在右侧选择"组织结构图"，单击"确定"按钮，如图 7-92 所示。该 SmartArt 图形插入幻灯片中。

操作 3：依次单击 SmartArt 图形中的各形状，输入所需的文本，如图 7-93 所示。

操作 4：分别选择"副总经理"文本所在的形状，单击"SmartArt 工具"→"设计"选项卡下"创建图形"组中的"添加形状"按钮，在展开的列表中选择"在下方添加形状"选项，如图 7-94 所示。分别为它们添加两个子对象，效果如图 7-95 所示。

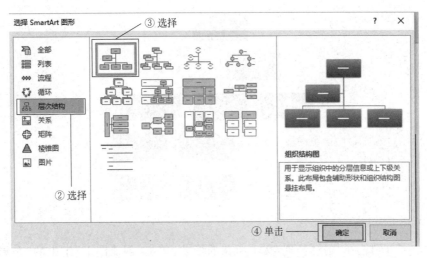

图 7-92 插入 SmartArt 图形

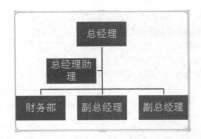

图 7-93 在 SmartArt 图形中的各形状输入文本

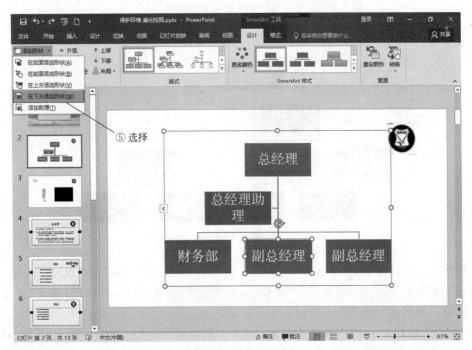

图 7-94 添加子对象

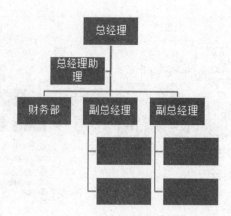

图 7-95 添加子对象的效果

操作 5：分别选择"副总经理"文本所在的形状，单击"创建图形"组中的"布局"按钮，从弹出的列表中选择"标准"布局，更改其子对象的布局，如图 7-96 所示。

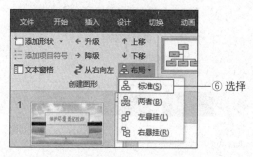

图 7-96 更改子对象的布局

操作 6：分别为添加的子对象输入文本，效果如图 7-97 所示。

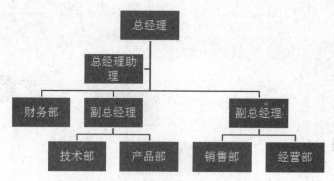

图 7-97 子对象输入文本后的效果图

操作 7：选择绘制的 SmartArt 图形，单击"SmartArt 工具"→"设计"选项卡下"SmartArt 样式"组中的"更改颜色"按钮，从弹出的列表中选择一种颜色，再在"样式"列表中选择一种样式，如图 7-98 所示。

操作 8：按住 Ctrl 键依次单击形状，将它们同时选中，然后单击"SmartArt 工具"→"格式"选项卡下"形状"组中的"更改形状"按钮，从弹出的列表中选择"圆角矩形"形状，将

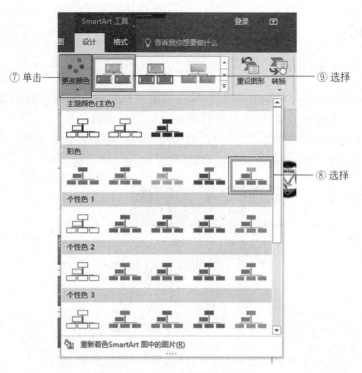

图 7-98　设置图形颜色和样式

所选形状更改为圆角矩形,如图 7-99 所示。

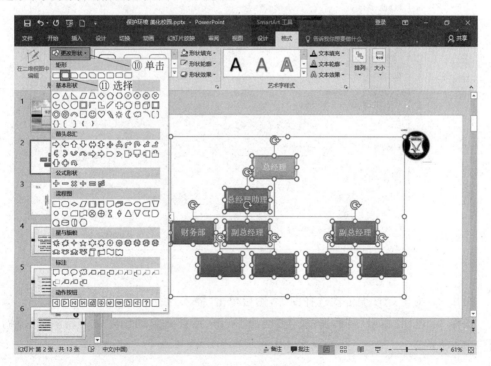

图 7-99　更改形状

【技能拓展】

一、制作电子相册

使用 PowerPoint 2016 的相册功能，可以将图片批量导入演示文稿的多张幻灯片中，制作包含这些图片的电子相册，然后再对其加以美化和编辑。

操作1：单击"插入"选项卡下"图像"组中的"相册"按钮右方的三角按钮，在展开的列表中选择"新建相册"选项，如图 7-100 所示，打开"相册"对话框。

图 7-100　选择"新建相册"选项

操作2：单击"文件/磁盘"按钮，打开"插入新图片"对话框，如图 7-101 所示。

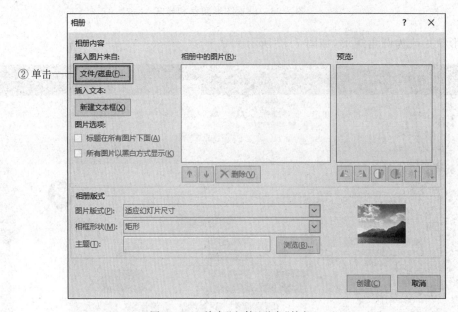

图 7-101　单击"文件/磁盘"按钮

操作3：按住 Ctrl 键依次选择图片，然后单击"插入"按钮，如图 7-102 所示。

操作4：返回"相册"对话框，单击"创建"按钮，系统将自动创建一个新演示文稿，如图 7-103 所示。

③ 单击

图 7-102　选择作为相册的图片

④ 单击

图 7-103　创建相册演示文稿

二、使音频贯穿整个演示文稿

在幻灯片中插入音频后，默认设置下，切换到下一张幻灯片时音频就停止了，创建在整个演示文稿放映过程中都有效的背景音乐，操作步骤如下。

操作：选中音频对象，切换到"音频工具"中的"播放"选项卡，在"音频选项"组中选中"跨幻灯片播放"复选框，如图 7-104 所示。

图 7-104　设置声音的播放方式

三、插入 Flash 动画

Shockwave Flash 是用户观看 Flash 动画时浏览器需要安装的外挂程序。安装 Shockwave Flash,插入 Flash 动画,操作步骤如下。

操作 1：选择"文件"选项卡,在打开的界面中选择左侧的"选项",如图 7-105 所示。打开"PowerPoint 选项"对话框。

图 7-105　打开"PowerPoint 选项"对话框

操作 2：单击"自定义功能区"链接,然后在对话框右侧选中"开发工具"复选框,单击"确定"按钮,如图 7-106 所示。

操作 3：单击"开发工具"选项卡下"控件"组中的"其他控件"按钮,如图 7-107 所示。

操作 4：在打开的对话框中选择 Shockwave Flash Object 控件,单击"确定"按钮,如图 7-108 所示。

操作 5：在幻灯片中绘制一个显示动画的区域,单击"控件"组中的"属性"按钮,在打

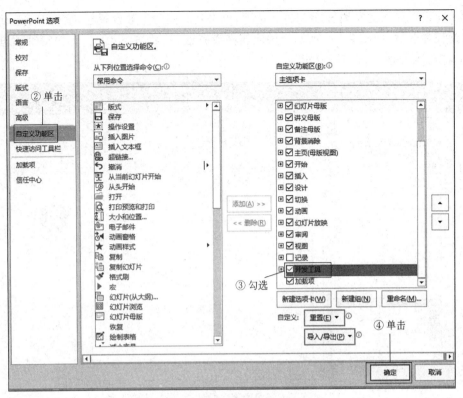

图 7-106　显示"开发工具"选项卡

图 7-107　打开"其他控件"对话框

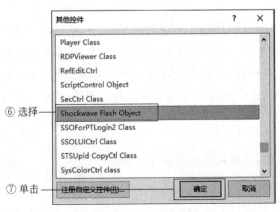

图 7-108　选择控件

开的属性设置界面的左侧选择 Movie 选项,单击其右侧的参数设置栏,输入 Flash 动画文件的路径和名称,如图 7-109 所示。关闭属性设置框,然后按 Shift+F5 快捷键预览幻灯片,可看到插入的 Flash 动画效果。

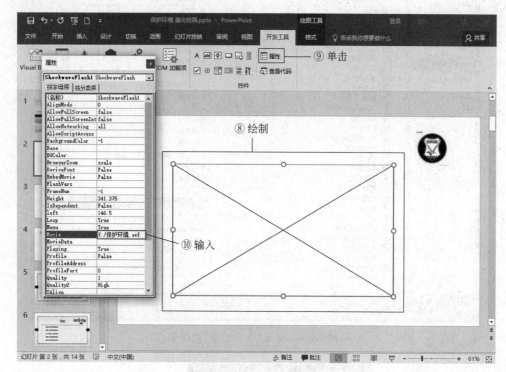

图 7-109 输入动画路径

任务4 演示文稿的动画设置与放映

【任务情景】

李明基本制作好了"保护环境 美化校园"演示文稿,进行了播放,发现幻灯片中的对象都是静止的,同时发现幻灯片之间的切换也很单调,只是按照制作的顺序播放。播放完毕并没有让观众提起兴趣,留下深刻的印象。因此考虑使用动画,增强幻灯片的视觉冲击力。此外,设置超链接,达到创建交互式演示文稿的目的。

【任务分析】

要想实现上述效果,李明需要做好如下工作。
(1)建立超链接。
(2)设置动作按钮。
(3)设置幻灯片切换方式。

(4)为对象设置动画效果。
(5)管理动画。
(6)放映演示文稿。
(7)打包演示文稿。

【任务实施】

一、建立超链接

操作1：选择第6张幻灯片，选定要作为超链接的对象，如"大气污染"文本，单击"插入"选项卡下"链接"组中的"超链接"按钮，如图7-110所示。

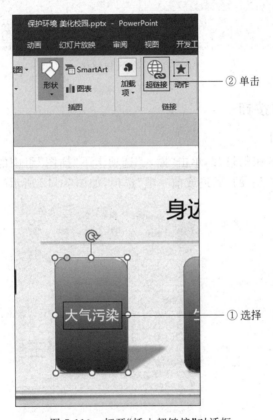

图 7-110　打开"插入超链接"对话框

操作2：在打开的"插入超链接"对话框的"链接到"列表中选择要链接到的目标，如选择"本文档中的位置"选项，然后在"请选择文档中的位置"列表中单击要链接到的幻灯片，如选择第9张幻灯片，单击"确定"按钮，如图7-111所示。

提示：插入超链接的文字将自动添加上下划线，放映演示文稿时，如果将鼠标指针移动到超链接上，鼠标指针变成手形，单击就可以跳转到相应的链接位置。

试一试：将第6张幻灯片上的文字"生活垃圾""水污染"分别链接到第9张幻灯片和第10张幻灯片。

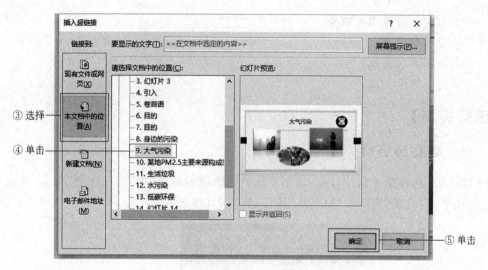

图 7-111　插入超链接

二、设置动作按钮

1. 添加动作按钮

操作 1：选择第 8 张幻灯片，单击"插入"选项卡下"插图"组中的"形状"下拉按钮，在列表中单击"动作按钮"下的"后退或前一项"选项，如图 7-112 所示。

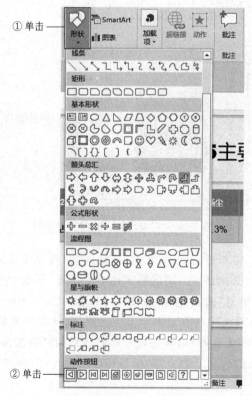

图 7-112　插入动作按钮

操作2：在幻灯片右下角拖动鼠标绘制动作按钮图标，在弹出的"操作设置"对话框中的"单击鼠标"选项卡下，单击选中"超链接到"单选按钮，然后单击其下方编辑框右侧的三角按钮，在展开的列表中选择"幻灯片"，如图7-113所示。

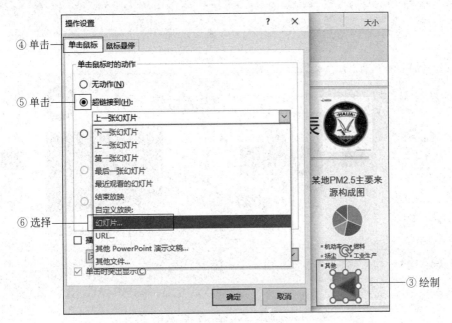

图 7-113　"操作设置"对话框(1)

操作3：在弹出的"超链接到幻灯片"对话框中，选择第8张幻灯片，单击"确定"按钮，如图7-114所示。回到"操作设置"对话框，单击"确定"按钮。

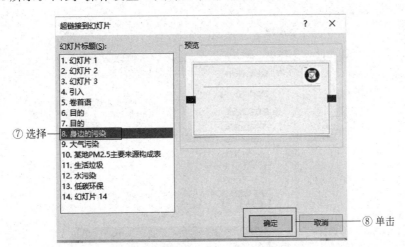

图 7-114　为动作按钮设置链接目标

2. 为对象添加动作设置

操作1：选中第9张幻灯片中的文本框，单击"插入"选项卡下"链接"组中的"动作"按钮，如图7-115所示。

图 7-115　选择文本框后单击"动作"按钮

操作2：在弹出的"操作设置"对话框中的"单击鼠标"选项卡下，单击选中"超链接到"单选按钮，然后单击其下方编辑框右侧的三角按钮，在展开的列表中选择"幻灯片"，如图 7-116 所示。

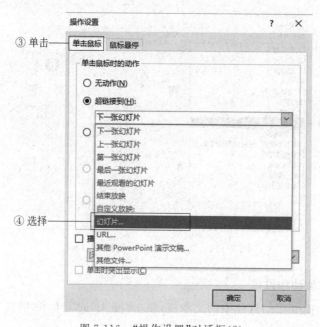

图 7-116　"操作设置"对话框(2)

操作3：在弹出的"超链接到幻灯片"对话框中选择第8张幻灯片，单击"确定"按钮，如图7-117所示。回到"操作设置"对话框，单击"确定"按钮。

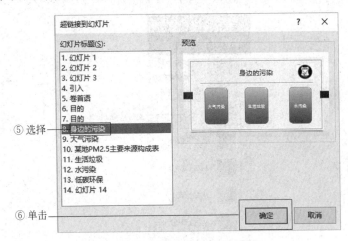

图7-117　为文本框设置链接目标

三、设置幻灯片切换方式

操作1：选中第1张幻灯片，单击"切换"选项卡下"切换到此幻灯片"组中的"其他"按钮，在展开的列表中可看到系统提供的多种切换动画的缩略图，这里选择"华丽型"下的"涟漪"，即可为所选幻灯片添加该效果，如图7-118所示。

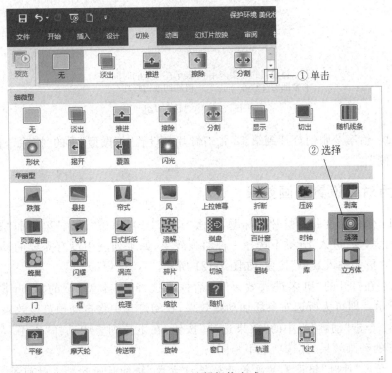

图7-118　选择切换方式

操作2：单击"切换到此幻灯片"组中的"效果选项"按钮，从弹出的列表中选择对该效果进行设置，如选择"居中"，表示从中间开始涟漪，如图7-119所示。

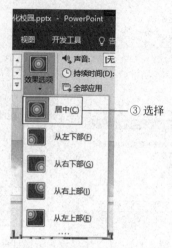

图7-119 设置切换方式的效果

提示：利用"计时"组中的选项可为幻灯片的切换设置声音，以及设置效果的持续时间和换片方式等，如图7-120所示。

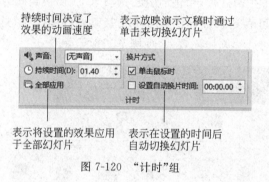

图7-120 "计时"组

试一试：给第2张幻灯片到第12张幻灯片都设置"细微型"下的"擦除"，且对该效果设置"自左侧"。

四、为对象设置动画效果

操作1：选中第3张幻灯片的标题，单击"动画"选项卡下"动画"组中的"其他"按钮，展开动画列表，在"进入"分类下选择一种动画效果，如果列表中没有需要的动画效果，可单击下方的"更多进入效果"按钮，如图7-121所示。

操作2：在打开的"更多进入效果"对话框中选择"基本型"下的"百叶窗"效果，如图7-122所示。即可为所选对象添加动画效果，在幻灯片中将自动预览该效果。

操作3：单击"动画"组中的"效果选项"按钮，在下拉列表中选择"水平"，如图7-123所示。不同的动画效果，其选项也不相同。

提示：利用"计时"组设置动画的开始播放方式，持续时间和延迟时间等。在"开始"

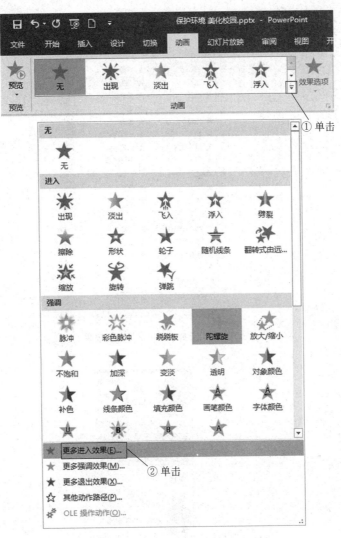

图 7-121　打开"更多进入效果"对话框

下拉列表选择"上一动画之后",如图 7-124 所示。

试一试:为其他幻灯片中的各个对象设置合适的动画效果。

五、管理动画

操作 1:单击"动画"选项卡下"高级动画"组中的"动画窗格"按钮,在 PowerPoint 窗口右侧打开动画窗格,可看到为当前幻灯片添加的所有动画效果都将显示在该窗格中,将鼠标指针移至某个动画效果上方,将显示动画的开始播放方式、动画效果类型和添加动画的对象,如图 7-125 所示。

操作 2:单击"棋盘"效果,再单击右侧的三角按钮,从弹出的列表中选择"效果选项",如图 7-126 所示。

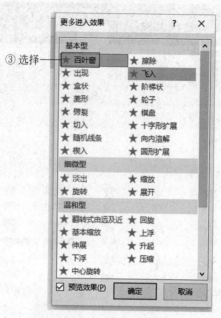

图 7-122 选择"百叶窗"动画效果

图 7-123 设置效果选项

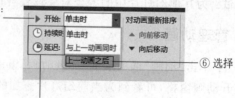

单击时:在放映幻灯片时,只有单击才会开始播放动画;与上一动画同时:在放映幻灯片时,动画自动与上一动画效果同时播放;上一动画之后:在放映幻灯片时,播放完上一动画效果后自动播放该动画

持续时间:播放动画的时间,时间越短动画速度越快。延时:如延迟时间为1s,表示上一动画之后1s开始播放该动画

图 7-124 设置开始播放方式、持续时间和延迟时间

单元7　PowerPoint 2016演示文稿软件应用

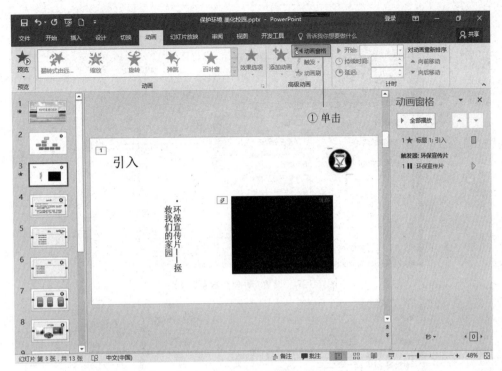

图 7-125　打开"动画窗格"

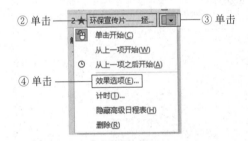

图 7-126　打开"棋盘"对话框

操作3：在打开的"棋盘"对话框中进行设置，在"效果"选项卡中将"动画播放后"设置为"下次单击后隐藏"，如图 7-127 所示。

操作4：在"计时"选项卡中将"延迟"设置为2，期间设置为"中速（2 秒）"，单击"确定"按钮，如图 7-128 所示。播放当前页的动画效果。

提示：各幻灯片中的动画效果都是按照添加时的顺序进行播放的，用户可根据需要调整动画的播放顺序，只需在"动画窗格"中选中要调整顺序的动画效果，然后单击"上移"⬆或"下移"⬇按钮。

六、放映演示文稿

操作：单击"幻灯片放映"选项卡下"开始放映幻灯片"组中的"从头开始"按钮（或按F5 键），就可以从第 1 张幻灯片开始播放。

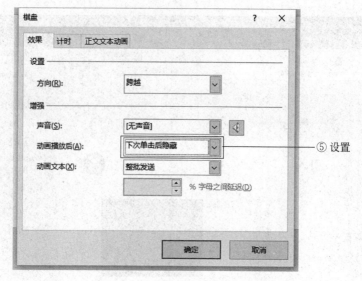

图 7-127　设置"动画播放后"效果

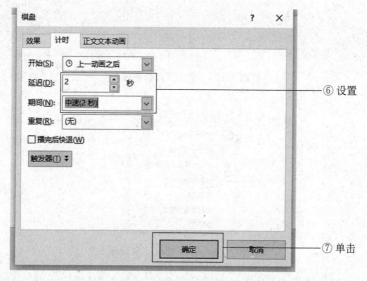

图 7-128　设置"延迟""期间"效果

七、打包演示文稿

操作1：选择"文件"选项卡，在打开的界面中选择"导出"命令，在右侧面板中选择"将演示文稿打包成CD"选项，单击"打包成CD"按钮，如图7-129所示。

操作2：在弹出的"打包成CD"对话框中单击左下角"复制到文件夹"按钮，如图7-130所示。

操作3：在"复制到文件夹"对话框的"文件夹名称"右侧文本框中输入需要的名称，单击"位置"右侧的"浏览"按钮，选择打包文件包保存的位置，单击"确定"按钮，如图7-131所示，即可得到将演示文稿打包后的文件夹。

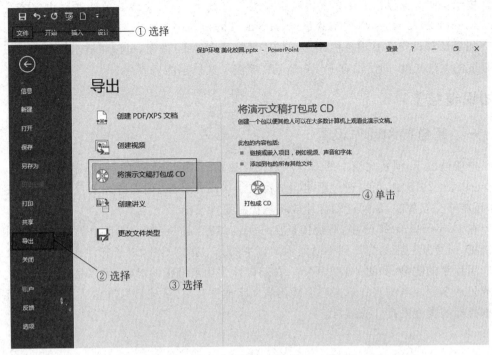

图 7-129　打开"打包成 CD"对话框

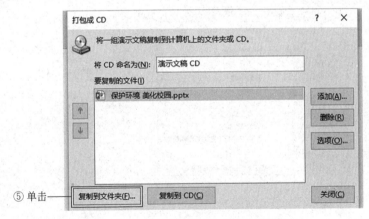

图 7-130　打开"复制到文件夹"对话框

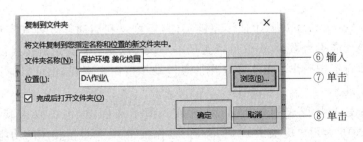

图 7-131　设置打包选项

提示：可双击打包文件夹中的演示文稿进行播放，如果要播放的计算机中没有安装 PowerPoint 2016 程序，需要下载 PowerPoint Viewer 2016 播放器才能正常播放。

如果计算机安装有刻录机，那么单击"复制到文件夹"按钮，可以将演示文稿制作成自动播放的 CD 光盘，即使没有 PowerPoint，该演示文稿也能播放。

【知识链接】

一、超链接和动作设置

一般情况下，演示文稿中的幻灯片是相对独立的，放映时只能按照顺序依次浏览。在 PowerPoint 2016 中，可以通过创建超链接或制作动作按钮，使幻灯片不仅能够按顺序放映，还能够交互放映，从而让幻灯片放映与控制更加便捷。

在 PowerPoint 2016 中，超链接是从一张幻灯片到同一演示文稿中的另一张幻灯片的链接，或是从一张幻灯片到不同演示文稿中的另一张幻灯片、电子邮件地址、网页、文件或应用程序的链接，如图 7-132 所示。在幻灯片中用来链接的对象，可以是文本、图片、图形或艺术字等。当浏览者单击已经链接的文字或图片后，链接目标将显示在屏幕上，并且根据目标的类型来打开或运行。

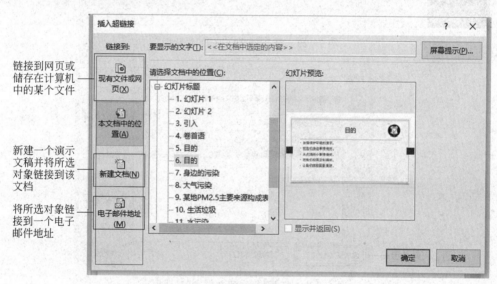

图 7-132 "插入超链接"对话框

在 PowerPoint 2016 中除了使用超链接外，还可以利用动作设置来实现交互。动作设置比超链接功能更为强大，不仅可以实现单击该对象跳转到指定链接目标，还可以实现鼠标悬停时执行指定操作。动作设置除了通过动作按钮来实现，也可以通过对任意对象进行设置来实现。

动作按钮是一些现成的按钮，可将其插入演示文稿中，也可以为其定义超链接。PowerPoint 2016 为用户提供了 12 种不同的动作按钮，并预设了相应的功能，用户只需将其添加到幻灯片中即可使用。

二、幻灯片切换效果

幻灯片的切换效果是指放映幻灯片时从一张幻灯片过渡到下一张幻灯片时的动画效果。默认情况下,各幻灯片之间的切换是没有任何效果的。我们可以通过设置,为每张幻灯片添加具有动感的切换效果以丰富其放映过程。PowerPoint 2016 包含很多不同类型的幻灯片切换效果,如淡出、溶解、擦除、推进和覆盖、翻转和平移效果等,还可以控制切换的速度,以及添加切换声音等。

三、演示文稿动画效果

在 PowerPoint 2016 中,可以为任何对象添加动画效果,如文本、图片、形状、图标、音频、视频等。动画效果包括"进入""强调""退出"和"动作路径"。

1."进入"动画

"进入"动画是 PowerPoint 2016 中应用最多的动画类型,是指放映某张幻灯片时,幻灯片中的文本、图像等对象进入放映画面时的动画效果。

2."强调"动画

"强调"动画是指在放映幻灯片时,为已显示在幻灯片中的对象设置的动画效果,目的是强调幻灯片中的某些重要对象。

3."退出"动画

"退出"动画是指在幻灯片放映过程中为了使指定对象离开幻灯片而设置的动画效果。

4."动作路径"动画

不同于上述三种动画效果,"动作路径"动画可以使幻灯片中的对象沿着系统自带的或用户自己绘制的路径进行运动。

四、演示文稿的放映

演示文稿制作好后,需要向观众展示幻灯片中的内容,即放映演示文稿。在 PowerPoint 2016 中放映幻灯片的操作很简单,为了使幻灯片的放映符合实际需要,用户可利用"幻灯片放映"选项卡对制作的幻灯片进行设置。

在 PowerPoint 2016 中提供了两种最常见的幻灯片放映方式,即从头开始放映和从当前幻灯片开始放映。

1. 从头开始放映

单击"幻灯片放映"选项卡下"开始放映幻灯片"组中的"从头开始"按钮,不管当前选择哪张幻灯片,都将从演示文稿的第 1 张幻灯片开始放映。

2. 从当前幻灯片开始放映

单击"幻灯片放映"选项卡下"开始放映幻灯片"组中的"从当前幻灯片开始"按钮,这时将从当前选择的幻灯片开始往后放映。

如果不希望放映演示文稿中的所有幻灯片,而是具体指定放映哪几张幻灯片,这些幻灯片之间可以是连续的,也可以是不连续的,可通过 PowerPoint 2016 提供的自定义放映功能实现。

五、演示文稿的打包

如果要在另一台计算机上播放演示文稿，但是那台计算机中没有安装 PowerPoint 程序，或者演示文稿中所链接的文件以及所采用的字体在那台计算机上不存在，这些情况会使演示文稿无法播放，或者影响播放效果。为了解决上述问题，PowerPoint 提供了演示文稿的"打包"工具，利用该工具可以将播放演示文稿所涉及的有关文件连同演示文稿一起打包，形成一个文件夹，从而方便在其他计算机中进行播放。

【知识拓展】

一、更改超链接文本颜色

为文本设置超链接后，该文本颜色会自动更改，以便和一般文本区分开。此外，访问过的超链接颜色也不同。超链接的颜色根据当前演示文稿使用的主题而设定，如果要自定义超链接颜色，操作如下。

操作1：单击"设计"选项卡下"变体"组中的"更多"按钮，在列表中单击"新建主题颜色"按钮，打开后的页面如图 7-133 所示。

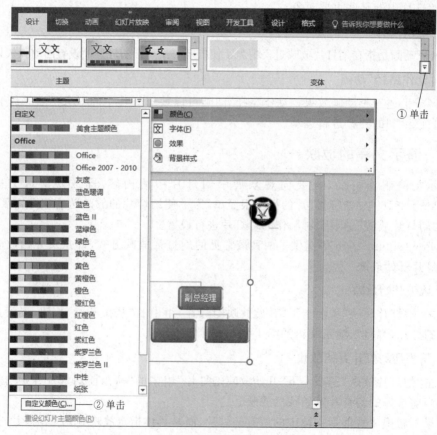

图 7-133　打开"新建主题颜色"对话框之后

操作2：在"新建主题颜色"对话框中重新选择"超链接"和"已访问的超链接"的颜色，单击"保存"按钮，如图 7-134 所示。

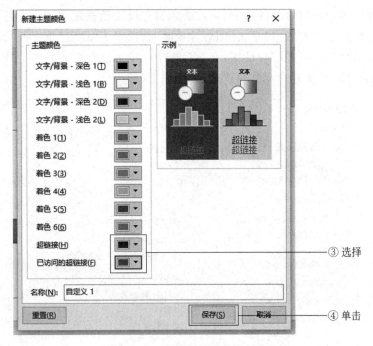

图 7-134　更改超链接文本颜色

提示：更改超链接文本颜色只在当前主题下有效，如果更改演示文稿主题，超链接颜色会自动更新，以匹配新的主题。

二、"添加动画"按钮与"动画"列表的区别

单击"添加动画"按钮也可为所选对象添加动画效果，与利用"动画"列表添加动画效果不同的是，利用"添加动画"列表可以为同一对象添加多个动画效果；而利用"动画"组只能为同一对象添加一个动画效果，后添加的效果将替换前面添加的效果。

三、幻灯片放映类型

幻灯片放映类型包括演讲者放映、观众自行浏览、在展台浏览。根据不同的场合，灵活选择幻灯片放映类型，可以达到更好的展示目的。

1. 演讲者放映方式

演讲者放映方式是 PowerPoint 2016 默认的幻灯片放映类型，也是最常用的放映类型。在放映时，可以单击或者用键盘上的左右键切换幻灯片。

2. 观众自行浏览方式

观众自行浏览方式将以窗口形式运行演示文稿，只允许观众对演示文稿的放映进行简单控制。

3. 在展台浏览方式

在展台浏览方式可以在不需要人为控制情况下，自动放映演示文稿。在这种方式下，关闭了鼠标和键盘切换幻灯片的功能，因此必须事先设置超链接和动作按钮。

要设置幻灯片放映方式，可单击"幻灯片放映"选项卡下"设置"组中的"设置幻灯片放映"按钮，打开"设置放映方式"对话框，在对话框中除了可以设置放映类型外，还可以设置放映幻灯片的范围、切换方式及放映选项等，如图 7-135 所示。

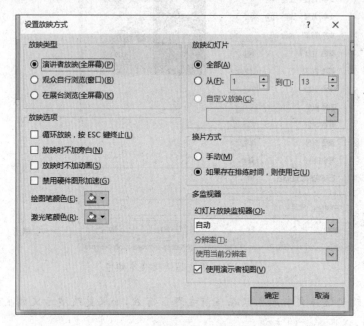

图 7-135 "设置放映方式"对话框

【技能拓展】

一、让对象沿路径自动运行

通过动画设置，可以让动画播放随心所欲。如插入汽车、轮胎，接着分别设置汽车及轮胎动画，最后通过修改对象的执行顺序，使汽车自动跑起来。具体操作如下。

操作 1：单击"插入"选项卡下"插图"组中的 SmartArt 按钮，选择左侧"循环"选项，然后单击"文本循环"样式，单击"确定"按钮，如图 7-136 所示。

操作 2：拖动调整"文本循环"图形大小，并移动到汽车图片上，作为汽车的轮胎，如图 7-137 所示。

操作 3：选择汽车和两个轮胎图形，单击"动画"选项卡下"高级动画"组中的"添加动画"按钮，在列表组中单击"其他动作路径"按钮，如图 7-138 所示。

操作 4：在"添加动作路径"对话框中选择"向左"选项，单击"确定"按钮，如图 7-139 所示。

操作 5：选择两个轮胎上的图形，单击"高级动画"组中的"添加动画"按钮，在"强调"

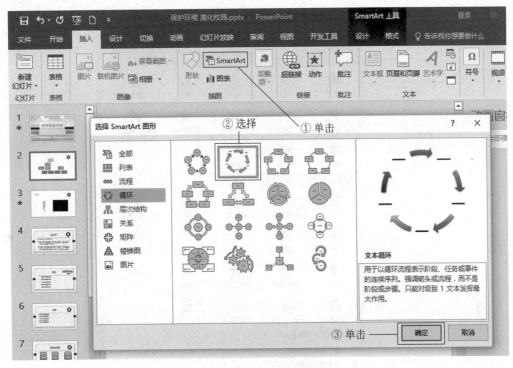

图 7-136 插入"文本循环"

图 7-137 设置汽车轮胎

列表中选择"陀螺旋",如图 7-140 所示。

操作 6:单击"高级动画"组中的"动画窗格"按钮,选择所有动画效果,在"计时"组中单击"开始"右侧下拉按钮,选择"与上一动画同时",如图 7-141 所示。放映此幻灯片,小车能自动前行。

二、设置动画重复执行

通过设置动画的重复次数,可以使动画得到充分的展示,如展现繁星效果。具体操作如下。

操作 1:选择要设置动画的星星,单击"高级动画"组中"添加动画"按钮,在列表中单击"更多强调效果"按钮,如图 7-142 所示。

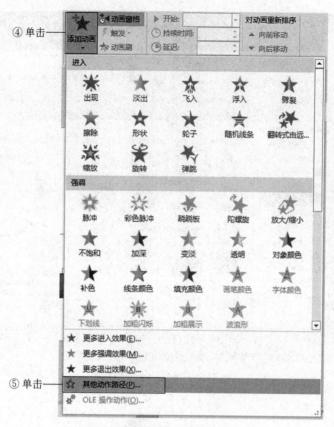

图 7-138 打开"添加动作路径"对话框

图 7-139 选择"向左"动作路径

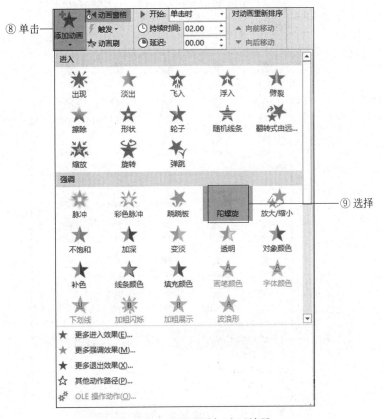

图 7-140 为图形添加动画效果

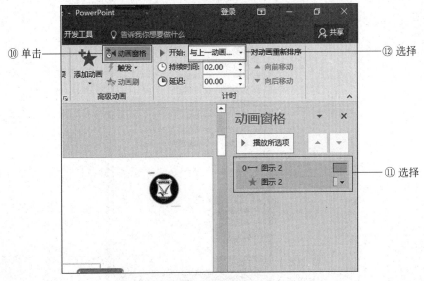

图 7-141 小车沿设置的动作路径前行

图 7-142 打开"添加强调效果"对话框

操作2：在"添加强调效果"对话框中选择"闪烁"，单击"确定"按钮，如图 7-143 所示。

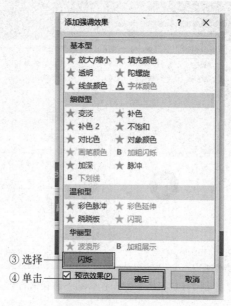

图 7-143 添加"闪烁"强调效果

操作3：在"高级动画"组中单击"动画窗格"按钮，在"动画窗格"列表中双击动画对象，如图 7-144 所示。

图 7-144　打开"闪烁"对话框

操作4：在打开的"闪烁"对话框中，切换至"计时"选项卡，单击"开始"右侧下拉按钮，选择"与上一动画同时"选项；单击"期间"右侧下拉按钮，选择"非常慢（5 秒）"选项；单击"重复"右侧下拉按钮，选择"直到幻灯片末尾"选项；单击"确定"按钮，如图 7-145 所示。

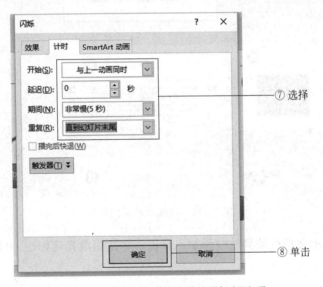

图 7-145　设置"闪烁"效果的"计时"选项

操作5：选择其他星星对象，分别添加"闪烁"效果，开始方式都设置为"与上一动画同时"，重复次数都设置为"直到幻灯片末尾"，但是动画速度设置为各不相同，以体现星星交替闪烁效果。

提示：设置其他星星对象的动画效果，可以使用"动画刷"。

三、使用排练计时

要实现自动播放，可以通过设置幻灯片切换时间来实现。但是如果每张幻灯片的持续时间不一样,需要一张一张地设置,很烦琐。因此,最佳的方式是通过使用排练计时功能,模拟演示文稿的播放过程,从而自动记录每张幻灯片的持续时间,达到自动播放演示文稿的效果,操作步骤如下。

单击"幻灯片放映"选项卡下"设置"组中的"排练计时"按钮,程序将启动全屏幻灯片放映,此时在每张幻灯片上所用的时间将被记录下来。待一张幻灯片持续时间确定后,单击切换到下一张幻灯片进行计时。排练计时结束后,会弹出一个对话框,如果保留单击"是"按钮即可。在"幻灯片浏览"视图,可以看到每张幻灯片缩略图右下方,显示出该张幻灯片持续的时间,如图 7-146 所示。在播放时,演示文稿将按此时间自动播放。

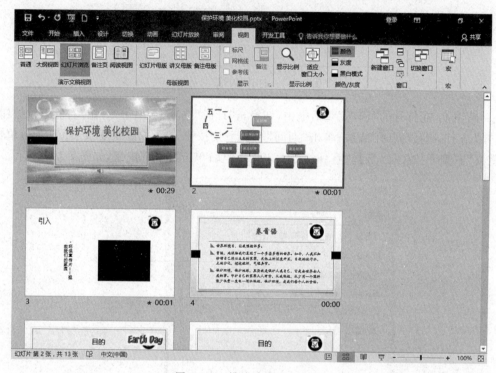

图 7-146　排练计时后的效果

如果想在演示文稿自动播放时添加声音讲解和使用激光笔标注,可以使用"录制幻灯片演示"功能。

习　　题

一、选择题

1. PowerPoint 2016 中主要的编辑视图是_____。
   A. 幻灯片浏览视图　　　　　　　B. 普通视图
   C. 幻灯片放映视图　　　　　　　D. 备注视图
2. 在 PowerPoint 2016 浏览视图中,按住 Ctrl 键并拖动某幻灯片,可以完成的操作是_____。
    A. 移动幻灯片   B. 复制幻灯片
    C. 删除幻灯片   D. 选定幻灯片

3. 在 PowerPoint 2016 中制作演示文稿时，若要插入一张新幻灯片，其操作为_____。
    A. 单击"文件"选项卡中的"新建"按钮
    B. 单击"开始"选项卡→"幻灯片"组中的"新建幻灯片"按钮
    C. 单击"插入"选项卡→"幻灯片"组中的"新建幻灯片"按钮
    D. 单击"设计"选项卡→"幻灯片"组中的"新建幻灯片"按钮

4. 为所有幻灯片设置统一的、特有的外观风格，应使用_____。
    A. 母版   B. 放映方式   C. 自动版式   D. 幻灯片切换

5. 在 PowerPoint 2016 中自定义幻灯片的主题颜色，不可以实现_____设置。
    A. 幻灯片中的文本颜色
    B. 幻灯片中的背景颜色
    C. 幻灯片中超链接和已访问超链接的颜色
    D. 幻灯片中强调文字的颜色

6. 对于幻灯片中插入音频，下列叙述错误的是_____。
    A. 可以循环播放，直到停止
    B. 可以播完返回开头
    C. 可以插入录制的音频
    D. 插入音频后显示的小图标不可以隐藏

7. 在空白幻灯片中，不可以直接插入_____。
    A. 文本框   B. 文字   C. 艺术字   D. 表格

8. 可以设置动画播放后_____。
    A. 隐藏   B. 变成其他颜色
    C. 删除   D. 下次单击后隐藏

9. 要从第 4 张幻灯片转跳到第 10 张，可以使用_____。
    A. 添加动画   B. 添加超链接
    C. 添加幻灯片切换效果   D. 排练计时

10. 不能在放映时进行控制的放映模式是_____。
    A. 演讲者放映   B. 观众自行浏览
    C. 在展台浏览   D. 演讲者自行浏览

11. 要从一张幻灯片"溶解"到下一张幻灯片，应使用_____。
    A. 动作设置   B. 添加动画
    C. 幻灯片切换   D. 页眉设置

二、填空题

1. 演示文稿的基本组成单元是_____。
2. PowerPoint 2016 默认文件的扩展名是_____。

3. 如果希望在演示文稿过程中终止幻灯片的演示,则随时可按的终止键是_____。

4. 在 PowerPoint 2016 中,动画刷的作用是_____。

5. 在 PowerPoint 2016 中,观看放映按功能键_____。

6. 要使用所制作的背景对所有幻灯片生效,应在背景对话框中选择_____。

7. 要进行幻灯片母版的编辑,应先选择_____选项卡。

8. PowerPoint 2016 提供了文件的_____功能,可以将演示文稿所链接的各种声音图片等外部文件,以及有关的播放程序都存放在一起。

9. 在 PowerPoint 2016 中,如果要同时选中几个对象,按住_____,逐个单击待选的对象。

10. 要在 PowerPoint 2016 中插入表格、图片、艺术字、视频、音频时,应在_____选项卡中进行操作。

三、思考与操作

1. 幻灯片中可以插入哪些类型的对象?

2. 利用模板和主题都可以创建具有漂亮格式的演示文稿,二者的不同之处是什么?

3. 利用"现代型相册"模板创建一个"中国美食"演示文稿。

(1) 新建版式为"标题和内容"的幻灯片,输入标题"美食",并输入美食的介绍文字。

(2) 新建版式为"标题和内容"的幻灯片,输入标题"八仙过海闹罗汉",并输入其介绍文字。

(3) 复制"八仙过海闹罗汉"幻灯片,设置标题为"夫妻肺片""宋嫂鱼羹""太白鸭""砂锅鱼头豆腐",并输入相应的介绍文字。

4. 对"中国美食"演示文稿进行修饰。

(1) 给所有幻灯片的页脚中加上固定日期。

(2) 为第一张幻灯片"美食"设置背景图片;为"八仙过海闹罗汉"幻灯片应用幻灯片主题;为"夫妻肺片"幻灯片设置背景样式;为"宋嫂鱼羹"幻灯片添加背景颜色;为"太白鸭"幻灯片设置渐变背景;为"砂锅鱼头豆腐"设置纹理背景。

(3) 将自定义的"美食主题颜色"应用于所有幻灯片。

5. 为"中国美食"演示文稿插入对象。

(1) 将第一张幻灯片的标题"中国美食"设置为"华文隶书",60 号,加粗。介绍文字设置为"微软雅黑",28 号,蓝色。

(2) 分别在"八仙过海闹罗汉""夫妻肺片""宋嫂鱼羹""太白鸭""砂锅鱼头豆腐"幻灯片中插入图片,并合理调整图片和文字的位置。

(3) 对图片进行美化,如裁剪、设置图片样式等。

(4) 在最后插入一张空白幻灯片,插入艺术字"谢谢观看!"

(5) 为演示文稿添加背景音乐,要求能自动循环播放。

(6) 在第一张幻灯片后插入一张空白版式的新幻灯片,在幻灯片中插入形状"竖卷形",输入文字"中国名菜",插入文本框,输入"八仙过海闹罗汉""夫妻肺片""宋嫂鱼羹""太白鸭""砂锅鱼头豆腐"文字。

6. 让"中国美食"演示文稿动起来。

(1) 为第二张幻灯片中的文字"八仙过海闹罗汉""夫妻肺片""宋嫂鱼羹""太白鸭""砂锅鱼头豆腐"分别设置超链接,链接到对应的幻灯片中,并为"八仙过海闹罗汉""夫妻肺片""宋嫂鱼羹""太白鸭""砂锅鱼头豆腐"幻灯片,分别设置动作按钮,链接到第2张幻灯片。

(2) 分别设置幻灯片切换效果。

(3) 为每张幻灯片中的对象设置合适的动画效果。

(4) 将演示文稿打包保存。

参 考 文 献

[1] 段红.计算机应用基础(Windows 7+Office 2010)[M].北京:清华大学出版社,2016.
[2] 傅连仲.计算机应用基础[M].北京:电子工业出版社,2015.
[3] 郭燕.PowerPoint 2010 演示文稿制作[M].北京:航空工业出版社,2012.
[4] 常映红.计算机组装与维护[M].北京:电子工业出版社,2013.